U0128794

秋日红叶

高等院校计算机应用技术系列教材

系列教材主编　谭浩强

Photoshop 图像编辑与处理

沈　洪　朱　军　施明利　丁向丽　编著

机械工业出版社

本书是一本针对 Photoshop 初学者的实用教程和参考书。本书内容翔实，结构清晰，图例丰富，操作步骤详细实用。全书共分 10 章，第 1 章介绍平面设计的基本概念；第 2 章和第 3 章分别介绍 Photoshop 的基本操作和绘图工具；第 4 章介绍选区的创建操作；第 5～7 章分别介绍图层、路径、蒙版与通道等 Photoshop 图像处理技巧；第 8 章介绍图像色彩色调的调整；第 9 章和第 10 章分别介绍滤镜和动作的使用。

本书可作为大学本科学生学习 Photoshop 图像编辑与处理的入门教材，也可供其他学生、成人和在职人员培训使用。

图书在版编目（CIP）数据

Photoshop 图像编辑与处理 / 沈洪等编著. —北京：机械工业出版社，2011
高等院校计算机应用技术系列教材

ISBN 978-7-111-33671-6

Ⅰ．①P⋯　Ⅱ．①沈⋯　Ⅲ．①图形软件，Photoshop-高等学校-教材
Ⅳ．①TP391.41

中国版本图书馆 CIP 数据核字（2011）第 036501 号

机械工业出版社（北京市百万庄大街 22 号　邮政编码 100037）
责任编辑：赵　轩　杨　硕
责任印制：杨　曦

保定市中画美凯印刷有限公司印刷

2011 年 6 月第 1 版・第 1 次印刷
184mm×260mm・23.5 印张・2 插页・529 千字
0001—3000 册
标准书号：ISBN 978-7-111-33671-6
定价：48.00 元

序

进入信息时代，计算机已成为全社会不可或缺的现代工具，每一个有文化的人都必须学习计算机，使用计算机。计算机课程是所有大学生必修的课程。

在我国 3000 多万大学生中，非计算机专业的学生占 95%以上。对这部分学生进行计算机教育将影响今后我国在各个领域中的计算机应用的水平，影响我国的信息化进程，其意义是极为深远的。

在高校非计算机专业中开展的计算机教育称为高校计算机基础教育。计算机基础教育和计算机专业教育的性质和特点是不同的，无论在教学理念、教学目的、教学要求、还是教学内容和教学方法等方面都不相同。在非计算机专业进行的计算机教育，目的不是把学生培养成计算机专家，而是希望把学生培养成在各个领域中应用计算机的人才，使他们能把信息技术和各专业领域相结合，推动各个领域的信息化。

显然，计算机基础教育应该强调面向应用。面向应用不仅是一个目标，而且应该体现在各个教学环节中。例如：

教学目标：培养大批计算机应用人才，而不是计算机专业人才；

学习内容：学习计算机应用技术，而不是计算机一般理论知识；

学习要求：强调应用能力，而不是抽象的理论知识；

教材建设：要编写出一批面向应用需要的新教材，而不是脱离实际需要的教材；

课程体系：要构建符合应用需要的课程体系，而不是按学科体系构建课程体系；

内容取舍：根据应用需要合理精选内容，而不能漫无目的地贪多求全；

教学方法：面向实际，突出实践环节，而不是纯理论教学；

课程名称：应体现应用特点，而不是沿袭传统理论课程的名称；

评价体系：应建立符合培养应用能力要求的评价体系，而不能用评价理论教学的标准来评价面向应用的课程。

要做到以上几个方面，要付出很大的努力。要立足改革，埋头苦干。首先要在教学理念上敢于突破理论至上的传统观念，敢于创新。同时还要下大功夫在实践中摸索和总结经验，不断创新和完善。近年来，全国许多高校、许多出版社和广大教师在这领域上做了巨大的努力，创造出许多新的经验，出版了许多优秀的教材，取得了可喜的成绩，打下了继续前进的基础。

教材建设应当百花齐放，推陈出新。机械工业出版社决定出版一套计算机应用技术系列教材，本套教材的作者们在多年教学实践的基础上，写出了一些新教材，力图为推动面向应用的计算机基础教育做出贡献。这是值得欢迎和支持的。相信经过不懈的努力，在实践中逐步完善和提高，对教学能有较好的推动作用。

计算机基础教育的指导思想是：面向应用需要，采用多种模式，启发自主学习，提倡创新意识，树立团队精神，培养信息素养。希望广大教师和同学共同努力，再接再厉，不断创造新的经验，为开创计算机基础教育新局面，为我国信息化的未来而不懈奋斗！

全国高校计算机基础教育研究会荣誉会长　谭浩强

前　言

近年来，Photoshop 不断推出新版本。版本的不断更新给用户提供了更为广阔的设计空间和环境，每个版本的新增功能都使编辑图像变得更加方便。越来越多的艺术家、广告设计人员、网站制作人员都把它作为重要的"助手"，从而使得 Photoshop 在图像处理领域一直保持领先地位。

本书从实用角度出发以循序渐进的方式，通过案例的形式，由浅入深地全面介绍了 Photoshop CS4 中文版的基本操作和功能，以满足广大读者，特别是初学者的需要。

本教材经过多年的 Photoshop 教学实践，广泛听取学生及业内人士的意见，并结合社会需要编写而成，具有以下特色：

（1）突出应用技能，减少理论讲解

Photoshop 是应用型知识，因此在讲解中注重应用技能，减少理论和概念讲述，每个知识点之后紧跟与其相关的实例，学生在临摹与创造作品的同时，可以进一步领会知识点，每章的最后通过一个综合实例的讲解和若干操作练习，使学生对所学知识融会贯通。

（2）定位明确，涉及领域广

现代学生接受先进技术快，但是就业方向有着较大的不确定性，所以本书在实例的选取上注重"新"与"广"的结合，涉及数码照片的图像处理、广告设计、标志设计与网页设计等众多领域，以开拓学生思路，介绍创作方法，提高实用操作技能，满足学生学习与就业的需要。

（3）内容取舍合理，重点突出

由于 Photoshop 在应用过程中存在"二八法则"，即在 80%的工作中仅应用了 20%的功能，对于大部分 Photoshop 使用者而言，使用的仅是 Photoshop 的一小部分功能，因此本书在内容的选取上注重最常用的精华功能的讲解，以利于学生学以致用。

（4）满足"教"与"学"的需要

本书在内容安排上题材丰富，图文并茂，并且提供与书中实例（包括课后习题）完全一致的素材与效果文件、形式多样的练习题以及教师的教案（.ppt 文档），便于教师课堂教学，同时也方便学生自学与课堂练习。

本书由沈洪、朱军、施明利、丁向丽编著。在本书的编写过程中，得到了石靖、江鸿宾、康丽华、贺东辉、朱晖、崔侃、杨德宏、季全芝、王英全、刘瀛溯、张敬尊、刘振恒、张睿哲、李天工、张宇宏、吕丽、王军、邓秉华、刘宏哲、杨丽珍、刘瑞祥、李凤英、袁家政、郝鑫、董岑、沈添、张进、付阳、张拓南等老师的热心帮助，他们参与了本书的结构设计、案例设计、实例制作和测试等工作，在此一并表示衷心感谢。

限于作者水平，书中不足和错误在所难免，恳请读者批评指正。

编　者

目　录

第1章 平面设计概述

本章学习目标:

● 了解平面设计起源及概念。
● 了解平面设计应用范围。
● 了解平面设计的元素及其属性。
● 了解平面设计素材获取方式。
● 了解平面设计常用工具。

平面设计是一门艺术,是在静止的平面上展现美和思想内涵的视觉文化。它起源于人类的生产生活和劳动,是人类走向文明的象征,并随着人类文明的发展而发展,经历了从古典到现代的长期发展过程,形成了一定的设计理念、规则和方法。随着科学技术的发展和人类文明的进步,平面设计的技术、工具、传播发生了巨大的变化,广泛应用于广告、商标、包装、招贴、网页等平面设计领域。

1.1 平面设计的概念及发展

1.1.1 平面设计的概念

"平面设计"一词源于英文"Graphic Design",是美国现代平面设计专家威廉·阿迪逊·德威金斯(William Addison Dwiggins)于1992年提出的。平面设计即"图形设计",主要是通过多种方式、方法创造符号、图像和可以代表所表达的文字、信息的视觉图形或者图示,准确传达视觉信息的创造性活动。因此,平面设计又称为"视觉传达设计"。其他如"装潢设计"、"印刷设计"、"装饰艺术"等都无法准确地表达平面设计的创造性内涵。

平面设计是设计活动的一种,是设计者借助一定工具材料,将所表达的形象及创意思想,遵循表达意图,采用立体感、运动感、律动感等表现手法在二维空间塑造视觉艺术的设计活动。平面设计中的"平面"是指非动态的二维空间,常见的平面载体有纸张、包装盒表面、可印刷载体等;平面设计中的"设计"是指构思、策划及其表现方法和策略。要深刻地理解平面设计的实质,有必要先了解平面设计的起源及发展。

1.1.2 平面设计的起源及发展

平面设计起源于人类的生产、生活和劳动,是人类认识自然、改造自然过程中相互交流的产物,也是人类社会走向文明的象征。

1. 古典平面设计的发展

在人类远古时期,在文字没有出现之前,人们通过绘画来记录劳动或生活中发生的重要事情和进行交流。早期的绘画是人类传达信息、传承文化(比如狩猎、种植的技术过程)的工具,通常表现为无序的,即没有什么布局和刻意安排,绘画以自然事物为对象。

在遥远的拉斯科壁画（Lascaux）时期，人类就开始了图形设计的活动。在法国南部拉斯科地区的山洞中发现的原始人壁画可上溯到公元前 15000～10000 年，绘画生动、线条粗犷、气势磅礴、动态强烈，画面已经初显构图意识。绘画的元素基本上是抽象的动物形象，大量使用符号，具有强烈的符号特征，如图 1-1 所示。

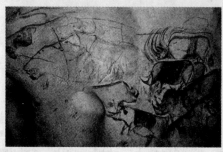

图 1-1　拉斯科壁画

北美洲的印第安人岩画当中，包括几何形的岩刻，有的是精致的迷宫似的图样，但更多的是人物和动物的装饰画。可以看到更加抽象、更富于标志化的形象，如图 1-2 所示。

图 1-2　印第安人岩画

从象形符号、图形到文字的出现，揭示了人类文明的发展过程。文字的出现代表了人类文明的进一步发展，从此人类可以用抽象而具体的文字进行交流，增加了信息的交流，激发了创造性的思维，为日后平面设计的发展奠定了最原始的基础条件，平面设计的概念开始形成。

西亚两河流域的苏美尔人创造了利用木片在湿泥版上刻画的楔型文字（如图 1-3 所示），出现在大约公元前 3000 年，基本上是象形文字，在公元前 2000 年发展成熟。

古埃及是文字的重要发源地之一。埃及人仍然以本身发展起来的以图形为中心的象形文字为核心从事记录书写活动，如图 1-4 所示。这种文字基本上是象形图画式的，在埃及使用时间较长。其中对平面设计影响较大的，也可以被看成是现代平面设计雏形的是在纸草上书写的文书。这种被称为埃及文书的文字记录，利用横式或者纵式的布局，文字本身是象形的，因此插图与文字相互辉映，十分精美，如图 1-5 所示。在后来的

图 1-3　"楔型"文字

2

发展中，象形文字对某些抽象的意义显得无能为力，从而一部分就变成了字母。

图1-4 古埃及文字　　　　　　　　　图1-5 公元前1420年古埃及纸草书

　　中国是世界上文明产生最早的国家之一。中国文字——汉字是迄今依然被采用的世界上绝无仅有的象形文字。传说夏代早已具有文字，但至今仍没有考古发现。但是商、周的甲骨文和金文大量存在。中国文字的最早形态是简单象形的。甲骨文的排列方式是从右到左、从上到下，奠定了以后中文书写的基本规范，如图1-6所示。公元前230年至公元前221年，秦始皇先后灭韩、魏、楚、燕、赵、齐六国，建立了中国历史上第一个统一的、多民族的中央集权制国家。秦始皇在灭掉六国、统一中国之后，所做的第一件大事就是"书同文"，即统一文字。这是中国历史上第一次由中央政府领导的、比较彻底的汉字规范运动，在汉字发展史上具有重要意义。图1-7是中国元代书籍《武王伐纣》的一页。

图1-6 甲骨文、金文

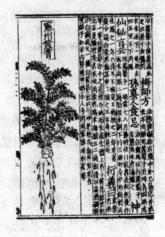

图1-7 中国元代书籍《武王伐纣》的一页

2．现代平面设计的发展

所谓现代意义上的平面设计，是指平面设计作为一门独立于其他门类的专业的确立及其发展。

现代平面设计发端于19世纪。在19世纪，欧洲工业革命为平面设计业的发展迎来了一个崭新的春天，新的印刷技术的应用和摄影技术的发明促进了印刷业的繁荣。大批出版物的出现对设计的需求大大增加，报纸、杂志成为日常生活内容之一，平面设计随即也成为日常生活的重要组成部分。这个时期的广告在西欧得到了前所未有的发展，书籍和海报在商业繁荣中的兴盛发展，从而奠定了欧洲在世界经济、文化以及艺术上的地位。木刻版海报的迅速发展并在商业广告上的广泛应用、蒸汽动力印刷机和造纸机的发明和改进、排版实行机械化作业为印刷带来了革命性的改进，欧洲的现代设计潮流和印刷设备的机械化程度直接促进了各国平面设计的发展。现代艺术领域中各种流派，如野兽派、立体主义、超现实主义、未来主义以及反传统美学思想使得这个时代的平面设计大都反映着时代的思潮，为平面设计进入现代奠定了基础。

美国设计家佛兰克·赖特在平面设计上积极探索，最终将美国的新艺术风格与工艺美术风格相糅合，为当时的设计界带来了惊喜。与此同时，苏格兰的"格拉斯四人"对当时世界平面设计的发展方向起到了重要作用。在维也纳，产生了"分离派"运动；德国贝伦斯对现代设计做出了巨大的贡献，他的设计风格在二战后成为世界平面设计的基本风格之一。19世纪70年代的巴黎，已成为欧洲大众传媒中心，也是现代海报的产生地。值得一提的是法国海报先驱朱利斯·查理德发明的"三色版印刷工艺"，这种印刷方式通过三套印刷（红黄蓝）达到丰富的印刷效果，它利用纸张的机理产生丰富的变化，尤其结合文字图形，使海报引人注目。这种石版印刷的海报形式至少影响了近一个世纪，并有现代广告先驱之称。

在20世纪，欧洲的海报设计出现了崭新的面貌，特别著名的就是"图画现代主义"运动。在"图画现代主义"运动中，各个国家的设计有不同的面貌，其中一个影响面非常广的海报设计运动出现在德国，被称之为"海报风格"运动。

经历了两次世界大战以后，市场的日益国际化对于平面设计的国际化面貌和特色的发展提出了具体而强烈的要求。到了20世纪50年代，一种崭新的设计风格在瑞士和德国形成并影响到整个世界，被称为"瑞士平面设计风格"。由于这种风格简单明确，传达功能准确，因此很快流行全世界，所以又被称为"国际主义平面设计风格"。这种风格从50年代开始影响了平面设计长达20年之久，直到90年代这种风格的影响依然存在。创立这种风格的设计家们认为，这种方式除了其强烈的功能特征外，还有时代进步的特点。自二战以来，美国和西欧国家的经济活动迅速进入国际化阶段，竞争日益激烈。为了在国际市场上推销自己的产品，这些企业不得不通过不断地开发新产品、不断地提高产品的质量和服务质量、改善包装、广告设计等具有特色的方法来提高市场的占有率。最终的目的是树立自己的企业形象和企业产品在国际上的地位，企业形象的树立受到了前所未有的重视。在这个过程中，美国设计界具有非常突出的成就，他们奠定了现代企业形象设计的基础。国际主义平面设计风格在这方面得到了充分的体现。企业识别要求用高度的标准化、系统化、理性化的方法，设计出统一的企业形象，它要求将标识、色彩、字体标准规范化，围绕着方格网，严格地把字体和图形以准确的方法和比例安排在方格中，形成高度规范化和理性化的视觉形象，达到准确的视觉传达目的，并把它应用在企业所有行为的方方面面，从而树立起一个个鲜明的企业形象。尔后，企业形象设计风潮的兴起，60 年代被日本企业家所采纳，并融入到企业管理中，创建了融合企业理念识别系统、企业行为识别系统与企业视觉识别系统为一体，构成亚洲式的企业形象识别系统。比如美国的可口可乐、肯德基，日本的富士胶卷，德国的汉莎航空，中国的海尔、建设银行等。随着全球国际化的进程，国际主义设计风格在很长时期里几乎成了唯一的基本设计方式，因此当世界在平面设计上日益趋向雷同的时候，设计家们开始关注设计的个性化和民族化问题。

中国的平面设计在近几年有了飞速的发展。中国经济的繁荣催化了中国设计事业的进步。全球经济一体化的商业融合，强化了中国设计师的竞争意识，中国设计师开始立足于国际。多元化的国际设计风格并存已经融入中国设计师的作品中，这是中国平面设计事业成熟的表现。

归纳：

平面设计是通过符号、图像、文字传达视觉信息的创造性活动。它起源于人类的生产、生活和劳动，是人类在认识自然、改造自然过程中相互交流的产物，并经历了从古典到现代的漫长的发展历程，是人类社会走向文明的象征。

1.2 平面设计的应用

平面设计是指在二维空间内进行的一切设计活动，是通过文字、图形、色彩表达设计者想要表达的思想的过程，并与受众进行信息、思想的交流。平面设计涵盖广告、书籍、报刊、海报、包装、标识等设计，以及企业形象设计、展示设计、影视多媒体设计、网页设计等。

1.2.1 广告设计

在今天，广告已融入人们的衣食住行之中，扮演着越来越重要的角色。具有新颖的创意、独特的设计和涵盖广博文化精髓的广告作品能够在瞬间触动人的心灵，使人产生共鸣。一幅优秀的广告作品往往流露出对客户企业文化、市场形象和产品风格的深刻理解，使各层次的消费者都能从作品中领悟到设计者要传达的企业文化、美学思想和哲学思维，完成客户与消费者之间的一种多层次、高品位和全方位的沟通。

1. 广告的概念

所谓广告，是广告主有计划地通过媒体直接或间接地向所选定的消费者介绍自己所推销的商品或服务，介绍它的优点和特色，唤起消费者注意，并设法说服消费者购买使用的一种有偿的、有责任的信息传播活动。

2. 广告的分类

广告的内容五花八门，分类也多种多样。

从内容上分，广告有商品广告、劳务广告、观念（公益）广告。

从传播对象上分，广告有工业、商业、农业、外贸广告等。

从传播媒体上分，广告有电子咨询类（如电视广播）、印刷出版类（如报刊）、直邮（direct

mail） 广告招贴等。

从广告位置上分，广告有室内广告和户外广告。而户外广告又有路标招牌、灯箱霓虹灯广告、旗帜条幅、交通广告、pop 广告（point of purchase advertisement ）现场广告或售卖点广告等。

3．平面广告

平面广告的内容通常是文字和图形。文字根据其不同的作用，分为标题、正文、标语、口号、而图形一般包括插图、商标等。

常见的表现手法有名人与名牌、夸张与准确、幽默与悬念、劝导与引诱、恐吓等。

4．广告创作的要素

广告活动通过广告作品的形式，把广告主的要求、意愿和信息用艺术、情感和直观的形式表达出来。广告作品的内容是策略性和信息性的，它包含着广告策略的运用和经济信息的传递，而广告作品则以艺术的和心理的形式把广告的信息内容表达出来。

广告作品一般由主题、创意、语文、形象和衬托等 5 个要素组成。广告创作，即是创造这五个要素，并使之有机地结合起来，成为一则完整的广告作品。

（1）主题

主题是广告的中心思想，是广告为达到某种目的而要说明的基本概念。它是广告的核心和灵魂。广告作品的其他 4 个要素要为表现主题服务，主题贯穿其他要素并使之有机地组合成一则完整的广告作品。一则广告必须有鲜明和突出的广告主题，使人们在接触广告之后，很容易理解广告要告诉他们什么，要求他们做些什么。广告的主题必须能够体现广告策略，同时，还必须反映广告的信息内涵，能够针对消费者的心理，这是对广告主题的基本要求。广告主题＝广告决策＋信息个性＋消费心理。

（2）创意

创意是表现广告主题的构思。广告的创意如果能引人入胜地表现主题，就会取得较好的广告效果。广告的创意不是凭空想象出来的，广告的创作过程是对现实进行抽象的过程。创意思考的原则，就是要摆脱旧的经验和意识的约束，从多方面去思考，革新自己的思维，并要抓住灵机一动的构思，发掘新的观念。

（3）语文

语文是广告传递经济信息的必不可少的手段。没有语文的广告，就无法传递广告信息，不能让人知道广告所宣传的内容。语文包括语言和文字。任何广告语文都必须表现广告的主题，此外，还要求精练、准确、通俗易懂、要对消费者能产生吸引力。

（4）形象

形象是展示广告主题的有效办法。广告有了形象，可以使广告更能引人注目，增加信任感，留下深刻印象。

（5）衬托

衬托也是表现广告主题的一种方法，以衬托来表现广告，可以突出主题的整体形象，强化广告的感染力，提高广告的注意度、理解度和记忆度。例如，在炎热的沙漠中有人拿着冰镇的饮料，就可以加强人们对饮料的渴望。在广告创造活动中，为了表现广告主题，必须有创造性。这其中包括语文的创造、形象的创造和广告气氛的创造，这一切都是通过创意来对主题进行再造来达到的。

1.2.2　包装设计

包装是商品生产的继续，是商品的有机组成部分，商品经过包装，生产过程才算完成，才能进入流通和消费领域。随着商品经济的发展，商品种类、数量、质量的增加与提高，商品包装也从过去由售货员的有声语言变为无声的包装来承担。

图 1-8 是一款调料包的包装设计。这款调料包的包装设计是设计公司 Publicis Mojo 的包装设计作品。调料包的正面印着某人的双腿，调料包开口设计在脚踝的位置，撕开调料包，红红的番茄酱流出，就如同弄断了画中人的脚，咕噜咕噜地冒血……。

图 1-8　调料包的包装设计

调料包背面书写着"在 89 个国家里，走在地雷上还是常事……"，提醒人们战争创伤依然在延续，通过对战争伤害直观的展示，呼吁人们捐款以帮助因此而受到伤害的人们。所以这款调料包的包装设计是一件反战作品。

1．包装设计的概念

包装设计是将美术与自然科学相结合，运用到产品的包装保护和美化方面，它不是广义的"美术"，也不是单纯的装潢，而是含科学、艺术、材料、经济、心理、市场等综合要素的多功能的体现。包装是为在运输、储存、销售过程中保护产品，以及为识别销售和方便使用，用特定的容器材料及辅助物等防止外来因素损坏内容物的总称，也指为了达到上述目的而进行的操作活动。

包装的主要作用有两个：一是保护产品；二是美化和宣传产品。

2．包装设计的内容

包装设计的基本任务是科学地、经济地完成产品包装的造型、结构和装潢设计。

（1）包装造型设计

包装造型设计又称形体设计，大多指包装容器的造型。它运用美学原则，通过形态、色彩等因素的变化，将具有包装功能和外观美的包装容器造型，以视觉形式表现出来。包装容器必须能可靠地保护产品，具有优良的外观，还需具有相适应的经济性等。

（2）包装结构设计

包装结构设计是从包装的保护性、方便性、复用性等基本功能和生产实际条件出发，依据科学原理对包装的外部、内部结构进行具体考虑而得到的设计。一个优良的结构设计，应当以有效保护商品为首要功能；其次应考虑使用、携带、陈列以及装运等的方便性；还要尽量考虑能重复利用，能显示内装物等功能。

（3）包装装潢设计

包装装潢设计是以图案、文字、色彩、浮雕等艺术形式，突出产品的特色和形象，力求造型精巧、图案新颖、色彩明朗、文字鲜明，装饰和美化产品，以促进产品的销售。包装装潢是一门综合性科学，既是一门实用美术，又是一门工程技术，是工艺美术与工程技术的有机结合，并考虑市场学、消费经济学、消费心理学及其他学科。

一个优秀的包装设计，是包装造型设计、结构设计、装潢设计三者有机统一的结果，只有这样，才能充分地发挥包装设计的作用。

1.2.3　商标设计

商标是一种具有某种含义的标志，表现形式简单而明确。要想设计出优秀的商标，要了解有关商标的基本概念、分类和商标的表现手法，以及商标的设计手段。

1．商标的概念

商标（Trade Mark）是用于表明企业、产品，以及一切有形物品的标志。在世界经济信息化、全球化、一体化的进程中，商标发挥着越来越重要的作用。对企业来讲，商标是一种信誉，是一笔无形资产；对消费者来说，商标是识别产品和服务的依据。

例如奔驰汽车商标。奔驰汽车的商标是简化了的形似汽车方向盘的一个环形圈围着一颗三叉星。三叉星表示在陆海空领域全方位的机动性，环形圈显示了其营销全球的发展势头。其实，奔驰汽车的商标是戴姆勒公司和奔驰公司合并后产生的。戴姆勒公司原商标是一颗三叉星，而奔驰公司的商标是二重圆中存"奔驰"（Benz）字样，两者合并后戴姆勒—奔驰公司的商标为目前的单圆中的一颗三叉星。

2．商标设计的原则

识别性、传达性、审美性、适应性、时代性、艺术性、严肃性和稳定性。

3．商标设计的方法

（1）文字

用文字作商标，一般是品牌与商标合二为一，构成艺术化的图案，使人们便于记忆，并突出某些积极意义，加深消费者的印象。

（2）图形

用生动鲜明和人们所熟知、喜爱的形象作为商标设计，有利于人的形象思维活动，也便于记忆。

（3）记号

用抽象的图案作为商标，展现出易识别的记号，这种商标简单易记，标志性强，但含意抽象，不易创作。

此外，对以上几种形式的商标进行组合，也可构成特定的商标图案。还有以特定的包装颜色、气味、音响作为商标的。

1.2.4　网站平面设计

随着互联网的发展，平面设计被越来越多地运用到制作网页方面，于是互联网上出现了很多设计独特、新颖美观的网站，如图 1-9 所示。

图 1-9　设计独特、新颖美观的网站

1．什么是网页

网页是利用多媒体技术在计算机网络与人之间建立的具有展示和交互功能的虚拟界面。

网页设计是一种建立在新型媒体之上的新型设计。它具有很强的视觉效果、互动性、互操作性、受众面广等其他媒体所不具有的特点，它是区别于报刊、影视的一个新媒体。它既拥有传统媒体的优点，又使传播变得更为直接、省力和有效。

运用平面设计理念于网页设计中，使网页更加富有美感，可增加网页的生命力。随着时代的不断发展进步，特别是在生活节奏如此快的互联网时代，由于追求的目标的变化，人们的审美观念也在不断地变化，但是美的本质是一样的。

2．网站设计注意事项

在网站设计上要注意以下方面。

1）注意背景颜色

精心设计的背景颜色可能因产生雀斑一样的疵点而大杀风景。如果你的访问者的调色板中没有设置你自定义的某种颜色，那么访问者的浏览器会使用一种叫"高频振动"的技术来显示这种颜色，但由于不能显示正确的透明度和清晰度，最后所得到的效果将严重失真。所以在背景和大块颜色处选择适合 Web 页面的安全色还是相当必要的。

2）同时设定表格背景图片和颜色

有一些版本的浏览器不显示表格背景图形，只显示默认背景颜色，有的访问者则关闭了多媒体（图形）选项，为了满足这部分来访者，最好同时设定表格背景图片和颜色。

归纳

随着科学技术的发展和人类文明的进步，平面设计广泛应用于广告、商标、包装、招贴、网页等平面设计领域。

广告是通过媒体向消费者介绍、推销商品或服务的一种有偿的、有责任的信息传播活动。

平面广告的内容通常是文字和图形，其常见的表现手法是名人与名牌、夸张与准确、幽默与悬念、劝导与引诱、恐吓。广告作品一般由主题、创意、语文、形象和衬托 5 个要素组成。广告可以从内容、媒体、对象、位置进行各种各样的分类。

包装设计是包装保护和美化方面的活动，其基本任务是产品包装的造型、结构和装潢设计。

商标是具有某种含义的标志，表现形式简单而明确。商标设计要以识别性、传达性、审美性、适应性、时代性、艺术性、严肃性和稳定性为原则，采用的商标设计方法是文字、图形、记号以及它们的结合。

网页是计算机网络与人之间建立的具有展示和交互功能的虚拟界面，具有很强的视觉效果、互动性、互操作性，并且具有受众面广等优势，使传播变得更为直接、省力和有效。

1.3　平面设计的元素

图形、文字和色彩是平面设计最基本的元素。平面设计实际上就是图形、文字和色彩的组合。

1.3.1　文字

字是文的载体，文是字的故事，人们通过使用文字来表达思想，传达信息。文字设计的意思是研究文字的造型规律及设计应用。图 1-10 是两个文字的设计案例。

图 1-10　文字设计

以下是文字设计的几条原则及文字的组合应注意的要点。

1. 文字的可读性

文字的主要功能是在视觉传达中向大众传达作者的意图和各种信息，要达到这一目的必须考虑文字的整体诉求效果，给人以清晰的视觉印象。因此，设计中的文字应避免繁杂凌乱，使人易认、易懂，切忌为了设计而设计，忘记了文字设计的根本目的是为了更好、更有效地传达作者的意图，表达设计的主题、构想和意图。

2. 赋予文字个性

文字的设计要服从于作品的风格特征。文字的设计不能和整个作品的风格特征相脱离，更不能相冲突，否则就会破坏文字所要达到的效果。一般说来，文字的个性大约可以分为以下几种：

● 端庄秀丽。这一类字体优美清新，格调高雅，华丽高贵。

- 坚固挺拔。字体造型富于力度，简洁爽朗，现代感强，有很强的视觉冲击力。
- 深沉厚重。字体造型规整，具有重量感，庄严雄伟，不可动摇。
- 欢快轻盈。字体生动活泼、跳跃、明快，节奏感和韵律感都很强，给人一种生机盎然的感受。
- 苍劲古朴。这类字体朴实无华，饱含古韵，能给人一种对逝去时光的回味体验。
- 新颖独特。字体的造型奇妙，不同一般，个性非常突出，给人的印象独特而新颖。

3．在视觉上应给人以美感

在视觉传达的过程中，文字作为画面的形象要素之一，具有传达感情的功能，因而它必须具有视觉上的美感，能够给人以美的感受。字形设计良好，组合巧妙的文字能使人感到愉快，留下美好的印象，从而获得良好的心理反应；反之，则使人看后心里不愉快，视觉上难以产生美感，甚至会让人反感而不看，势必难以传达出作者想表现出的意图和构想。

4．在设计上要富于创造性

根据作品主题的要求，突出文字设计的个性色彩，创造与众不同的独具特色的字体，给人以别开生面的视觉感受，有利于作者设计意图的表现。设计时，应从字的形态特征与组合上进行探求，不断修改，反复琢磨，这样才能创造出富有个性的文字，使其外部形态和设计格调都能唤起人们的审美愉悦感受。

5．在风格上要有统一的基调

对作品而言，每一件作品都有其特有的风格。在这个前提下，一个作品版面上的各种不同字体的组合，一定要具有一种符合整个作品风格的风格倾向，形成总体的情调和感情倾向，不能各种文字自成一种风格，各行其是。总的基调应该是整体上的协调和局部的对比，于统一之中又具有灵动的变化，从而具有对比和谐的效果。这样，整个作品才会产生视觉上的美感，符合人们的欣赏心理。除了以统一文字个性的方法来达到设计的基调外，也可以从方向性上来形成文字统一的基调，以及从色彩方面的感觉来达到统一基调的效果。

1.3.2　图像

图像是人对视觉感知的物质再现。图像可以由光学设备获取，如照相机、镜子、望远镜、显微镜等；也可以人为创作，如手工绘画。图像可以记录、保存在纸质媒介、胶片等对光信号敏感的介质上。随着数字采集技术和信号处理理论的发展，越来越多的图像以数字形式存储。因而，"图像"一词通常是指数字图像。

1．数字图像的分类

数字图像分为两大类：位图图像和矢量图形，这两种图像各有千秋、互为补充，往往需要把这两种图像类型综合使用，才能制作出高水平的图像作品。

（1）位图图像

位图图像，也叫栅格图像，是用小方形网格（位图或栅格）即像素来代表图像，每个像素都被分配一个特定位置和颜色值。例如，在位图图像中各种景物是由该位置的像素拼合组成的。处理位图图像时，编辑的是像素而不是对象或形状。图像扫描设备、Photoshop 和其他的图像处理软件都能产生位图图像。

位图图像与分辨率有关。换句话说，它包含固定数量的像素，代表图像数据。因此，如果在屏幕上以较大的倍数放大显示，或以过低的分辨率打印，位图图像会出现锯齿边缘，且会遗漏细节。

位图图像的优点是图像色彩和色调变化丰富，在表现阴影和色彩的细微变化方面，位图图像是最佳的选择，同时也可以很容易地在不同的软件间交换文件。但其缺点是相对矢量图形来说文件较大，对内存和硬盘的要求较高。

（2）矢量图形

矢量图形是由被称为"矢量"的数学对象所定义的直线和曲线组成的。用CoolDraw等绘图软件创作的是矢量图形，矢量图形是根据图形的几何特性来对其进行描述的。例如，矢量图形中的各种景物均由数学定义的各种几何图形组成，放在特定位置并填充有特定的颜色。移动、缩放景物或更改景物的颜色不会降低图像的品质。

矢量图形与分辨率无关。也就是说，用户可以将它缩放到任意大小和以任意分辨率在输出设备上打印出来，都不会遗漏细节或清晰度。因此，矢量图形是文字（尤其是小字）和粗图形的最佳选择，这些图形在缩放到不同大小时必须保持清晰的线条。

矢量图形的优点是文件所占的空间较小，很容易进行旋转、变换等，精度高，不会失真。但其缺点是不易制作色调丰富或色彩变化太多的图像，而且绘制出的图像不是很逼真，同时也不易在不同的软件间交换文件。图1-11是位图和矢量图的对比。

a)   b)

图1-11 位图和矢量图

a) 位图 b) 矢量图

2．图像大小与分辨率

（1）像素尺寸

像素尺寸是指位图图像高度和宽度的像素数目。图像的文件大小与其像素尺寸成正比。当制作用于网上显示的图像时，因为要在不同显示器上显示，所以像素尺寸变得尤其重要。

在Photoshop等图像处理软件中，像素是图像的基本组成单位。像素是一个有颜色的小方块，图像由许多小方块组成，以行或列的方式排列。由于图像是由方形像素组成的，因此图像也是方形的。

颜色深度是指图像中可用的颜色数量，也称做像素深度或位深度，它被用来度量在图像中以多少颜色信息显示或打印像素。较大的颜色深度意味着数字图像中有更多的颜色和更精确的颜色表示。

通用的颜色深度是1bit、8bit、24bit、32bit。bit（位）被用来定义图像中像素的颜色，随着定义颜色的位的增加，每个像素可利用的颜色范围也增加，如表1-1所示。

表 1-1　颜色深度与颜色数量

颜色深度（bit）	颜色数量
1	2（黑和白）
8	256
24（增强色）	16 777 216
32（真彩色）	4 294 967 296

（2）屏幕显示大小

图像在屏幕显示的大小取决于图像的像素尺寸、显示缩放比例、显示器尺寸以及显示器分辨率设置等因素。

（3）图像分辨率

图像分辨率是指图像中每单位打印长度显示的像素数目，通常用像素/英寸（ppi）表示。相同尺寸的图像分辨率越高，单位长度上的像素数越多，图像越清晰，反之图像越粗糙。图像分辨率还可用每英寸图像含有多少像素点来表示，例如 250ppi 表示的就是该图像 1 英寸含有 250 个像素点。相同打印尺寸下，高分辨率的图像比低分辨率图像包含较多的像素，因此像素点较小，图像更清晰。

例如，72ppi 分辨率的 1 英寸×1 英寸图像包含总共 5184（即 72×72）像素；同样，1 英寸×1 英寸而分辨率为 300ppi 的图像则包含总共 90 000 像素。图 1-12 所示为 72ppi 和 300 ppi 图像的效果比较，下方小框的插图其缩放比为 200%。可以明显看出，分辨率为 72ppi 的图像没有分辨率为 300ppi 的图像清晰。

a)　　　　　　　　　　　　b)

图 1-12　分辨率为 72ppi 和 300 ppi 的图像效果比较

a) 72ppi　b) 300ppi

一般制作的用于屏幕上显示图像，图像分辨率只需满足典型的显示器分辨率（72ppi 或 96ppi）即可。使用太低的分辨率输出图像会导致画面粗糙；使用太高的分辨率会增加文件大小，并降低图像的输出速度。

（4）显示器分辨率

显示器分辨率即显示器上每单位长度显示的像素或点的数目，通常以 dpi 为度量单位。显示器分辨率取决于显示器大小加上其像素设置。PC 显示器的典型分辨率约为 96dpi，苹果机显示器的典型分辨率约为 72dpi。

（5）打印机分辨率

打印机分辨率即照排机或激光打印机产生的每英寸的油墨点数（dpi）。为获得最佳效果，使用与打印机分辨率成正比（但不相同）的图像分辨率。大多数激光打印机的输出分辨率为 300～600dpi，但对 72～150ppi 的图像打印效果较好。

（6）文件大小

文件大小即图像以数字表示的大小，单位是千字节（KB）、兆字节（MB）或吉字节（GB）。文件大小与图像的像素尺寸和分辨率成正比，例如，1×1 英寸 200ppi 的图像包含的像素是 1×1 英寸 100ppi 的图像像素的 4 倍，因此文件大小也是它的 4 倍。一般来说，在给定打印尺寸的情况下，像素多的图像产生更多细节，但要求有更多的磁盘空间存放，而且编辑和打印速度会慢些。从而图像分辨率成为图像品质和文件大小的代名词。

3．图像的颜色模式

颜色模式又称在 Photoshop 中可以确定图像中能显示的颜色，还可以影响图像的通道数和文件大小。

（1）位图模式

使用黑色和白色两种颜色值来表示图像中的像素，又称为黑白图像或一位图像。因为其颜色深度为 1，所以其要求的磁盘空间最少，不能制作出色彩丰富的图像。

（2）灰度模式

灰度模式的图像可以表现出丰富的色调。图像中每个像素有一个 0（黑）～255（白）之间的亮度值，可以使用最多 256 级灰度。

在 Photoshop 中要将彩色图像转换成高品质的灰度图像，Photoshop 会扔掉原图像中的所有颜色信息，用转换像素的灰度级（色度）来表示原像素的亮度。

（3）RGB 模式

RGB 模式是计算机存储的最常用的一种颜色模式。绝大部分的可见光谱可以用红（R）、绿（G）和蓝（B）3 种色光按不同比例和强度的混合来表示，因此 RGB 模式的图像只使用 RGB 3 种颜色，为这 3 种颜色分配 0～255 的强度值。

如：R255，G0，B0（红色）；R255，G255，B255（白色）；R0，G0，B0（黑色）

RGB 图像只使用红、绿、蓝 3 种颜色，在屏幕上呈现多达 1670 万种颜色。

（4）CMYK 模式

CMYK 模式是一种印刷模式，与 RGB 模式不同的是，RGB 是加色法，CMYK 是减色法。图 1-13 为这 4 种颜色模式的图像。

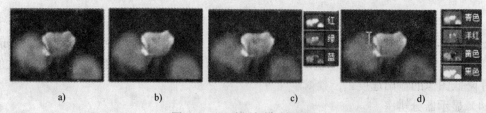

图 1-13　4 种颜色模式的图像

a）黑白位图图像　b）灰度图像　c）RGB 图像　d）CMYK 图像

图像的模式可以进行转换，转换有很多种方法。

这里我们介绍将任意颜色模式图像转换为二值位图模式的方法。将图像转换为二值位图会使图像减少到两种颜色，简化颜色信息，减小文件的大小。彩色图像转换为二值位图，先选用灰度模式。去掉像素的色相和饱和度信息，而只保留亮度值。转换方法有多种：

- 50% 阈值。将具有中灰色阶（128）以上的灰度值的像素转换为白色、中灰色阶以下的转换为黑色，具有高对比度的黑白图像。阈值也可以变化，甚至可以通过算法自动选择，即所谓自动二值化。
- 图案仿色。灰度级转换为黑白网点的几何图形，这样可以产生层次感。
- 扩散仿色。从图像左上角的像素开始进行扩散来转换图像。如果像素值高于中灰色阶（128），像素变为白色；如果低于该值，则变为黑色。由于原来的像素几乎都不是纯白或纯黑，就不可避免地会产生误差。这种误差传递给周围像素并在整个图像中扩散，从而形成颗粒状、胶片似的纹理。

图像的模式转换如图 1-14 所示。

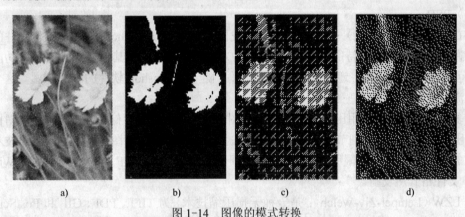

a)   b)   c)   d)

图 1-14   图像的模式转换

a) 灰度图像   b) 50%阈值   c) 图案仿色   d) 扩散仿色

4. 图像格式

目前流行的图像文件存储格式有许多种，如 BMP、TIFF、PCX、JPEG、GIF、TGA、PDF、PNG 和 PSD 等。

（1）BMP

BMP 图像文件是一种 Windows 标准的点阵式图形文件格式，最早用于微软公司推出的 Windows 系统。BMP 格式支持 RGB、索引颜色、灰度和位图颜色模式，但不支持 Alpha 通道。BMP 支持 1bit、4bit、8bit、24bit、32bit 的 RGB 位图。

（2）TIFF

TIFF（标记图像文件格式）用于在应用程序之间和计算机平台之间交换文件。TIFF 是一种灵活的位图图像格式，实际上被所有绘画、图像编辑和页面排版应用程序所支持，而且几乎所有桌面扫描仪都可以生成 TIFF 图像。TIFF 格式的好处是大多数图像处理软件都支持这种格式，并且 TIFF 格式还可以加入作者、版权、备注以及用户自定义信息，存放多幅图像。

TIFF6.0 版本也可以引入其他有损压缩方法，如 JPEG，即形成采用 JPEG 压缩的 TIFF 图像压缩文件。

（3）GIF

GIF（图形交换格式）是 Compuserver 公司提供的一种图像格式，是一种 LZW 压缩格式，用来最小化文件大小和电子传递时间。在 World Wide Web 和其他网上服务的 HTML（超文本标记语言）文档中，GIF 文件格式普遍应用于显示索引颜色图形和图像。另外，GIF 格式还支持灰度模式。GIF 格式不支持 Alpha 通道。

（4）JPEG

JPEG（Joint Photographic Experts Group，联合图片专家组）是目前所有格式中压缩率最高的格式。其最大特点是文件经过了高倍压缩会比较小，目前绝大多数彩色和灰度图像都使用 JPEG 格式压缩图像，这是一种变压缩率算法，压缩比很大并且支持多种压缩级别的格式，当对图像的精度要求不高而存储空间又有限时，JPEG 是一种理想的压缩方式。

在 WWW 和其他网上服务的 HTML 文档中，JPEG 格式普遍应用于显示图片和其他连续色调的图像文档。JPEG 格式支持 CMYK、RGB 和灰度颜色模式，不支持 Alpha 通道。与 GIF 格式不同，JPEG 保留 RGB 图像中的所有颜色信息，通过选择性地去掉数据来压缩文件。

（5）PSD

PSD（Photoshop 格式）是 Adobe 公司开发的图像处理软件 Photoshop 中自建文件的标准格式。在 Photoshop 所支持的各种格式中，PSD 格式存取速度比其他格式快很多，功能也很强大，可存放图层、通道、遮罩等多种设计草稿。随着 Photoshop 软件的广泛应用，这个格式也逐步流行起来。

许多图像文件格式使用压缩技术以减小位图图像数据所需的存储空间。无损技术对图像数据进行压缩时不去掉图像细节。有损技术通过去掉图像细节来压缩图像。常见的压缩技术有：

- RLE（行程长度受限编码）：是一种无损压缩技术，为 TIFF 文件格式及常用 Windows 文件格式所支持。
- LZW（Lempel-Ziv-Welch）：是一种无损压缩技术，为 TIFF、PDF、GIF 和 PostScript 语言文件格式所支持。这种技术最适合用于压缩包含大面积单色彩的图像，如屏幕快照或简单的绘画图像。
- JPEG（联合图片专家组）：是一种有损压缩技术，为 JPEG、PDF 和 PostScript 语言文件格式所支持。JPEG 将图像压缩为连续色调的图像，为照片提供最好的效果。
- CCITT 编码：是一种黑白图像无损压缩技术的系列，为 TIFF、PDF 和 PostScript 语言文件格式所支持。CCITT 是"国际电话电报咨询委员会"的法语拼写的缩写。
- ZIP 编码：是一种无损压缩技术，为 PDF 文件格式所支持。和 LZW 一样，ZIP 压缩对于压缩包含大面积单色彩的图像是最有效的。

1.3.3 色彩

色彩在人们的生活、生产以及日常生活中的重要作用是显而易见的。研究资料表明，一个正常人从外界接受的信息有 90% 以上是由视觉器官输入的，来自外界的一切视觉形象，如物体的形状、空间、位置的界限和区别都是通过色彩区别和明暗关系得到反映的，而视觉的第一印象往往是对色彩的感觉。对色彩的兴趣导致了人们的色彩审美意识，成为人们能够用色彩装饰美化生活的前提因素。

色彩的感染力是相当大的。一个成功的色彩设计拥有生命力，可以感染观众情绪。色彩设计就是要尽可能地运用崭新的观念去表现色彩的特色，在设计和组合上呈现令人耳目一新的感觉，引导观众去发现色彩背后的含义。

1．色彩的概念

色彩是一种视觉神经刺激，它的产生是由于视觉神经对光的反应。没有光或视觉神经，就没有色彩。色彩的发生，是光对人的视觉神经和大脑发生作用的结果，是一种视知觉。由此看来，需要经过光—眼—神经的过程才能见到色彩。

所谓光，就其物理属性而言是一种电磁波，其中的一部分可以为人的视觉器官——眼睛所接受，并做出反应，通常被称为可见光。因此，色彩应是可见光的作用所导致的视觉现象，可见光刺激眼睛后可引起视觉反应，使人感觉到色彩和知觉空间环境。其余的电磁波都是人眼看不见的，统称不可见光。

物体色的呈现是与照射物体的光源色、物体的物理特性有关的。同一物体在不同的光源下将呈现不同的色彩：在白光照射下的白纸呈白色，在红光照射下的白纸呈红色，在绿光照射下的白纸呈绿色。光线照射到物体上以后，会产生吸收、反射、透射等现象，对于不透明的物体，它们的颜色取决于对不同的色光的反射和吸收情况。如果一个物体几乎能反射阳光中的所有色光，那么该物体就是白色的；反之，如果一个物体几乎能吸收阳光中的所有色光，那么该物体就呈黑色。透明物体的颜色是由它所透过的色光决定的。红色的玻璃之所以呈红色，是因为它只透过红光，吸收其他色光的缘故。

2．色彩的属性

（1）无彩色系与有彩色系

丰富多样的颜色可以分成无彩色系和有彩色系两个大类。

1）无彩色系。无彩色系是指白色、黑色和由黑白两色调合形成的各种深浅不同的灰色。无彩色系按照一定的变化规律，可以排成一个系列，由白色渐变到浅灰、中灰、深灰直到黑色，色度学上称此为黑白系列。黑白系列中由白到黑的变化，可以用一条垂直轴表示，一端为白，另一端为黑，中间有各种过渡的灰色。纯白是理想的完全反射的物体，纯黑是理想的完全吸收的物体。可是在现实生活中并不存在纯白与纯黑的物体，颜料中采用的锌白和铅白只能接近纯白，煤黑只能接近纯黑。无彩色系的颜色只有一种基本性质——明度。它们不具备色相和纯度的性质。也就是说，它们的色相与纯度在理论上都等于零。色彩的明度可用黑白度来表示，越接近白色，明度越高；越接近黑色，明度越低。黑与白作为颜料，可以调节物体色的反射率，使物体色提高明度或降低明度。

2）有彩色系（彩色系）。彩色是指红、橙、黄、绿、青、蓝、紫等颜色。不同明度和纯度的红、橙、黄、绿、青、蓝、紫色调都属于有彩色系。有彩色是由光的波长和振幅决定的，波长决定色相，振幅决定色调。

（2）色彩的三要素

色相、明度、纯度，是色彩最基本的属性，是研究色彩的基础，称为色彩三要素。

1）色彩的色相。色相是指能够比较确切地表示某种颜色色别的名称，如玫瑰红、橘黄、柠檬黄、钴蓝、群青、翠绿……。从光学物理上讲，各种色相是由射入人眼的光线的光谱成分决定的。对于单色光来说，色相的面貌完全取决于该光线的波长；对于混合色光来说，则取决于各种波长光线的相对量。物体的颜色是由光源的光谱成分和物体表面反射（或透射）的特性决定的。

2）色彩的纯度。色彩的纯度是指色彩的纯净程度，它表示颜色中所含有色彩成分的比例。含有色彩成分的比例越大，则色彩的纯度越高，含有色彩成分的比例越小，则色彩的纯度也越低。可见光谱的各种单色光是最纯的颜色，为极限纯度。当一种颜色掺入黑、白或其他色彩时，纯度就产生变化。当掺入的色彩达到很大的比例时，在眼睛看来，原来的颜色将失去本来的光彩，而变成混合的颜色了。当然这并不等于说在这种被混合的颜色里已经不存在原来的色素，而是由于大量的掺入其他彩色而使得原来的色素被同化，人的眼睛已经无法感觉出来了。有色物体色彩的纯度与物体的表面结构有关。如果物体表面粗糙，其漫反射作用将使色彩的纯度降低；如果物体表面光滑，则全反射作用将使色彩比较鲜艳。

3）色彩的明度。明度是指色彩的明亮程度。各种有色物体由于它们的反射光量的区别而产生颜色的明暗强弱。色彩的明度有两种情况：一种是同一色相不同明度，如同一颜色在强光照射下显得明亮，弱光照射下显得较灰暗模糊，同一颜色加黑或加白混合以后也能产生各种不同的明暗层次；另一种是各种颜色的不同明度，每一种纯色都有与其相应的明度，黄色明度最高，蓝、紫色明度最低，红、绿色为中间明度。色彩的明度变化往往会影响到纯度，如红色加入黑色以后明度降低了，同时纯度也降低了；如果红色加白则明度提高了，纯度却降低了。彩色的色相、纯度和明度三个特征是不可分割的。

（3）三原色

三原色是色彩构成的基本要素，将三原色以适当比例混合，可以得到各种不同的色彩。

不能用其他色混合而成的色彩叫原色。用原色可以混合出其他色彩。原色有两个系统，一个是光的三原色；另一个是颜料三原色。色彩有两个原色系统：色光的三原色、颜料的三原色。

● 光的三原色：红、绿、蓝。

● 颜料的三原色：品红、黄色、青色。

（4）色彩的 3 种混合方式

1）色彩的加法混合。加法混合指色光的混合。两色或多色光相混合，混合出的新色光，明度增高，明度是参加混合各色光明度之和。参加混合的色光越多，混合出的新色的明度就越高，如果把各种色光全部混合在一起则成为极强白色光。所以把这种混合叫正混合或加法混合。

计算机显示器的色彩是由荧光屏的磷光片发出的色光通过正混合叠加出来的，它能够显示出上百万种色彩，其三原色是红（Red）、绿（Green）、蓝（Blue），所以称之为 RGB 模式。

2）色彩的减法混合。减法混合指色素的混合。色素的混合是明度降低的减光现象，所以叫负混合或减法混合。颜料、染料、涂料等色素的性质与光谱上的单色光不同，是属于物体色的复色光，色料的显色是把白光中的色光经部分选择与吸收的结果，所反射的和所吸收的色混合的结果，是吸收部分相混合所增加的减光现象。

在理论上，将品红（Magenta）、黄色（Yellow）、青色（Cyan）3 种色素均匀混合时，3 种色光将全部吸收，产生黑色。在实际操作中，因色料含有杂质而形成棕褐色，加入了黑色颜料（Black），从而形成 CMYK 颜色模式。这是计算机平面设计的专用颜色模式，在印前处理中有着最重要的作用，是四色印刷的基础。

3）色彩的中性混合。中性混合是基于人的视觉生理特征所产生的视觉色彩混合。它包括回旋板的混合方法（平均混合）与空间混合（并置混合）。

回旋板的混色是属于颜料的反射现象。如把红色和蓝色按一定的比例涂在回旋板上，以40～50次每秒以上的速度旋转则显出红紫灰色；可是如果我们把红和蓝两色光用加法混合则成为淡紫红色光，明度提高；把红和蓝颜料用减法混合，则成为暗紫红色，明度降低。通过以上不同方法的混合对比，发现用回旋板的方法混合出的色彩其明度基本为参加混合色彩明度的平均值，所以把这种混合方法叫中性混合。回旋板的中性混合实际是色彩在视网膜上的混合。正如上面举的例子，由于红、蓝两色经回旋板快速旋转使红、蓝两色反复刺激视网膜同一部位，红、蓝、红、蓝、……连续交替不断，因此在视网膜上发生红、蓝两色光混合而产生红紫灰色的感觉。

由于空间距离和视觉生理的限制，眼睛辨别不出过小或过远物象的细节，把各不同色块混合成一个新的色彩，这种现象称为空间混合或并置混合。如果把红、蓝色点（或块）并置的画面经过一定的距离，发现红色与蓝色变成了一个灰紫色。同样，胶版印刷只用品红、黄、蓝三色网点和黑色网点便可印出各种丰富多彩的画面，除重叠部分的网点产生减色混合外都是色点的并置混合，这种并置混合称为近距离空间混合。空间混合的距离是由参加混合色点（或块）面积的大小决定的，点或块的面积越大，形成空间混合的距离越远。回旋板的混合和并置混合实际上都是视网膜上的混合。

3．色彩的构成

从人对色彩的知觉和心理角度出发，用一定的色彩规律去组合构成要素间的相互关系，创造出新的、理想的色彩效果，这种对色彩的创造过程及结果，称为色彩构成。

（1）色相环

色相环是色彩构成的基本工具。第一个色相环是由牛顿在1666年绘制的。该色相环的设计使所有颜色在一整体上看起来浑然一体。多年来，许多新的设计由此演变而来，但最常见的版本仍然是这个基于RYB的十二色相环。

十二色相环是由原色、二次色和三次色组合而成的。色相环中的三原色是红、黄、蓝色，彼此势均力敌，在环中形成一个等边三角形；二次色是橙、紫、绿色，处在三原色之间，形成另一个等边三角形；红橙、黄橙、黄绿、蓝绿、蓝紫和红紫六色为三次色，三次色是由原色和二次色混合而成的。十二色相环如图1-15所示。

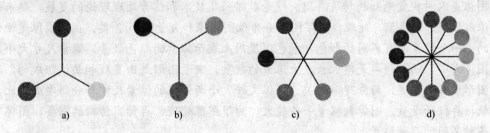

图1-15　十二色相环

a) 三原色　b) 二次色　c) 三次色　d) 十二色相环

在十二色相环颜色基础上增加明、暗变化，构成了增加明暗变化的十二色相环，如图1-16所示。

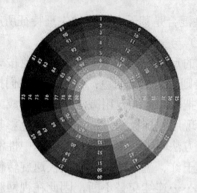

图 1-16　增加明暗变化的十二色相环

（2）色彩的构成方法

共有 10 种基本的配色设计，分别是：

- 无色设计。不用彩色，只用黑、白、灰色。
- 类比设计。在色相环上任选 3 个连续的色彩或它们的任一明色和暗色。
- 冲突设计。把一个颜色和它补色左边或右边的色彩配合起来。在色相环中位于一个颜色对面的颜色是该颜色的补色，补色的概念就是完全相反的颜色。
- 互补设计。使用色相环上全然相反的颜色。
- 单色设计。把一个颜色和任一个或它的明、暗色配合起来。
- 中性设计。加入一个颜色的补色或黑色使它色彩消失或中性化。
- 分裂补色设计。把一个颜色和它补色任一边的颜色组合起来。
- 原色设计。把原色红、黄、蓝色结合起来。
- 二次色设计。把二次色绿、紫、橙色结合起来。
- 三次色三色设计。三次色三色设计是下面两个组合中的一个：红橙、黄绿、蓝紫色或是蓝绿，黄橙、红紫色，并且在色相环上每个颜色彼此都有相等的距离。

归纳：

平面设计最基本的元素是文字、图像与色彩。

文字设计应注意文字的可读性、赋予文字个性、视觉的美感、独特的创造性、风格的一致性。

图像是人对视觉感知的物质再现。随着数字采集技术和信号处理理论的发展，越来越多的图像以数字形式存储、处理。数字图像分为位图图像和矢量图形 2 类。位图图像是由像素组成的，一个像素具有不同的颜色，颜色深度用来表示像素的颜色数量，像素尺寸大小表示位图图像大小，而分辨率是单位长度上像素的数量。矢量图形是由直线和曲线组成的，通过几何图形参数来描述，与分辨率无关。图像文件大小与图像的像素尺寸和分辨率成正比，是图像数据存储的度量。图像数据量一般较大，为了图像处理、存储、传输的需要，图像可以采用多种不同的存储格式。

色彩是一种视觉神经刺激，它的产生是由于视觉神经对光的反应。没有光或视觉神经，就没有色彩。色相、明度、纯度是色彩最基本的属性。三原色是色彩构成的基本要素，将三原色以适当的比例混合，可以得到各种不同的色彩。光的三原色是红、绿、蓝。颜料的三原色是品红、黄色、青色。色彩有加法混合、减法混合、中性混合三种混合方式。颜色模式可以确定图像中能显示的颜色，在 Photoshop 中，颜色模式有灰度模式、位图模式、RGB 模式和 CMYK 模式。

1.4 平面设计的素材获取

图像的获取方法有很多，可以通过扫描仪、数码相机、视频卡或者借助于图像捕捉软件将图像输入到计算机中，还可以从网络上、软件中检索与复制。

1.4.1 扫描仪输入

目前，在平面设计中，最常用的图像输入设备要数扫描仪了。因此，使用自主版权的图像时就可以利用扫描仪扫描这些图像。

扫描仪主要由光学成像和光电转换两部分组成。通常，扫描仪扫描图像时，首先由扫描仪的光学系统收集图片的反射光，并将这些光线聚焦到用于完成光—电转换的电荷耦合器（CCD）上，再由 CCD 将光信号转换为电信号，经过模/数（A/D）转换电路生成数字化图像信号，并将其输送到计算机中。

常用的扫描仪一般都支持 TWAIN 标准，只要用户使用的扫描仪支持 TWAIN 标准，就可直接通过 Photoshop 来扫描图像。如果用户所使用的扫描仪不支持 TWAIN 标准，则只能采用传统的方法将图像先扫描成图像文件，然后再转入 Photoshop 中。

TWAIN 标准是一种跨平台的接口标准，可用于扫描仪、数字相机等设备与计算机之间的数据传输。它已成为业界事实上的标准。

扫描图像前，要先安装扫描仪。这包括硬件安装和软件安装两部分操作。硬件安装就是把扫描仪连接到计算机上，这可根据扫描仪的安装手册进行操作。软件安装就是在把扫描仪与计算机连接好以后，安装扫描仪的驱动程序。该程序通常由扫描仪生产厂家提供，购买扫描仪时可以同时得到该驱动程序。安装驱动程序时，可以根据扫描仪软件安装手册的指导信息进行操作。

安装正确后，扫描仪就可以使用了。只要从 Photoshop 的菜单中，依次选择"文件（File）" → "输入（Import）" → "TWAIN—32"命令，屏幕上就会出现扫描仪的操作对话框，按照对话框中的提示信息操作相应的按钮，即可将放在扫描仪中的图像扫描到 Photoshop 中。

1.4.2 图像的捕捉

1. Super Capture

超级屏幕捕捉是一款非常优秀的专业图像捕捉软件，曾在中国首届共享软件评比大赛中获优秀软件称号。它可以轻松、快速地捕捉桌面上所有的图像（甚至包括难以捕捉的 DirectX 或 Direct3D 游戏画面、网页图像）；支持网页图像抓取，可以将网页内的所有图片一次性全抓下来。可以将超出屏幕范围的超长网页存到一个文件；可以轻松捕捉全屏、窗口、控件、椭圆、圆形、多边形、任意形状区域等多种形状的桌面；特别值得一提的是，它还可以轻松抓取 Windows XP/2000 下的所有特殊菜单（目前还没有其他一款抓屏软件可以做到）；支持鼠标抓取，支持定时捕捉，可直接打印捕捉后的图像；支持 JPEG/ BMP/TIF/PNG/GIF 等多达 17 种图像格式的阅读与转换；支持自定义热键；全面支持多语言版本。它适用于任何需要对屏幕图像进行处理的用户。使用 Super Capture 超级屏幕捕捉能极大地节省处理屏幕图像的时间，提高工作效率。

2. Hyper Snap

Hyper Snap 提供专业级影像效果，也可轻松地抓取屏幕画面。支持抓取使用 DirectX 技术的游戏画面及 DVD 影像，并且采用新的去背景功能，将抓取后的图像去除不必要的背景；预览功能也可以正确地显示出该图像打印出来时的画面等。

Hyper Snap 提供了相当快速的方式来抓取、打印、储存和管理使用者目前所面对的屏幕画面，只要简单的一个按键就可以做到。使用者可以使用一个按键来抓取单个按钮、整个屏幕、目前使用中的视窗和使用者自行框选的区域。另外，它还可以让使用者对所抓取的图像放大/缩小、镜像、旋转、颜色调整以及采用马赛克、浮雕等特殊处理，可放大的倍率甚至高达原图的 1000 倍之多。Hyper Snap 也支持 DOS 屏幕的抓取，抓取屏幕所获得的图像可以将其储存为 GIF、TIFF、JPG、BMP 等 25 种格式文件。为了让使用者更方便地管理所抓取的屏幕画面，还提供了让使用者为图像做注解的设计。

3. Techsmith SnagIt

Techsmith SnagIt 是一款非常优秀的屏幕、文本和视频捕获与转换程序。可以捕获 Windows 屏幕、DOS 屏幕，RM 电影、游戏画面，菜单、窗口、客户区窗口、最后一个激活的窗口或用鼠标定义的区域。图像可被保存为 BMP、PCX、TIF、GIF 或 JPEG 格式，也可以保存为系列动画。使用 JPEG 可以指定所需的压缩比（1%～99%）。可以选择是否包括光标、添加水印。另外还具有自动缩放、颜色减少、单色转换、抖动，以及转换为灰度级等功能。此外，在保存屏幕捕获的图像前，可以用其自带的编辑器编辑，也可以选择自动将其发送至 SnagIt 打印机或 Windows 剪贴板中，还可以直接用 E-mail 发送。SnagIt 具有将显示在 Windows 桌面上的文本块转换为机器可读文本的独特能力，这里甚至无需 CUT 和 PASTE。程序支持 DDE，所以其他程序可以控制和自动捕获屏幕。新版本支持输出到外部程序或 IM（即时通信）软件、导入/导出属性、新的改进了的网页捕捉以及改进了的自动文件命名。

4. Capture Professional

Capture Professional 是一款非常专业的抓图软件，它有许多人性化的功能，方便用户使用。针对很多报纸、杂志在排版时采用的是灰度图，只要简单地进行设置，就可以从"真色彩"屏幕上把抓取下来的图片变成灰度图；对于有的图片过大，在窗口中显示不下时，它也能自动卷动抓取整个图像；还支持批量抓取图标操作，并且可以打开这些抓取后的图标、光标和图片，利用内置的许多图像处理特效，并对它们进行修改；对抓取下来的图像添加注释，可以使图像看起来效果更突出。Capture Professional 不仅支持一般的图像文件，还支持 CUR 光标文件和 ICO 图标文件，并把它们转换为位图文件；可以抓取 Windows 下的光标，存为光标文件；具有批量处理功能的宏命令。

1.4.3 数码相机和数码摄像机

数码相机和数码摄像机是近几年新兴的照相和摄像设备，可以直接获取数字化的图像信息。它们通过光学镜头来捕捉需要拍摄的画面，然后通过内部的光学转换系统将光信号转换成数字信号，并存储到图像文件或影像文件中。这些文件能被计算机直接识别和接受。

目前数码相机和数码摄像机本身的价格还比较高，但使用它们来获取图像的成本却很低，而且具有可重复获取、可即时再现等优点。就目前的技术发展趋势来看，数码相机和数码摄像机是最有前途的图像获取设备。

1.4.4 Photo CD

*.pcd （Kodak Photo CD）是一种 Photo CD 文件格式，由 Kodak 公司开发，其他软件系统只能对其进行读取。该格式主要用于存储 CD-ROM 上的彩色扫描图像，它使用 YCC 颜色模式定义图像中的颜色。YCC 颜色模式是 CIE 颜色模式的一个变种。CIE 颜色空间是定义所有人眼能观察到的颜色的国际标准。YCC 和 CIE 颜色空间包含比显示器和打印设备的 RGB 颜色和 CMYK 颜色多得多的颜色。Photo CD 图像大多具有非常高的质量，将一卷胶卷扫描为 Photo CD 文件的成本并不高，但扫描的质量还要依赖于所用胶卷的种类和扫描仪使用者的操作水平。

1.4.5 视频卡捕获图像

使用视频卡捕获电视节目中的画面，也是获取原始图像的一种简便方法。用户只需在计算机中插入视频卡并安装相应的驱动程序，然后将电视信号源连接到视频卡上，就可以在屏幕上出现想要捕获的画面。按相应的快捷键来捕获该画面，并将它保存到图像文件中以便进行其他处理。

另外，现在具备多媒体功能的计算机都可以通过 CD-ROM 驱动器或 DVD-ROM 驱动器播放 VCD 或 DVD 光盘，用户也可通过按热键的方式在播放影片的同时捕获需要的画面，并将它保存成图像文件以备使用。

归纳：

平面设计中可能会用到现有的、存在于不同介质上的图像，这些图像可以通过扫描仪、数码相机、视频卡或者借助图像捕捉软件将图像输入到计算机中，还可以通过从网络上、软件中检索与复制的方法获取。

1.5 平面设计的工具

在这个数字化时代，平面设计的数字化不可避免，而且数字化平面设计已经成为一种趋势。好的平面设计工具能够提高设计效率，不断地促进平面设计的快速发展。下面就来介绍几款优秀的数字化平面设计软件。

1. Photoshop

Photoshop 是在位图图像处理方面的首选软件，在图像处理、渲染及特效方面尤为擅长。它是一个强大的图像编辑工具，将选择工具、绘画和编辑工具、颜色校正工具及特殊效果、功能结合起来，使用 RGB 和 CMYK 等各种颜色模式，对图像进行编辑和处理。本书将全面介绍 Photoshop 的使用。

2. CorelDraw

CorelDraw 是加拿大 Corel 公司的产品，是当前最流行的矢量图形设计软件之一，也是最早运行于 PC 的图形设计软件。

CorelDraw 具有奇妙的艺术笔工具，可以创建丰富多样的线条；还有功能强大的效果工具，可以扭曲对象，改变对象外观，创作出特殊的效果；另外，丰富的滤镜工具能够为位图增加特殊的视觉效果；并且集合了图像编辑、位图转换、动作制作等一系列功能，以及它提供的众多图片、字体等资料库，构成了高级图形设计和编辑出版的软件包，是矢量图设计软件中的精品。

CorelDraw 在平面设计、包装装潢、彩色出版与多媒体制作等诸多领域起着非常重要的作用。

3. Illustrator

从某种意义上讲，Illustrator 是 Adobe 公司为了弥补 Photoshop 处理矢量图形能力不足而开发的，该软件不仅能处理矢量图形，还具有处理位图、添加滤镜、设置 3D 等功能。

众多的图像设计人员工作时首先从 Illustrator 入手。Illustrator 提供的绘制图形和编辑图形的强大工具，可以使设计者随心所欲地设计出理想的图形。确切地说，Illustrator 在设计、绘图方面甚至超越了 Photoshop。因为它使用的是矢量而非像素，所以在 Illustrator 中创建的任何元素都不受解析度的影响，可以在毫不影响质量的情况下自由移动、修改或缩放。许多设计人员把 Illustrator 看成制作程序，而把 Photoshop 看成优化程序。把 Illustrator 与 Photoshop 完美地结合，可以共同创造出精美的作品。

Illustrator 是商标、招牌、包装、插图、海报及名片手册设计的绝好工具。

4. Fireworks

Fireworks 是 Macromedia 公司推出的一款 Web 图像处理软件，与 Flash 和 Dreamweaver 合称为网页制作"三剑客"。它不仅是一款 Web 图像处理软件，而且还是一款全功能的 Web 设计工具。在 Fireworks 出现之前，制作 Web 需要使用多种软件才能完成图片的制作。Fireworks 的出现大大简化了这些工作，几乎所有的效果都可以用它来完成。

Fireworks 提供了丰富的画图工具和图像处理工具，并且具有丰富的图形风格和特效。它不但可以编辑几乎所有格式的图像文件，而且可以编辑矢量图形。设计人员可以将图片进行各种处理，并优化输入的图片。

在 Fireworks 里，包括文字在内的图片内容在任何制作的阶段都是可以编辑的，这一独特的功能使得设计人员可以对网站上要进行更新或修改的图片进行批处理。

此外，使用 Fireworks 还可以制作动画，生成包含 JavaScript 的动态网页，甚至不用网页制作工具也可以生成效果满意的网页。

Fireworks 与网页制作工具 Dreamweaver 能够完美地结合，为网页设计提供一个很好的环境，使网页的创建、维护、修改、更新变得非常简单，从而大大地提高了工作效率。

Fireworks 对于网页设计者来说十分容易掌握，只要学习几种常用的功能就可以设计出美观实用的图片、图像特效和网页动画，在网页制作中得到了广泛的应用。

5. AutoCAD

AutoCAD 是美国 Autodesk 公司开发的通用计算机辅助设计软件包，是一款应用广泛的通用绘图软件，可任意绘制二维和三维图形，采用矢量绘图原理，与 3ds Max、Lightscape 和 Photoshop 相结合，可以制作出具有真实感的三维透视动画图形，一般应用于建筑物、室内设计、工业设计的图像建模中，其优势在于制图精度高、速度快，弱点在于后期的渲染能力较弱。

AutoCAD 主要应用于广告设计、标志设计、书籍包装等行业。

6. Pagemaker

Pagemaker 是 Adobe 公司推出的享誉全球的专业级排版软件，在印刷和在线页面方面首屈一指。

Pagemaker 采用了与 Photoshop 通用的快捷方式，十分方便。它的界面、快捷键和操作方式与 Photoshop 几乎相同，使用非常方便，但它的主要功能不是用于图像处理，而是进行专业排版。

Pagemaker 具有轻松的排版和页面设计功能。提供了一套完整的工具，用来编排专业级高品质的出版物；完全集成化的网上出版功能，帮助用户使用 HTML 格式和 PDF 格式发行电子出版物。

Pagemaker 拥有完善的可扩展颜色管理体系和高真度彩色打印系统，用户可以获得真正需要的颜色。

归纳：

数字化时代，平面设计的数字化不可避免，而且数字化平面设计成为一种趋势。常见的平面设计工具有 Photoshop、CorelDraw、Illustrator 等，Photoshop 是目前最流行的平面设计工具之一。

1.6　本章小结

本章主要介绍了平面设计的基本理论和数字图像的基本概念，包括：平面设计的概念、起源、发展及应用；平面设计文字、图像、色彩元素；图像的种类、像素和颜色深度、图像大小和分辨率、颜色模式、图像文件的格式及压缩等。本章还介绍了图像的输入方法以及平面设计常用的软件。通过本章的学习，可以了解平面设计的一些基本理论，为今后的学习打好理论基础。

- 平面设计是设计活动的一种，是设计者借助一定工具材料，将所表达的形象及创意思想，遵循表达意图，采用立体感、运动感、律动感等表现手法在二维空间来塑造视觉艺术的方法。
- 平面设计的元素：文字、图像、色彩。
- 平面设计广泛应用于广告、商标、包装、网站等设计。
- 数字图像分为两大类：位图图像和矢量图形。
- 位图图像，也称为栅格图像，是用小方形网格（位图或栅格）即像素来代表图像，每个像素都被分配一个特定位置和颜色值。
- 矢量图形，是由称为"矢量"的数学对象所定义的直线和曲线组成的。
- 像素是一个有颜色的小方块，图像由许多小方块组成，以行或列的方式排列。
- 颜色深度是指图像中可用的颜色数量，也称做像素深度或位深度，它用来度量在图像中有多少颜色信息来显示或打印像素。
- 图像分辨率是指图像中每单位打印长度显示的像素数目，通常用像素/英寸（ppi）表示。
- 文件大小与图像的像素尺寸和分辨率成正比。
- 颜色模式在 Photoshop 中可以确定图像中能显示的颜色，还可以影响图像的通道数和文件大小。Photoshop 中的颜色模式主要有：位图模式、灰度模式、RGB 模式和 CMYK 模式。

1.7 练习与提高

一、思考题

1. 平面设计的实质是什么？有什么用途？
2. 包装设计的作用及其任务是什么？
3. 数字图像有几类？
4. 什么叫广告？广告设计有哪些元素？
5. 说明矢量图形、位图图像及其优缺点。

二、选择题

1. 在平面设计中，下列不是平面设计基本元素的是_____。

   A. 色彩　　　　　B. 图形　　　　　C. 构图　　　　　D. 文字

2. 下面能描述平面设计的说法的是_____。

   A. 印刷设计　　　B. 装潢艺术　　　C. 视觉传达设计　　D. 装潢设计

3. 以下关于图像分辨率的描述，错误的是_____。

   A. 矢量图形与分辨率有关　　　　　B. 位图图像与分辨率有关

   C. 矢量图形与分辨率无关　　　　　D. 位图图像与分辨率无关

4. 以下关于矢量图形的说法，错误的是_____。

   A. 矢量图形与分辨率无关

   B. 矢量图形与分辨率有关

   C. 矢量图形可以任意放大不改变其效果

   D. 矢量图形可以任意缩小不改变其效果

5. 图像文件有多种格式，通常可以通过文件扩展名来判断是否为图像文件，下面_____是图像文件的扩展名。

   A. MOV　　　　　B. GIF　　　　　C. SWA　　　　　D. ASF

三、填空题

1. 显示器分辨率是指_____的数目，通常以点／英寸（dpi）为度量单位。显示器分辨率取决于显示器大小加上其像素设置。

2. 图像分辨率是指_____数目，通常用_____表示。相同尺寸的图像分辨率越高，单位长度上的像素数越_____，图像越清晰；反之，图像越_____。

3. 颜色模式在 Photoshop 中可以确定图像中能显示的_____，还可以影响图像的_____和_____。Photoshop 中图像的颜色模式有_____、_____和_____。

4. 图像的获取方法有很多，可以通过_____、_____、_____或者_____将图像输入到计算机中，还可以从网络上、软件中检索与复制。

5. 平面设计是指在二维空间内进行的一切设计活动，是通过_____、_____、_____表达设计者想要表达的思想的过程，并与受众进行信息、思想的交流。

第 2 章　Photoshop 的基本操作

Photoshop 是美国 Adobe 公司推出的图像设计与制作工具，它集图像创作、扫描、修改、合成以及高品质分色输出等功能于一体，深受广大业内人士和平面设计爱好者的青睐。Adobe 公司新近推出的 Photoshop CS4 版本，增加了一些新功能，使得用户处理图像时如虎添翼。本章主要学习 Photoshop CS4 的新增功能，介绍 Photoshop CS4 的工作界面，以及文件操作、页面显示控制和图像窗口的操作。

本章学习目标：

- 了解 Photoshop CS4 新增功能。
- 了解 Photoshop CS4 的工作界面。
- 学会图像文件打开、保存、关闭等操作。
- 掌握页面显示控制和图像窗口的操作。

2.1　Photoshop CS4 的新增功能

目前，Adobe 公司推出的 Photoshop CS4 版本新增了"调整"面板、"蒙版"面板，还增加了 3D 和内容感知型缩放功能，具有更大的编辑自由度以及更高的工作效率，使用户能更轻松地使用其强大的图像处理功能。下面介绍 Adobe Photoshop CS4 的几个新增功能。

2.1.1　"调整"面板

新的实时和动态的"调整"面板，如图 2-1 所示。该面板包含图像调整的控件和预设，单击控件与预设，可以轻松地进行图像无损调整、增强图像的颜色和色调。使用"调整"面板调整图像，实际上是增加图层、通道，从而实现无损调整。任何调整都可以通过单击"调整"面板右侧的 ▤ 按钮，在如图 2-2 所示菜单中的"存储...预设"选项保存预设。

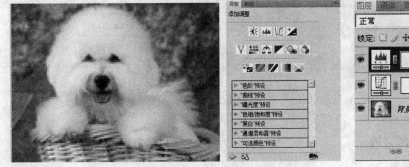

图 2-1　使用"调整"面板调整色彩

图 2-2 "调整"面板的调整菜单

2.1.2 "蒙版"面板

从"蒙版"面板可以快速创建和编辑蒙版。该面板提供的工具，可用于创建基于像素和矢量的可编辑蒙版，调整蒙版浓度，并进行羽化，选择非相邻对象等，如图 2-3 所示。

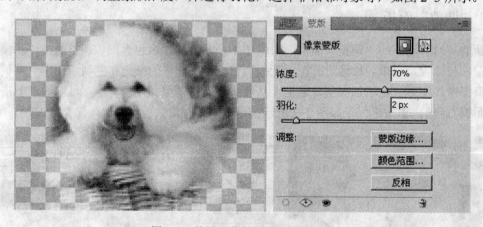

图 2-3 使用"蒙版"面板调整图像

2.1.3 内容识别比例缩放

全新的内容识别比例缩放功能可以在用户调整图像大小时自动重排图像，在图像调整为新的尺寸时，智能保留重要区域不变形。一步到位地制作出完美图像，无需高强度裁剪与润饰，如图 2-4 所示。

图 2-4   内容识别比例缩放图像

2.1.4   画布旋转

Photoshop CS4 可随意旋转画布，按任意角度实现无扭曲的查看图像，如图 2-5 所示。画布旋转需要 OpenGL 的支持。

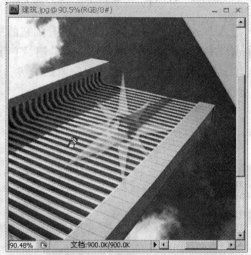

图 2-5   旋转画布前后的效果

2.1.5   创新的 3D 功能

借助全新的光线描摹渲染引擎，可以直接在 3D 模型上绘图、将 2D 图像绕排 3D 形状、将渐变图转换为 3D 对象、为图和文本添加深度，并实现常见 3D 格式的输出。从图层新建 3D 形状，如图 2-6 所示。

2.1.6   高级复合

使用增强的"自动对齐图层"命令创建更加精确的

图 2-6   3D 功能的运用

复合图层，并使用球面对齐以创建 360°全景图，如图 2-7 所示。增强的"自动混合图层"命令可将颜色和阴影进行均匀地混合，并通过校正晕影和镜头扭曲来扩展景深。

图 2-7　高级复合功能

新增功能的具体实现步骤，在以后的章节中将会详细讲解，请读者参考后面的内容。
归纳：

Photoshop CS4 新增了"调整"面板和"蒙版"面板，增加了 3D、内容识别比例缩放和高级复合功能，增强了 Photoshop CS4 的图像处理能力。

2.2　Photoshop CS4 的操作界面

进入 Photoshop CS4 后，就可以看到它的主界面，如图 2-8 所示。Photoshop CS4 的应用程序窗口主要由菜单栏、标题栏、工具箱、工具选项栏（有的同类书中也称之为工具选项栏）、选项卡、控制面板、状态栏和图像窗口组成。

图 2-8　Photoshop CS4 主界面

1．标题栏

标题栏显示打开图像文件的名称、文件格式、窗口缩放比例和颜色模式等文件信息。如果文件包括多个图层，标题栏还将显示当前图层名称。

2．菜单栏

菜单栏共有 11 个菜单，分别为"文件"、"编辑"、"图像"、"图层"、"选择"、"滤镜"、"分析"、"3D"、"视图"、"窗口"和"帮助"菜单，如图 2-9 所示。

| 文件(F) 编辑(E) 图像(I) 图层(L) 选择(S) 滤镜(T) 分析(A) 3D(D) 视图(V) 窗口(W) 帮助(H) |

图 2-9　菜单栏

- "文件"菜单包含了图像文件操作的各种命令，如新建图像、打开图像、浏览图像、保存图像、页面设置、打印文件等。
- "编辑"菜单中的命令包含两个部分：一部分主要是对选区内的图像进行复制、剪切、粘贴、变形等操作和对选区进行描边、填充操作；另一部分是对 Photoshop CS4 的部分操作进行预设与配置。
- "图像"菜单中的命令主要是对图像的模式、色彩与色调、图像和画布大小进行调整。
- "图层"菜单中的命令主要是对图层的建立、调节和合并操作，并对图层运用各种特效。
- "选择"菜单中的命令主要是对选区进行修改、存储和载入操作。
- "滤镜"菜单主要用于对图像进行特殊效果处理，包括内置滤镜和外置滤镜。
- "分析"菜单主要用于定义测量与计数工具，并对图像特定区域进行测量，对图像中的对象计数。
- "3D"菜单主要用于处理和合并现有的 3D 对象、创建新的 3D 对象、编辑和创建 3D 纹理、导出 3D 图层以及渲染 3D 文件。
- "视图"菜单中的命令主要是对图像显示、标尺和参考线等的调整。
- "窗口"菜单中的命令主要是对图像窗口和各种控制面板进行管理。
- "帮助"菜单中的命令主要是提供 Photoshop CS4 软件的帮助信息。

3．工具箱

Photoshop 窗口的左侧是工具箱。工具箱上列出了 Photoshop CS4 的各种图像编辑工具，供用户随时选择使用。单击工具箱顶端的▶️按钮，工具箱可切换单排或双排显示。工具箱中一些工具被隐藏地放置在同一个工具板中，如果工具按钮的右下角有一个小三角形，按住鼠标左键不放或单击右键就可以打开其隐藏的其他工具。利用工具箱中的这些工具可以创建文字、选择对象、绘图、取样、编辑、移动、三维环绕与旋转、注释和查看图像等。利用工具箱内的其他工具还可以更改前景色和背景色与切换快速蒙版，如图 2-10 所示。

4．工具选项栏

当选择了工具箱的某一工具后，位于 Photoshop 窗口上方的工具选项栏将会发生相应的变化，即显示该工具的选项栏，用户从中可以设置相应的参数，如图 2-11 所示。

选择"窗口"→"选项"命令，可以隐藏或显示工具选项栏。

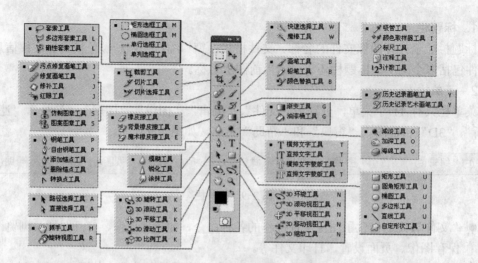

图 2-10　Photoshop CS4 工具箱

图 2-11　Photoshop CS4 的工具选项栏

5. 控制面板

控制面板一般处于窗口的右侧，包括"导航器"、"信息"、"颜色"、"色板"、"样式"、"图层"、"通道"、"路径"、"历史记录"、"动作"、"蒙版"、"调整"等 20 多个控制面板，单击"窗口"菜单可以打开选中的控制面板。控制面板常以选项卡的形式成组出现，如图 2-12 所示。单击控制面板组右上角的▶▶按钮，可将控制面板折叠为图标，如图 2-13 所示。单击折叠图标中的一个图标将打开相应的控制面板，如图 2-14 所示。按下鼠标左键拖曳图标组的左、右边框，可以调整图标组的宽度，如图 2-15 所示。

图 2-12　控制面板组　　　　　　　　　　　图 2-13　折叠控制面板

图 2-14　通过折叠图标打开相应的控制面板

图 2-15　调整图标组的宽度

　　原先分开放置的两组控制面板，如图 2-16a 所示。如果要把它们连接在一起，只需用鼠标左键将其中的一组控制面板拖至另一组面板下方，当两组面板之间出现蓝色线条时，如图 2-16b 所示，松开鼠标左键，两组分开的控制面板就会连接成为一组，如图 2-16c 所示。

图 2-16　分开的控制面板组链接成为一组

a) 分开放置的两组控制面板组　b) 将一组拖至另一组面板下方　c) 两组面板连接成为一组

　　如果需要把单个的控制面板从面板组中分离出来，只需用鼠标拖动面板组中选项卡的标题栏到窗口空白处即可，如图 2-17 所示；反之，如果需要把单个的控制面板组合到面板组中，只需鼠标拖动单个面板到面板组中的标题栏处，当面板组四周出现蓝色边框时，松开鼠标即可，如图 2-18 所示。

图 2-17　分离控制面板

图 2-18　组合控制面板

单击面板右上角的面板菜单按钮，可以打开面板组中当前选中控制面板的面板菜单，如图 2-19 所示。

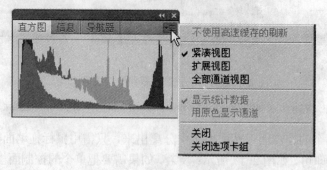

图 2-19　打开面板菜单

6．状态栏

状态栏位于图像窗口底部，显示出当前图像的状态信息或当前工具栏中被选中工具的简要说明等，如图 2-20 所示。单击状态栏右侧的 ▶ 按钮，可以打开状态栏的下拉菜单，选择状态栏显示的内容，如图 2-21 所示。

| 66.67% | 文档:2.25M/2.25M | ▶ |

图 2-20　Photoshop 状态栏　　　　　　　　图 2-21　设置状态栏显示信息

7．应用程序栏

应用程序栏放置 Photoshop 的某些功能程序图标，使用户运行这些程序更加快捷。

8．图像窗口

显示打开的图像文件，并可以在此编辑图像。

9．选项卡

当打开一个图像文件后，图像的标题栏都放置在选项卡中，单击选项卡中的标题栏，可以在图像文件之间轻松切换。

归纳

Photoshop CS4 的主界面由菜单栏、标题栏、工具箱、工具选项栏、选项卡、控制面板、状态栏和图像窗口组成。菜单栏存放图像处理命令的场所，共有 11 组。标题栏用于显示打开图像文件的名称、格式、窗口缩放比例和颜色模式等文件信息。工具箱中是供用户选用的 Photoshop CS4 的各种图像编辑工具。工具选项栏显示和调整选用工具的选项。控制面板有 20 多个，用来记录、显示处理图像的属性、动作等信息。状态栏用于显示当前图像的状态信息，或选中工具的说明。

2.3　Photoshop CS4 的文件操作

Photoshop 支持多种图像文件格式的操作，还可以实现不同图像文件格式之间的相互转化。Photoshop 中主要的文件操作包括创建、打开、浏览和保存图像文件。

2.3.1　创建新图像文件

新建一个图像文件，并给出必要的设置，步骤如下：

1）选择"文件"→"新建"命令，打开"新建"对话框，如图 2-22 所示。

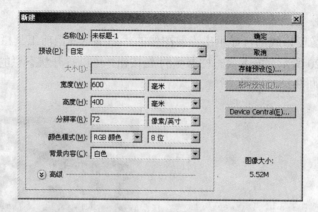

图 2-22 "新建"对话框

2）在"新建"对话框中给出必要的设置。

● 名称：新建图像文件的名字，"未标题-1"是新建文件的默认名称。

● 预设：系统预设新建图像文件的大小。单击右侧的倒三角，在弹出的下拉列表框中可以选择 Photoshop CS4 提供的一些默认文件的大小，如图 2-23 所示。如果选择"标准纸张"，可以在"大小"下拉列表框中选择"A4"或"B5"等预设纸张大小，如果选择"自定"，可以直接在"宽度"和"高度"文本框中设置数值，单击文本框后面的倒三角，可以从中选择长度单位（建议使用像素作单位）。

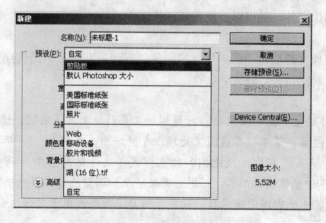

图 2-23 系统预设新建图像文件的大小

● 分辨率：新建图像文件的分辨率，分为"像素/英寸"和"像素/厘米"两种。

● 颜色模式：新建图像文件的颜色模式，有位图、灰度、RGB 颜色、CMYK 颜色和 Lab 颜色 5 种模式可供选择。

● 背景内容：在此选项中设置新建图像的背景颜色。背景可以设置为白色、当前调色板中的背景色或者透明色（以交错的灰色和白色格子表示）。

● 高级：鼠标单击"高级"左侧的 ⊗ 按钮，可以对文件进行"高级"选项的设置，如图 2-24 所示。

图 2-24 "高级"选项的下拉列表

➢ 颜色配置文件：如果用户希望对新建文件进行颜色管理，单击"颜色配置文件"下拉列表框右侧的下拉箭头，选取一个系统提供的颜色配置文件，一般情况下选择"不要对此文档进行色彩管理"。

➢ 像素长宽比：用于选择像素的长宽比。如果新文件用于编辑视频图像，选择下拉列表框中系统提供的与视频对应的像素比；而由于计算机显示器上的图像是由方形像素组成的，所以一般情况下选择"方形像素"。

3）上述内容设置完成后，可以单击"存储预设"按钮，存储已设的值，供以后使用。

4）如果要创建在其他设备（如手机等移动设备）使用的文件，可以通过单击"Device Central"按钮实现，它支持 Flash 格式、位图格式、Web 格式和视频格式等多媒体格式。

5）最后单击"确定"按钮，打开新文件。

小技巧：

使用快捷键〈Ctrl+N〉或在按住〈Ctrl〉键的同时在 Photoshop 窗口的灰色区域双击鼠标左键，也可打开"新建"对话框。

2.3.2 打开图像文件

Photoshop CS4 可以打开多种格式的图像文件，打开图像文件的步骤如下：

1）选择"文件"→"打开"命令，弹出"打开"对话框，如图 2-25 所示。

图 2-25 "打开"对话框

2）在"打开"对话框中的"查找范围"下拉列表框中选择文件路径，在"文件类型"下拉列表框中选择要打开的文件类型，单击需要打开的图像文件。选择好要打开的文件后，单击"打开"按钮即可打开指定的图像文件。

3）Photoshop 允许一次打开多个图像文件，按住〈Shift〉键可以选择连续的文件，按住〈Ctrl〉键可以选择不连续的文件。

小技巧：

使用快捷键〈Ctrl+O〉或直接在 Photoshop 窗口的灰色区域双击鼠标左键，也可打开"打开"对话框。

2.3.3 使用"打开为"命令打开图像文件

当非 Windows 操作系统与 Windows 操作系统之间进行文件传递时，可能会造成文件格式错误。此外，文件的存储格式与文件实际内容不匹配，或在文件管理过程中错误地修改了文件扩展名。以上这些错误都使得 Photoshop 无法正确识别文件，使用"打开为"命令，可以帮助 Photoshop 打开扩展名错误的图像文件。使用"打开为"命令打开图像文件的步骤如下：

1）选择"文件"→"打开为"命令，弹出"打开为"对话框，如图 2-26 所示。

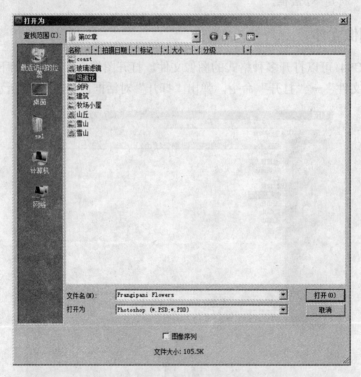

图 2-26 "打开为"对话框

2）在"打开为"对话框中的"查找范围"下拉列表框中选择文件路径，单击需要打开的图像文件，在"打开为"下拉列表框中指定打开后图像的格式，单击"打开"按钮即可按指定格式打开图像文件。

2.3.4 作为智能对象打开图像文件

智能对象是一个嵌入到当前文档中的文件，在图像编辑时，Photoshop 会保护智能对象文件的原始数据不被破坏，作为智能对象打开图像文件的步骤如下：

1）选择"文件"→"打开为智能对象"命令，弹出"打开为智能对象"对话框，如图 2-27 所示。

图 2-27 "打开为智能对象"对话框

2）选择需要打开的图像文件，单击"打开"按钮即可把该图像文件转换为智能对象打开，图层的右下角有一个图标，表示该图层为智能对象，不能被破坏，如图 2-28 所示。

图 2-28 图像文件转换为智能对象

2.3.5 置入文件

"置入"命令能够将图像、图片，或者 AI（Adobe Illustrator 的矢量文件）、EPS 及 PDS 等矢量文件，作为智能对象，置入到当前 Photoshop 文件的新图层中。新图层上的图片在置入前，可以缩放、定位、斜切或旋转图片而不会降低图片品质。

下面以一个实例说明"置入"命令的使用方法，操作步骤如下：

1）打开图像文件"Oryx Antelope.jpg"。

2）选择"文件"→"置入"，打开"置入"对话框，如图2-29所示。

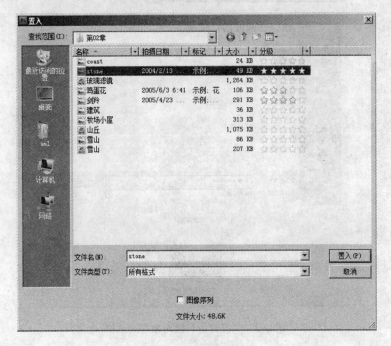

图2-29 "置入"对话框

3）选择"Stone"文件，单击"置入"按钮，置入的新文件成为原文件的新图层，如图2-30所示。

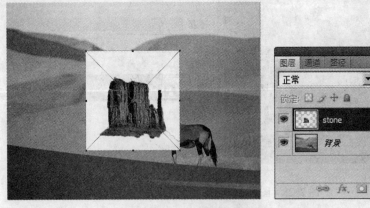

图2-30 选择"置入"命令及其图层的效果

4）调节置入图像上的控制框，改变图像大小。单击工具箱中的任一工具，弹出如图2-31所示的提示框。

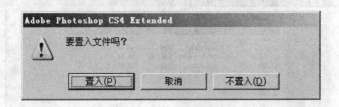

图 2-31　置入提示对话框

5）单击提示框中的"置入"按钮，如图 2-32 所示。

图 2-32　调整大小、位置及置入后的效果

6）设置图层面板的图层混合模式为"正片叠底"，如图 2-33 所示。最终效果如图 2-34 所示。

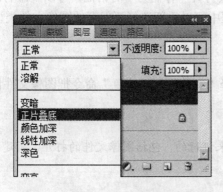

图 2-33　选择"正片叠底"混合模式

图 2-34　"正片叠底"后的效果

2.3.6　保存图像文件

可以将编辑处理好的图像文件以选定的文件格式保存在外部存储器中，操作步骤如下：

1）选择"文件"→"存储"命令，打开"存储为"对话框，如图 2-35 所示。

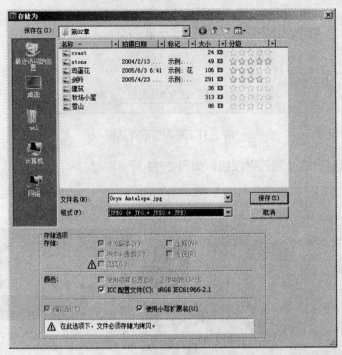

图 2-35 "存储为"对话框

2）在"存储为"对话框中，从"保存在"右边的下拉列表框中选择保存路径，在"文件名"文本框中输入文件名，从"格式"下拉列表框中选择要保存的图像格式。

3）根据选择不同的图像格式，会打开不同的"存储选项"选项组，对参数进行设置，然后单击"保存"按钮。

4）如果选择"文件"→"存储为"命令，也会打开"存储为"对话框，可以重命名已存在的图像文件，在对话框中的"格式"下拉列表框中可以重新选择要保存的图像文件类型。

2.3.7　恢复图像文件

如果对刚处理过的图像不太满意时，可以选择"文件"→"恢复"命令把图像文件恢复到最后存储文件的状态。

归纳：

Photoshop CS4 图像文件操作是通过文件菜单来进行的，包括图像文件的打开、新建、保存、置入等命令。

实践：

参考 2.3.5 节，在一个图像文件中置入另一个图像文件，学习 Photoshop CS4 图像文件的操作。

2.4　Bridge 管理图像

Photoshop CS4 "文件"菜单下的"在 Bridge 中浏览"命令，与应用程序栏■按钮是一致的，均可以启动 Adobe Bridge 应用程序。它可以方便地对图像文件进行组织、浏览和查找。

选择"文件"→"在 Bridge 中浏览"命令，弹出"Bridge"窗口，如图 2-36 所示。

图 2-36　浏览窗口

- 菜单栏：菜单栏位于 Bridge 窗口的顶部，包含了 Bridge 的绝大部分操作命令。
- "查找位置"菜单栏：列出当前内容区域所在文件夹的层次结构以及收藏文件夹和最近使用的文件夹。可使用户快速找到包含要显示的项目的文件夹。该菜单位于 Bridge 窗口的顶部。
- "快捷"按钮：帮助用户有效地处理文件。它们位于 Bridge 窗口顶部的"查找位置"菜单的右侧。
- "收藏夹"面板：可以快速访问文件夹。它与"文件夹"面板共同位于 Bridge 窗口的左侧。
- "文件夹"面板：显示文件夹层次结构。使用它可以浏览到正确的文件夹。
- "滤镜"面板：按照关键字、修改日期等条件筛选"内容"面板中显示的图像文件。
- "预览"面板：显示所选文件的预览。按住鼠标左键拖动预览面板的上下边框，可以缩小或放大预览。
- "元数据"面板：包含所选文件的元数据信息，如文件名、创建日期、作者信息、分辨率以及色彩等内容。
- "关键字"面板：帮助用户通过附加关键字来组织图像。
- "内容"面板：显示当前文件夹中所有文件的缩览图，以及这些文件的相关信息。
- 标记：通过对文件设置标记，可以把大量的文件分解到小的文件组中，利用"Adobe Bridge"对话框右上角的快捷按钮中的"筛选"菜单，便于文件的快速查找与管理。
- 等级：用户可以根据自己的需要对文件设置等级，同样利用"Adobe Bridge"对话框右上角的快捷按钮中的"筛选"菜单，可以快速地按等级查找与管理文件。
- Adobe Bridge 窗口的底部显示状态信息，并包含用于显示或隐藏窗口左侧面板的按钮，以及用于设置内容区域文件缩览图大小的滑块和用于内容区域中文件显示类型的按钮。

小技巧：

双击选中图像文件或用鼠标左键把图像文件拖到桌面上，就可以打开此图像文件。

2.4.1 浏览图像文件

如果需要查看某一文件夹中的图像文件，在"文件夹"面板中找到该文件夹并选中，其内部包含的图像文件则显示在"内容"面板上，如图2-37所示。

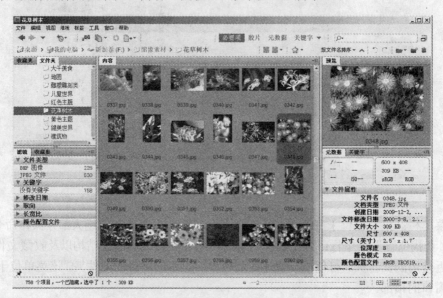

图 2-37　浏览图像文件

默认情况下是在"必要项"模式下浏览图像文件，还可以在"胶片"、"元数据"、"关键字"模式下浏览图像文件，如图2-38、图2-39、图2-40所示。

图 2-38　"胶片"模式浏览图像

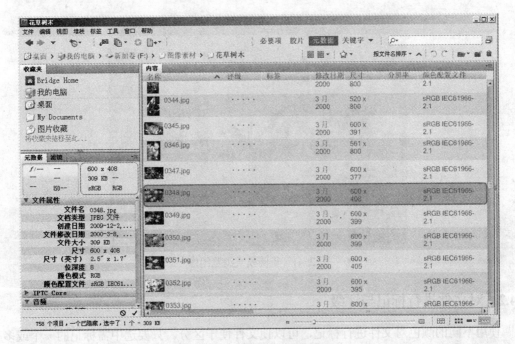

图 2-39 "元数据"模式浏览图像

图 2-40 "关键字"模式浏览图像

选择"视图"→"审阅模式"命令，或按下快捷键〈Ctrl+B〉，可以切换到审阅模式，如图 2-41 所示。在该模式下，单击左下角的箭头，可以按照图像在文件夹中的存储顺序，轮流成为前景图像显示，或者单击后面背景图像缩览图，选中图像跳转成为前景图像。单击右下角的■按钮，退出审阅模式。

图 2-41　审阅模式浏览图像

2.4.2　对文件进行标记与评级

使用不同的颜色对文件进行标记，可以使文件便于区分。只要选中需标记的一个或多个文件，选择"标签"菜单下的"选择"、"第二"、"已批准"、"审阅"或"代办事宜"5 个命令之一，即可为文件添加不同颜色的标记。图 2-42 所示为进行了标记的文件。如果要取消文件标记，选择"标签"菜单下的"无标签"命令即可。

对文件进行零到五星的评级，可以使文件排序，或按照星级筛选，使文件便于管理。只要选中需评级的一个或多个文件，选择"标签"菜单下的星级，就可为文件添加星级，如图 2-43 所示。如果要取消文件星级，选择"标签"菜单下的"无评级"命令。"标签"菜单下的"提升评级"或"降低评级"命令，可为选中的文件添加一颗星或减去一颗星。

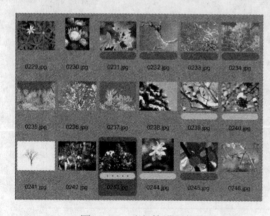

图 2-42　对文件进行标记

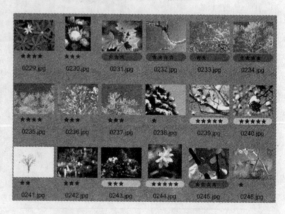

图 2-43　对文件评级

2.4.3　批量重命名文件

Adobe Bridge 可以成组或成批地重命名文件和文件夹。

批量重命名文件夹中文件的操作步骤如下：

1）从"文件夹"面板定位需要重命名文件的文件夹，如图 2-44 所示。

图 2-44　定位需要重命名文件的文件夹

2）选择"工具"→"批重命名"命令，打开"批重命名"对话框，在"目标文件夹"区域选择"在同一文件夹中重命名"单选项；在"新文件名"区域设置重命名后文件命名的规则，在第一个"文字"项的文本框中输入"建筑"，表示重命名后所有的文件名前面加上"建筑"二字，如果规则项多余，可单击￣按钮，除去此规则项，如果规则项不够，可单击￪按钮，添加规则项；在"预览"区域可查看重命名文件前后文件名的区别，如图 2-45 所示。

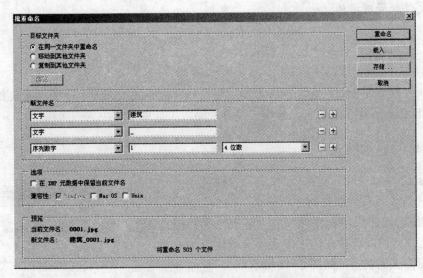

图 2-45　设置批量重命名

3）单击"重命名"按钮，完成批量重命名操作，如图 2-46 所示。

图 2-46 批量重命名后的结果

归纳：

Photoshop CS4 图像文件管理可以通过 Adobe Bridge 应用程序来进行，可以方便地对图像文件进行组织、浏览、命名和查找。

实践：

参考 2.4 节，选择"文件"→"在 Bridge 中浏览"命令，在"Bridge"窗口中，学习 Photoshop CS4 图像文件的管理操作。

2.5 显示控制

在编辑和观察图像时，为了操作方便，用户经常需要放大或缩小图像，或改变画面的显示区域，Photoshop 提供的屏幕显示模式及各种缩放工具用于解决这些问题。

2.5.1 屏幕的显示模式

Photoshop 有 3 种不同的显示模式，分别是"标准屏幕模式"、"带有菜单栏的全屏模式"和"全屏模式"。可以通过单击应用程序栏中的"屏幕模式"按钮，在打开的屏幕模式选项中选择显示模式，进行屏幕显示方式的切换，如图 2-47 所示。

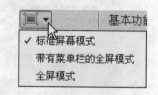

图 2-47 应用程序栏中的屏幕模式选项

- 标准屏幕模式：在该模式下，不仅可以正常显示窗口的所有项目，还可以同时看到多个打开的图像窗口，如果 Photoshop 窗口小于桌面，还可以看到桌面的部分内容。这种模式适合多图像工作，是 Photoshop 的默认屏幕显示模式，如图 2-48 所示。

图 2-48 标准屏幕模式

● 带有菜单栏的全屏模式：单击"带有菜单栏的全屏模式"命令，或者在标准屏幕模式下按〈F〉键，切换到带有菜单栏的全屏模式，如图 2-49 所示。在该模式下，Photoshop 应用程序覆盖整个桌面，而且只显示 Photoshop 菜单栏、图像显示区和控制面板，即使打开了多个图像窗口，也只能显示当前图像窗口，如果要使用其他图像，可以通过"窗口"菜单下的图像名称进行切换。

图 2-49 带有菜单栏的全屏模式

● 全屏模式：单击"全屏模式"命令，或者在标准屏幕模式下连续两次按〈F〉键，切换到全屏模式，如图 2-50 所示。在该模式下，只能显示一幅图像，并且菜单条也消失，只显示图像显示区和控制面板，在这种情况下，用户可以非常清晰地观察图像。此时使用快捷键〈Ctrl++〉和〈Ctrl+-〉，还可以放大和缩小图像，

图 2-50　全屏模式

在"全屏模式"状态，如果按下〈F〉键或〈Esc〉键，又会回到"标准屏幕模式"。

2.5.2　图像的放大和缩小

为了更好地编辑图像，经常需要对图像进行放大与缩小操作，利用工具箱的"缩放工具" 就可以方便地将图像成比例地放大与缩小。

打开图像文件"山丘.tif"，图像显示比例为 50%，如图 2-51 所示。选择工具箱中的"缩放工具"，工具选项栏处于默认的放大状态 。使用缩放工具在图像上单击，画面放大到 100%，如图 2-52 所示。

图 2-51　图像显示比例为 50%

图 2-52　图像显示比例为 100%

在工具选项栏选择缩小状态🔍，或者在放大状态按住〈Alt〉键，在图像上连续单击，画面就会按 66.67%，50%，33.33%，…的比例连续缩小。

2.5.3 使用导航器控制图像显示

利用"导航器"面板可以很方便地控制图像的显示比例，只要拖动 "导航器"面板下方的滑块，就可以设置图像的放大与缩小比例，如图 2-53 所示。导航器中红色矩形框中是当前图像窗口显示的内容，当鼠标移入矩形框内变成手形时，拖动鼠标可以调整矩形框的位置，同时调整当前图像窗口显示的内容。

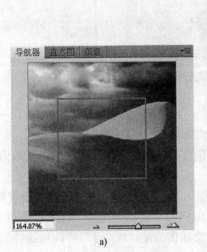 

a) b)

图 2-53 "导航器"面板与实际图像

a) "导航器"面板 b) 实际图像

归纳：

Photoshop CS4 有 3 种不同的显示模式，分别是"标准屏幕模式"、"带有菜单栏的全屏模式"和"全屏模式"，通过单击"屏幕模式"按钮来选择。对图像进行放大与缩小操作，可以利用工具箱的"缩放工具" 🔍方便地将图像成比例地放大与缩小，也可以利用"导航器"面板控制图像的显示比例。

2.6 图像窗口的基本操作

2.6.1 设置图像大小

选择 Photoshop 中的"图像"→"图像大小"命令可以调整图像的像素大小、分辨率和打印尺寸，但调整后，会影响图像的质量，操作步骤如下：

1）选择"图像"→"图像大小"命令，打开"图像大小"对话框，如图 2-54 所示。

2）在"像素大小"项中，显示了当前图像在屏幕上显示的宽度和高度像素值；在"文档大小"项中，显示了当前图像在打印时的宽度和高度的尺寸，用户可以修改这些值。

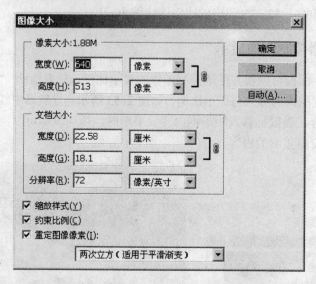

图 2-54 "图像大小"对话框

3）如果图像中带有应用了样式的图层，可选择"缩放样式"复选框。

4）如果"约束比例"复选框被选中，这两对数值的右侧出现链形图标，表示数值的修改会按比例发生变化，这样可以减少图像的变形。

5）如果"重定图像像素"复选框被选中，当图像大小发生变化时会同时增减像素数目。如果图像变小，减少图像中像素的数目；相反，则提高分辨率或增加图像中像素的数目。"重定图像像素" 复选框提供了 5 种重新分配像素的图像插值方案："邻近"、"两次线性"、"两次立方"、"两次立方较平滑"和"两次立方较锐利"。对于未消除锯齿边缘的插图，使用"邻近"选项，可以使用邻近的像素值来增加扩大的像素，图像精度较低；其中"两次立方"是比较精确的方案，当图像大小发生变化时，图像质量改变最小；"两次线性"是一种通过平均周围像素颜色值来添加像素的方法，该方法可生成中等品质的图像。如果"重定图像像素"复选框未被选中，"像素大小"区域中宽度和高度像素值不能改变，说明像素的数目不发生变化，那么图像大小则会与分辨率一起改变，最后单击"确定"按钮，就可以调整图像大小了。

2.6.2　设置画布的大小

画布是指整个文档的工作区域。Photoshop 中的"图像"→"画布大小"命令可以裁剪图像或者扩大图像周围的工作区域，操作步骤如下：

1）选择"图像"→"画布大小"命令，打开"画布大小"对话框，如图 2-55 所示。

2）在"当前大小"项中显示当前图像宽度与高度的尺寸，图像如图 2-56 所示。在"新建大小"区域中可以重新设定图像宽度与高度值，如果新设定的值小于（大于）原值，就按新值裁剪图像（扩展图像

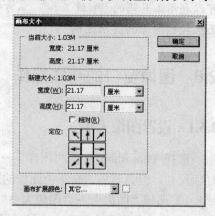

图 2-55 "画布大小"对话框

周围空间），对话框中的"定位"选项用于设置画布扩展（或剪裁）的方向，当白色方块处于中心时，表示画布向四周扩展（或四周均被剪裁）。假设在图2-56所示的对话框中将"宽度"与"高度"值都改为"25厘米"，如图2-57所示图像将显示由中心向四周扩展画布的效果。

图2-56　原图　　　　　　　　　　　　　　图2-57　重新设置中心扩展画布大小后的图像

　　3）如果对话框中的"宽度"与"高度"值仍重设为"25厘米"，"定位"选项白色方块处于左下角时，表示画布向右上方扩展（或向左下角收缩），设置数值如图2-58所示，得到的最后效果如图2-59所示，画布向右上方扩展。

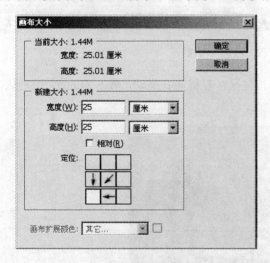

图2-58　定位右上方扩展画布　　　　　　　图2-59　重新设置右上方扩展画布大小后的图像

　　对比"图像大小"和"画布大小"两个命令："图像大小"命令可以改变图像的尺寸和分辨率而不增减像素的数目，或者在改变图像的尺寸和分辨率的同时也增减像素的数目，所以如果图像尺寸、分辨率或重定图像像素的算法设置不当，就会影响图像的品质；"画布大小"的设置与分辨率无关，也不需要重定图像像素，增大画布只是增加图像边缘的空白区域，减小画布只是剪切图像边缘的画面。

2.6.3 内容识别缩放

内容识别缩放可在不更改重要可视内容 （如人物、建筑、动物等）的情况下调整图像大小。常规缩放在调整图像大小时会统一影响所有像素，而内容识别缩放主要影响没有重要可视内容的区域中的像素。

对于如图 2-60 所示的图像文件 "coast.jpg"，如果采用自由变换操作，将图像压缩为其宽度的 50%，得到的效果如图 2-61 所示，图中可见人物发生变形。

图 2-60　原图 coast.jpg　　　　　　　图 2-61　自由变换压缩图像宽度后的效果

如果采用内容识别比例的操作，将保护人物不变形。

1）打开图像文件 "coast.jpg"，并转换为普通图层，如图 2-62 所示。

2）选择 "编辑" → "内容识别比例" 命令，单击相应工具选项栏右侧的 "保护肤色" 按钮，如图 2-62 所示。

图 2-62　单击 "保护肤色" 按钮

3）将光标放在图像左侧中间的控制点上，按住鼠标左键向右拖动，单击〈Enter〉键确认，效果如图 2-63 所示。

图 2-63　内容识别比例缩放后的效果

小技巧：如果要在缩放图像时保留特定的区域，内容识别缩放允许在调整大小的过程中使用 Alpha 通道来保护内容。

2.6.4 旋转画布

Photoshop 中的"图像"→"旋转画布"下的子命令项可以对画布进行 90°、180°（顺、逆时针）和任意角度的旋转，并且还可以进行水平和垂直翻转，如图 2-64 所示。

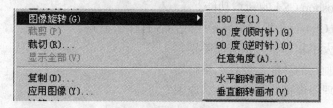

图 2-64　旋转画布菜单

归纳：

图像窗口操作包括对图像画布的放大、缩小、旋转操作，还包括图像的大小、旋转、分辨率调整操作。通过"图像"菜单的子菜单来实施操作。

2.7　本章小结

本章首先介绍了 Photoshop CS4 的新增功能，然后对 Photoshop CS4 界面、菜单、工具栏、工具选项栏和控制面板等进行了讲解，最后介绍了 Photoshop CS4 的一些最基本的操作，包括新建、打开、浏览、保存图片文件等文件操作以及如何控制页面显示及对图像窗口的操作，为后面的学习 Photoshop 打下基础。

- Photoshop 是美国 Adobe 公司推出的图像设计与制作工具，它集图像创作、扫描、修改、合成以及高品质分色输出等功能于一体。
- Photoshop CS4 应用程序窗口主要由应用程序栏、标题栏、菜单栏、工具栏、工具选项栏、控制面板、状态栏和图像窗口组成。
- Photoshop CS4 支持多种图像文件格式的操作，还可以实现不同图像文件格式之间的相互转化。
- Photoshop CS4 有 3 种不同的显示模式，分别是"标准屏幕模式"、"带菜单的全屏模式"和"全屏模式"。
- 利用工具箱的缩放工具可以方便地对图像按比例进行放大与缩小。
- 利用"导航器"面板可以很方便地控制图像的显示比例，只要拖动"导航器"面板下方的滑块，就可以设置图像的放大与缩小比例。
- 图像大小命令可以改变图像的尺寸和分辨率而不增减像素的数目，或者在改变图像尺寸和分辨率的同时也增减像素的数目，所以如果图像尺寸、分辨率或重定图像像素的算法设置不当，就会影响图像的品质。
- 画布大小的设置与分辨率无关，也不需要重定图像像素，增大画布只是增加图像边缘的空白区域，减小画布只是剪切图像边缘的画面。
- 旋转画布可以使画布进行 90°、180°（顺、逆时针）和任意角度的旋转，并且还可以进行水平和垂直翻转。

2.8 练习与提高

一、思考题

1. 简述 Photoshop CS4 的新增功能。
2. Photoshop CS4 有几种屏幕显示模式，各有什么不同？
3. 改变图像大小和画布大小有何差别？
4. 任意旋转画布的功能需要什么支持？
5. Bridge 管理图像执行不了是什么原因？

二、选择题

1. 以下说法，错误的是_____。
   A. Photoshop CS4 的 Bridge 管理图像是新增的内置功能
   B. Photoshop 是一款图像设计与制作工具
   C. Photoshop CS4 比之前的版本增加了新的功能
   D. 内容识别缩放可在不更改重要内容的情况下调整图像大小
2. 在 Photoshop CS4 中，不能支持的颜色模式是_____。
   A. RGB 模式　　　　B. HSB 模式　　　C. CMYK 模式　　　D. LAB 模式
3. Photoshop CS4 不支持的屏幕模式是_____。
   A. 标准　　　　　　B. 高级　　　　　C. 菜单全屏　　　　D. 全屏
4. 以下关于图像大小命令的说法，错误的是_____。
   A. 可以改变图像的尺寸和分辨率而不增减像素的数目
   B. 改变图像的尺寸和分辨率的同时也增减像素的数目
   C. 图像尺寸、分辨率或重定图像像素的算法设置，不影响图像的品质
   D. 图像尺寸、分辨率或重定图像像素的算法设置，会影响图像的品质
5. 以下关于画布大小设置的说法，错误的是_____。
   A. 与分辨率无关　　　　　　　　　　B. 增加图像边缘的空白区域
   C. 不需要重定图像像素　　　　　　　D. 需要重定图像像素

三、填空题

1. 若打开图像文件，应该选择_____菜单上的"打开"命令。
2. 如果"导航器"面板没有显示，则需要选择_____菜单的_____显示"导航器"面板。
3. 图像大小调整可以改变图像的_____、_____、_____。
4. 内容识别缩放命令的执行步骤是_____ → _____。
5. 画布是指_____区域。

四、操作指导与练习

（一）操作示例

1. 操作要求

调整"牧场小屋.jpg"图像的大小和分辨率，按照如下题目要求完成操作，具体要求如下：

1）打开"牧场小屋.jpg"。

2）放大图像比例为"100%"。

3）修改图像分辨率为"72 像素/英寸"。

4）修改图像的宽度为"300 像素"、高度为"350 像素"。

5）保存图像为"牧场小屋.gif"。

2．操作步骤

1）选择"文件"→"打开"命令，在如图 2-65 所示的"打开"对话框的"查找范围"列表中选择"制定盘\素材\第 2 章\"后，单击选中"牧场小屋.jpg"文件，单击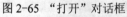按钮，打开"牧场小屋.jpg"图像文件，如图 2-66 所示。

图 2-65 "打开"对话框　　　　　　　　　图 2-66 打开的图像文件

2）选择工具箱的缩放工具，工具选项栏处于默认的放大状态。在图像上单击，画面放大到 100%，如图 2-67 所示。

图 2-67 图像放大到 100%的效果

3）选择"图像"→"图像大小"命令，在打开的如图 2-68 所示的"图像大小"

对话框中将"分辨率"从"399"修改为"72",单击 确定 按钮,修改分辨率后图像的效果如图 2-69 所示。

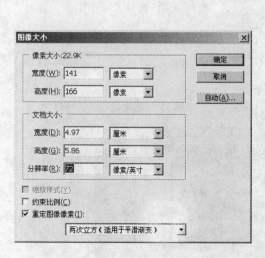

图 2-68 "图像大小"对话框　　　　　　图 2-69 图像分辨率为"72"的效果

4）选择"图像"→"图像大小"命令,在"图像大小"对话框中将"宽度"、"高度"修改为"300 像素"、"350 像素",单击 确定 按钮,图像效果如图 2-70 所示。

图 2-70 图像大小为"300×350"的效果

5）选择"文件"→"存储为"命令,在打开的如图 2-71 所示的"存储为"对话框的"格式"下拉列表中选择"*.gif",单击 保存(S) 按钮保存修改的图像,图像效果如图 2-72 所示。

图 2-71　"存储为"对话框

图 2-72　图像修改为.gif 的效果

（二）操作练习

第 1 题：

操作要求：使用 Photoshop CS4 浏览命令查看图像文件，执行以下操作。

1）使用〈文件〉→〈在 Bridge 中浏览〉命令，打开多幅图像。

2）给其中的几个图像文件设置红色标记。

3）给其中的另外几个图像文件设置黄色标记。

4）给某几个图像文件设置等级为 3 级。

5）给另外几个图像文件设置等级为 5 级。

6）然后分别按标记和等级来筛选显示文件。

第 2 题：

操作要求：改变图像文件的图像大小，初始图像如图 2-73 所示，具体要求如下。

1）使用〈图像〉→〈图像大小〉命令重新设置图像宽度为 20 厘米，高度为 13.33 厘米，分辨率为 200 像素/英寸。

2）注意观察图像质量和文件大小的变化。

图 2-73　素材文件

第3章 Photoshop 的绘图工具

绘画可以更改图像像素的颜色。通过使用绘画工具和技术，可以修饰图像，创建或编辑 Alpha 通道上的蒙版，在视频帧上转描或绘画以及绘制原始图稿。通过使用画笔笔尖、画笔预设和许多画笔选项，可以发挥自己的创造力以产生精美的绘画效果，或模拟使用传统介质进行绘制。可以在 32 位通道的高动态范围（HDR）图像上使用多种绘画工具，其中包括画笔、铅笔、涂抹、锐化、模糊、图章、历史记录画笔、图案图章和橡皮擦等工具。

本章学习目标：

- 学习前景色和背景色的设置方法。
- 学习使用绘画工具和"画笔"调板。
- 学习使用修复与润饰工具。
- 学习使用擦除工具。
- 掌握渐变的创建与编辑方法。

3.1 前景色与背景色

Photoshop 提供了色彩控制工具用于设定前景色和背景色，如图 3-1 所示。其中 "前景色"和"背景色"显示的是当前使用的前景色和背景色。系统默认的前景色为黑色、背景色为白色（如果查看的是 Alpha 通道，则默认的前景色为白色、背景色为黑色）。单击"默认色"可以分别恢复前景色和背景色为默认颜色，使用"切换前景色和背景色"按钮可以使前景色和背景色互换。

可以使用"吸管工具"、"拾色器"、"颜色"面板或"色板"面板来设置新的前景色或背景色。

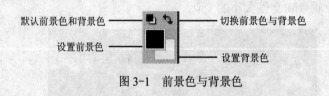

图 3-1 前景色与背景色

3.1.1 拾色器

单击前景色或背景色色块，打开 Photoshop 的"拾色器"对话框，如图 3-2 所示。

在左侧大的颜色块内任意点单击，或者在右侧输入其中一种颜色模式的数值，可以得到需要的颜色，通过拖动彩色长条上两个相对的空心三角形，来改变颜色的色相。

在右侧有一个小的颜色块，其中上半部分是新的颜色，显示现在选取的颜色，颜色块下半部分是当前色，即进入"拾色器"对话框之前所选择的前景色或背景色。

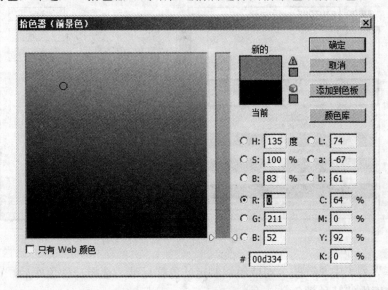

图 3-2　拾色器

在"颜色"选取时，如果右侧小颜色块旁边出现⚠图标，表示此颜色在"打印时颜色超出色域"，即在 CMYK 颜色模式下无法正常显示。在⚠下方方框中显示了最接近此颜色的 CMYK 颜色，用户可以用该颜色替代。

如果右侧小颜色块旁边出现⬤图标，表示此颜色"不是 Web 安全颜色"，即在网络状态下无法正常显示。在⬤下方显示了最接近的 Web 安全色，用户可以用该颜色替代。

如果选择"只有 Web 颜色"，则可选取的颜色全都是 Web 安全色，如图 3-3 所示。

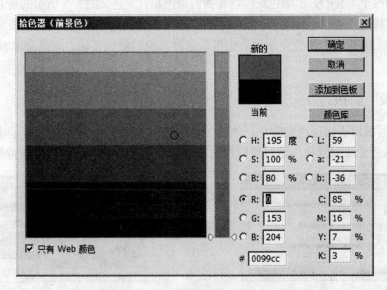

图 3-3　选中"只有 Web 颜色"复选框

在"拾色器"对话框中单击"颜色库"按钮，打开"颜色库"对话框，如图 3-4 所示。

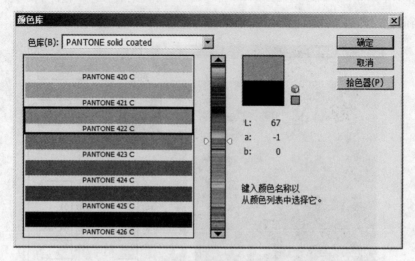

图 3-4 "颜色库"对话框

在"色库"列表中是一些公司或组织制定的色样标准。选择一种色库后，可以通过中间彩条来选择该库中的某种颜色。

在"拾色器"和"自定颜色"对话框中，选择一种颜色后，通过按"确定"按钮来完成颜色的选取。

3.1.2 "颜色"面板

"颜色"面板和"色板"面板是 Photoshop 提供的专用于设置颜色的控制面板。

"颜色"面板用于设置前景色和背景色，也用于"吸管工具"的颜色取样，如图 3-5 所示。单击面板左侧两个重叠的方形颜色块可以切换前景色和背景色。图 3-5 所示的是 RGB 模式，可以通过拖动滑块或直接输入数值来改变颜色成分，也可以单击面板底部的颜色条来修改颜色。

在"颜色"面板右上角的弹出菜单中可以选择其他的颜色滑块，颜色选取方法和 RGB 模式类似。

3.1.3 "色板"面板

"色板"面板用于快速选取颜色，如图 3-6 所示。当鼠标移动到"色板"面板内的某一颜色块时，鼠标将变成吸管状，这时可以用它来选取颜色替换当前的前景色或背景色。

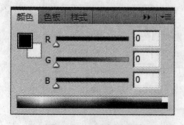

图 3-5 "颜色"面板

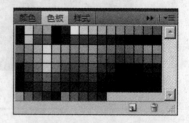

图 3-6 "色板"面板

在"色板"面板右上角的弹出菜单中显示了对色板可以进行的新建、复位、载入、存储和替换等操作，也可以选择其他的颜色库来替代常用的色板颜色库。

3.1.4　吸管工具

除了用"拾色器"对话框来选择颜色外，还可以使用"吸管工具"　 ✏ 从当前图像或者屏幕中任意一点采样来改变前景或背景色。用"吸管工具"直接在图像中单击可以改变前景色，而在按住〈Alt〉键的同时在图像中单击将改变背景色。

选中工具箱中的"吸管工具"后，在工具选项栏中会显示"吸管工具"选项，可以设置取样点大小，如图 3-7 所示，还可进行其他操作。

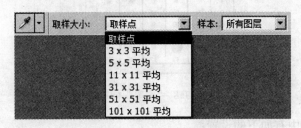

图 3-7　设置取样点大小

该选项可以改变"吸管工具"的颜色采样区域。
● 取样点：定义以一个像素点作为采样单位。
● 3×3 平均：定义以 3×3 的像素区域作为采样单位，采样时取其平均值。
● 5×5 平均：定义以 5×5 的像素区域作为采样单位，采样时取其平均值。

归纳：

颜色设置是进行图像修饰与编辑前应掌握的基本技能。可以通过"拾色器"、"颜色"面板、"色板"面板或者"吸管工具"来设置前景色或背景色。

实践：

通过"拾色器"和"吸管工具"来设置颜色。

3.2　工具箱中的绘画工具

绘画工具是 Photoshop 的工具箱中提供的基本工具，用户可以利用绘画工具随心所欲地创作自己的作品。Photoshop CS4 提供了"画笔工具"、"喷枪工具"、"铅笔工具"等绘画工具，也提供了"橡皮擦工具"、"修复画笔工具"、"修补工具"等修图工具。

3.2.1　"画笔工具"及"画笔"面板

在 Photoshop CS4 中，使用"画笔工具"、"铅笔工具"等大部分绘画工具以前都要选择合适的画笔，以达到满意的绘图效果。用户可以选用系统自带的各种画笔，也可以对已有画笔进行修改或者自己创作来定义新的画笔。

1．选取画笔

用户可以通过"画笔"面板来选取不同的画笔，当选择工具箱中的"画笔工具"、"铅笔工具"、"修复画笔工具"等工具时，在工具选项栏上一般都会出现"画笔"按钮，单击"画笔"按钮，就会出现"画笔"面板，如图 3-8 所示。

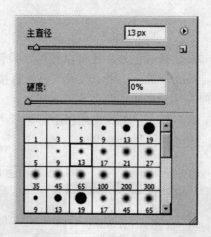

图 3-8 "画笔"面板

在"画笔"面板中有如下的设置：

1）可以通过单击来选择系统预设的不同画笔，移动"主直径"滑块或直接在文本框内输入数值来设置画笔的直径；拖动"硬度"滑块或直接在文本框内输入数值来设置画笔所画线条边缘的柔化程度。

2）单击█按钮将根据已有画笔创建新的画笔，为新画笔命名后，就可以将新的画笔添加到预设画笔中。

3）单击❿按钮将弹出画笔命令菜单，其中有多项设置。

● 新建画笔预设：用于新建画笔，和单击█按钮用法相同。

● 重命名画笔：对选中的画笔进行重命名。

● 删除画笔：删除选中的画笔。

● 画笔面板显示方式可以选择纯文本、小缩览图、大缩览图、小列表、大列表或描边缩览图等画笔显示方式。图 3-9 所示即是纯文本和小缩览图显示效果。

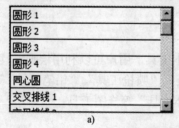
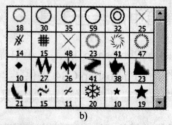

a)

b)

图 3-9 画笔面板显示方式

a) 纯文本显示 b) 小缩览图显示

● 预设管理器：这个命令在"色板"面板弹出菜单中也可以看到。该管理器集成了预设画笔、色板、渐变、样式、图案工具等的管理工作，如图 3-10 所示。

● 复位画笔：用于将画笔预设管理器恢复到系统默认设置状态。

● 载入画笔：可以将 Photoshop 自带的其他画笔通过这个命令载入到画笔预设管理器中。

● 存储画笔：对新建或修改后的画笔进行存储。

● 替换画笔：可以载入 Photoshop 自带的其他画笔替换现有画笔。与"载入画笔"命令不同，该命令是替换现有画笔，而"载入画笔"是追加在现有画笔后面。

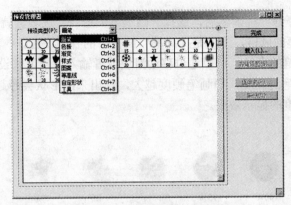

图 3-10　预设管理器

● 使用系统自带画笔：可以选择菜单中列出的系统自带画笔（如"混合画笔、基本画笔"等）替换或者载入当前画笔中。如图 3-11 所示，按"确定"按钮替换，按"追加"按钮追加到当前画笔后面。

图 3-11　载入或替换画笔

2．自定义画笔

在用户绘图过程中，为了使用方便，或者要达到特殊的绘图效果，有时还需要自定义画笔，而 Photoshop 允许用户修改预设画笔或自己创作，得到丰富多彩的画笔样式。要自定义画笔，首先选择工具箱中的"画笔工具"，然后单击工具选项栏中的"切换画笔面板"按钮，也可以单击工作区右侧面板图标中的"画笔"图标　快速打开"画笔"面板。打开后的"画笔"面板如图 3-12 所示。

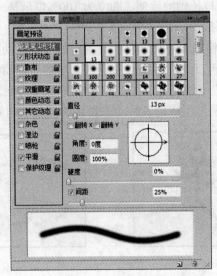

图 3-12　"画笔"面板

在预设画笔中选择好一种画笔后，选择"画笔笔尖形状"选项，就可以对其进行各项参数的设置，以改变画笔的风格，下面是"画笔"面板中的各项设置。

● 直径：设置画笔的直径，可以通过移动滑块或者输入像素值来设置。
● 硬度：设置画笔的硬度，即画笔硬度越大，绘出来的形状会越趋向于实边。图 3-13 展示了不同硬度的显示效果。

| 100% | 75% | 50% | 25% | 0% |

图 3-13　画笔硬度

● 间距：设置拖动描绘工具时画笔点的间隔距离，该百分比值是以画笔的直径来计算的。当不选中"间距"选项时，则间隔频率由鼠标拖动的速度控制。拖动得越快，则描绘的画笔点之间的距离越大。图 3-14 显示了不同间距的效果。

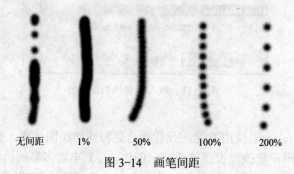

| 无间距 | 1% | 50% | 100% | 200% |

图 3-14　画笔间距

● 角度：设置非圆形画笔的长轴偏离水平方向的角度。当画笔为圆时，角度设置没有意义。
● 圆度：设置画笔短轴与长轴的比例。圆度为 100%表示是一个圆形的画笔，圆度为 0%表示是一个线形的画笔。

画笔还有其他一些更加精细和更加丰富的设置。如"形状动态"、"散布"、"纹理"、"双重画笔"、"颜色动态"、"其他动态"以及"杂点"、"湿边"、"喷枪"、"平滑"、"保护纹理"等。这些设置都可用"画笔"面板存储为自定义的画笔预设方案。

图 3-15～图 3-20 分别展示了应用各种动态设置前后的不同效果。

图 3-15　形状动态　　　　　　　　　　　　　　　图 3-16　散布

图 3-17 纹理

图 3-18 重叠

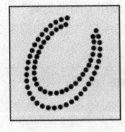 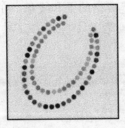

图 3-19 动态变色

图 3-20 动态描绘

用户除了可以选用或者设置系统预设和自带的画笔以外，还可以使用工具箱中的任何一种选择工具选取屏幕上的任何形状来创建新的画笔。当选区的羽化值为"0px"时，新创建的画笔为硬边画笔，反之为软边画笔。

示例 3-1：自定义新的画笔，操作步骤如下：

1）打开图像文件 plane.gif，这里将用该图像来定义新画笔。

2）单击工具箱中的"矩形选框工具" ▣，在工具选项栏中将"羽化"值设置为"0px"，如图 3-21 所示。

图 3-21 "矩形选框工具"选项栏

3）用"矩形选框工具"在图像中选取一个矩形区域，所选取部分将成为新的画笔，如图 3-22 所示。用户最大可选取 2500px×2500px 的范围来定义画笔，并且画笔背景最好设置为白色，用此画笔绘画，白色背景将变为透明。

图 3-22 选取

4）选择菜单"编辑"中的"定义画笔预设"，打开"画笔名称"对话框系统提示为新画笔命名，如图 3-23 所示。输入画笔名称后按"确定"按钮，新画笔就存入到预设画笔中了。用户可以和其他预设画笔一样在绘图中使用，也可以对其进行各种属性的设置。

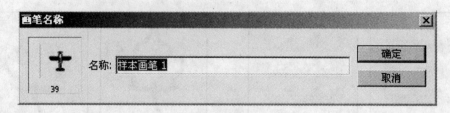

图 3-23 "画笔名称"对话框

3．画笔工具

"画笔工具"  用于创建类似毛笔或水彩笔风格的柔和线条。在使用"画笔工具"以前首先要设置前景色和背景色。选中工具箱中的"画笔工具"后，在工具选项栏中出现如图 3-24 所示的"画笔工具"选项栏。

图 3-24 "画笔工具"选项栏

单击图 3-24 中最左侧的按钮将打开如图 3-25 所示的预设工具面板，在该面板中有一些绘图工具的预设值。用户可以直接选用，也可以自己在属性栏中定义。在这个面板中，用户可以用类似于"画笔"面板的方法对预设工具进行新建、载入、替换等操作。该面板同时也集成到了如图 3-10 所示的"预设管理器"中，方便用户集中管理。下面说明"画笔工具"中各选项的设置。

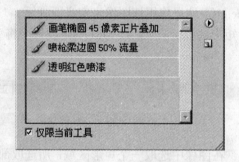

图 3-25 预设工具面板

- 画笔：让用户为绘图工具选择不同的画笔。
- 模式：用于选择画笔的合成模式（关于各个合成模式的详细内容将在第 5 章介绍）。
- 不透明度：用来选择画笔的不透明度，百分比数值越大，表示绘出的线条越不透明，即颜色越深。
- 流量：用于设置绘图时墨水的流畅程度。

4．喷枪工具

单击选项栏上的  图标，可以将"画笔工具"转换为"喷枪工具"。"喷枪工具"用来模拟生活中的油漆喷枪的着色效果，其笔刷边缘比画笔更为柔和，在绘制线条过程中停顿下来时，喷枪中的油漆仍会不断流下来，在停顿处形成颜色堆积点。喷枪通常用来增加亮度和阴影，也是用少量颜色使局部图像显得柔和的理想工具。

3.2.2　铅笔工具

"铅笔工具"  可以模拟铅笔手画的效果，常用来画一些棱角突出的线条。

在要选择"铅笔工具"时，用鼠标左键按住"画笔工具"  一小会儿，或者用鼠标右键单击"画笔工具"将弹出一个隐藏的工具面板，就可以选择"铅笔工具"了。

使用"铅笔工具"和"画笔工具"的基本方法是一样的，只是选择"铅笔工具"以后，只能使用有实边的画笔，而不能使用软画笔。

在"铅笔工具"的选项栏中有一个"自动抹掉"选项，如图 3-26 所示。

图 3-26　"铅笔工具"选项栏中的"自动抹掉"选项

在使用"铅笔工具"选中此选项时，如果鼠标拖动起始点的颜色为前景色，则鼠标拖动的区域将以背景色绘制；反之，如果起始点不是前景色，则用前景色绘制，如图 3-27 所示。

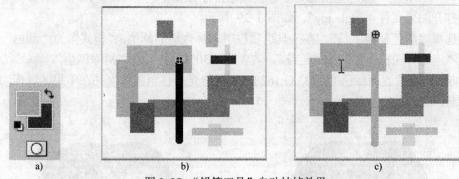

图 3-27　"铅笔工具"自动抹掉效果

a) 前景色与背景色　　b) 用背景色绘制　　c) 用前景色绘制

3.2.3　颜色替换工具

"颜色替换工具" 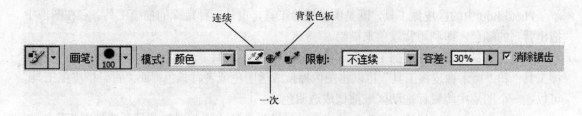 能够简化图像中特定颜色的替换。可以使用前景色在目标颜色上绘画。"颜色替换工具"不适用于"位图"、"索引"或"多通道"颜色模式的图像。单击工具箱中的"颜色替换工具"按钮后，在工具选项栏中出现如图 3-28 所示的"颜色替换工具"选项栏。

图 3-28　"颜色替换工具"选项栏

- 模式：画笔的混合模式，通常在此工具选项栏中应选择"模式"为"颜色"。
- 取样：设置所要擦除的颜色的取样方式，包括"连续"、"一次"和"背景色板"。"连续"是指在画笔拖移时连续对目标颜色取样，因此画笔移动到的图像颜色都可以被替换；"一次"是指第一次在图像上点按时的取样颜色为目标颜色，画笔拖移时只替换包含在目标颜色容差范围的颜色。"背景色板"是指替换画笔拖移到的与当前背景色颜色一致的区域。
- 限制：设置颜色替换方式，有"不连续"、"连续"和"查找边缘"3 种方式。"不连续"方式将图层上所有取样颜色替换；"连续"方式只将与替换区域相连的颜色替换；"查找边缘"方式则替换包含取样颜色的相关区域，保留形状边缘的锐化程度。
- 容差：输入一个百分比值（范围为 1 ～ 100）或者拖动滑块，选取较低的百分比值可以替换与所取样像素非常相似的颜色，而增加该百分比值可替换范围更广的颜色。
- 消除锯齿：为所校正的区域定义平滑的边缘。

示例 3-2：使用"颜色替换工具"替换颜色，步骤如下：

1）打开图像文件"apple.jpg"，如图 3-29 所示。

2）选择"颜色替换工具"，在工具选项栏中选择合适的画笔，"模式"为"颜色"，按下"取样"："连续"图标，限制为"连续"，容差为"30%"并勾选"消除锯齿"。

3）将前景色设置为绿色（R:133 G:162 B:64），将光标移至图像上并在苹果区域拖动鼠标，最终绘制效果如图 3-30 所示。

图 3-29　原图"apple.jpg"　　　　　图 3-30　使用"颜色替换工具"的效果

3.2.4　橡皮擦工具

Photoshop 中的橡皮擦工具，既是图像擦除工具，也是一种特殊的描绘工具。它在图像中拖出背景的颜色，即利用背景色来描绘。

用鼠标右键单击"橡皮擦工具" ，会打开如图 3-31 所示的 3 种橡皮擦工具。"橡皮擦工具"和"魔术橡皮擦工具"可以将图像擦拭成透明色或者背景色；而"背景橡皮擦工具"可以在一个图层中将鼠标拖动区域擦拭成透明色。

利用前面提到的"铅笔工具"中的"自动抹掉"选项也能实现将前景色擦拭成背景色的功能。

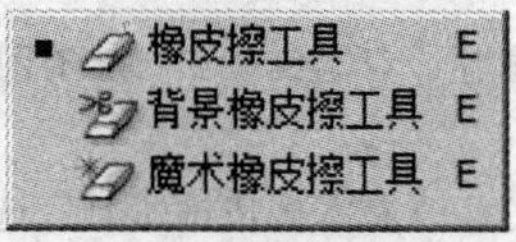

图 3-31　3 种橡皮擦工具

1. 橡皮擦工具

橡皮擦工具 可以用背景色或透明色擦除图层中的图像。

在工具选项栏"模式"列表中有"画笔"、"铅笔"和"块"选项。当选择"画笔"或者"铅笔"时，其使用方法同工具栏上的画笔和铅笔工具一样，只是绘制出的颜色为背景色。当选择"块"时，属性栏其他选项无效，即只有 16×16 像素"块"的形状和大小。

在选项栏中有一个"抹到历史记录"选项，如图 3-32。选中该选项后，擦除图像时会将图像恢复到"历史记录"面板中的任何一个状态。打开"历史记录"面板，在面板中找到需要恢复的状态行，用鼠标单击它左侧的方块，出现历史画笔的图标，然后使用"橡皮擦工具"使图像恢复到选定状态。

图 3-32　橡皮擦工具选项栏

2. 背景橡皮擦工具

"背景橡皮擦工具" 可以将图层上的颜色擦拭成透明，它在擦除背景色的同时能够保留前景图像的边缘，即将前景图像从背景图像中提取出来。

在如图 3-33 所示的工具选项栏中有如下各项设置。

图 3-33　"背景色橡皮擦工具"选项栏

- 取样：设置所要擦除的颜色的取样方式，包括"连续"、"一次"和"背景色板"。"连续"表示随着鼠标的移动不断地吸取颜色，因此鼠标经过的地方就是被擦除的部分；"一次"表示鼠标单击时对颜色取样，然后擦除该种颜色，当鼠标再次单击时会重新取样；"背景色板"表示以背景色为取样颜色，擦除与背景色相同或相近的颜色。
- 限制：设置擦除方式，有"不连续"、"连续"和"查找边缘"3 种方式。"不连续"方式将图层上所有取样颜色擦除；"连续"方式只将与擦拭区域相连的颜色擦除；"查找边缘"方式则擦除包含取样颜色的相关区域并保留形状边缘。
- 容差：指颜色相近程度，数值越大，擦除的颜色范围越大。
- 保护前景色：选中该选项后，在鼠标拖动区域内包含前景色的区域不会被擦除。

3. 魔术橡皮擦工具

"魔术橡皮擦工具" 可以自动擦除颜色相近的区域，选中"魔术橡皮擦工具"后在图像上单击一下，则图像或选区中所有颜色与鼠标单击处颜色相近的区域都被擦除。该工具选项栏如图 3-34 所示。

图 3-34 "魔术橡皮擦工具"选项栏

- 容差：擦除颜色的范围值，值越大，可擦除范围越大。
- 消除锯齿：选中该项，可以使擦除后图像的边缘保持平滑。
- 连续：表示只对连续区域进行擦除。如果不选择，则将对图像中所有与取样颜色相同或相近的色调区域进行擦除。
- 对所有图层取样：当选择此选项后，使用该工具的操作对所有的图层都起作用。

3.2.5 "历史记录"面板

"历史记录"面板如图 3-35 所示。

图 3-35 "历史记录"面板

用户对图像的每一次操作，"历史记录"面板都会记录下操作后图像的新状态。这样，在一个工作会话期间，用户可以非常方便地跳回到图像最近的状态。换句话说，就是用户可以通过"历史记录"面板撤销对图像的一系列操作。

1. 使用"历史记录"面板的方法

如果该面板没有在屏幕上，可以依次选择"窗口"→"历史记录"将"历史记录"面板调出。

如果要回到历史状态，可以直接单击历史状态的名称；或者拖动"历史记录滑块"到不同的历史状态；或者从面板右上角的弹出菜单中选择"前进一步"或者"后退一步"命令。

如果要删除一个或多个历史状态，可以单击所要删除的状态名称，从面板弹出菜单中选择"删除"；或者将要删除的历史状态名称拖到面板下方的 🗑 按钮上面。

如果在按住〈Alt〉键的同时，按住鼠标左键点选面板弹出菜单，在面板弹出菜单中选择"清除历史记录"。这样会清除所有记录，同时释放历史记录占用的系统资源。

如果从面板弹出菜单中选择"清除历史记录"，该命令同样会清除面板内的所有记录。但这种清除和按住〈Alt〉键的清除不同，它不会释放历史记录占用的系统内存。

2. 设置历史记录选项

在面板弹出菜单中单击"历史记录选项"，打开如图 3-36 所示的对话框。

在这个对话框里有 5 个历史记录选项。

● 自动创建第一幅快照：当图像刚打开时自动创建第一幅快照，记录图像初始状态。

● 存储时自动创建新快照：每一次存盘时根据当时的图像状态自动创建新快照。

● 允许非线性历史记录：在正常情况下，当你返回到某一中间历史记录状态并且再执行其他编辑后，该历史记录以后的记录都会被自动删除。如果在对话框中选中此项，当你返回到某一中间历史记录状态时，则新的历史记录会追加到旧记录的后面。

● 默认显示新快照对话框：选中这个选项后，用户每次按 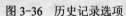 按钮创建新快照时，系统都会显示如图 3-37 所示的对话框。

● 使图层可见性更改可还原：选中这个选项后，历史记录可还原图层的可视性；否则，图层的显示和隐藏操作将不被"历史记录"面板所记录。

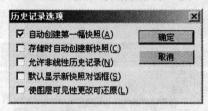

图 3-36　历史记录选项

图 3-37　"新建快照"对话框

3. 创建图像的快照

如果要保留编辑过程中的一个特定的状态，可在面板弹出菜单中单击"新建快照"或单击面板下方的 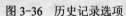 按钮，将当前选中的历史记录状态生成新的快照。

快照的用途有以下两点：

1）通过创建历史记录状态的临时快照，可以在整个工作过程中保留该状态。

2）可以比较多种不同图像编辑的结果，从而挑选满意的效果。在每一种编辑完成后就创建一个快照，然后比较几个快照的结果。

4. 创建图像的新文档

可以对"历史记录"面板中的任何一个历史记录状态或快照创建一个新文件，只要选中此历史记录状态或快照，然后单击面板弹出菜单中"新建文档"或面板下方的 按钮，就可以完成此操作。新文件的名称和原文件中选中历史记录状态或快照名称一致。

3.2.6　"历史记录画笔工具"和"历史记录艺术画笔工具"

在工具箱中的"历史画笔工具"上单击鼠标右键，将弹出"历史记录画笔工具"和"历史记录艺术画笔工具"面板，如图 3-38 所示。

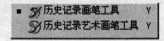

图 3-38　"历史记录画笔工具"与"历史记录艺术画笔工具"

1. 历史记录画笔工具

"历史记录画笔工具" 可以把图像以前的任意状态或快照的局部区域恢复到当前的图像中，选项栏如图 3-39 所示。

图 3-39 "历史记录画笔工具"选项栏

使用"历史记录画笔工具"时，首先应在"历史记录"面板中为"历史记录画笔工具"选择要恢复的状态。然后用"历史记录画笔工具"在图像中要恢复的局部区域进行绘制，这样就会将此处的图像恢复为用户在"历史记录"面板中指定的状态。

示例 3-3：使用"历史记录画笔工具"让皮肤变得光滑，操作步骤如下：

1）打开图像文件"mm2.jpg"，如图 3-40 所示。

2）在"图层"面板中，用鼠标拖动"背景"图层到"创建新图层"按钮上，创建一个新的图层，如图 3-41 所示。

图 3-40 图像文件"mm2.jpg"

图 3-41 创建新图层

3）依次选择"滤镜"→"模糊"→"高斯模糊"，在打开的"高斯模糊"对话框中设置适当的参数，然后单击"确定"按钮，如图 3-42 所示。

4）打开"历史记录"面板，在"高斯模糊"左侧的方框内单击，"历史记录画笔工具"图标将出现在方框内，如图 3-43 所示。

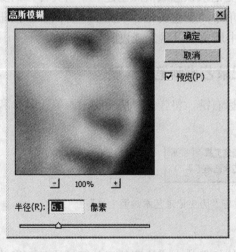

图 3-42 高斯模糊

图 3-43 "历史记录"面板

5）在"历史记录"面板中单击"复制图层"项，然后在工具箱中选择"历史记录画笔工具"，设置工具选项中的"模式"为"正常"，"不透明度"为"50%"，对图像中人物的面部进行涂抹，最终效果如图 3-44 所示。

图 3-44　效果图

2. 历史记录艺术画笔工具

"历史记录艺术画笔工具" ✍ 可以设置各种艺术样式。在工具选项栏中有不同"样式"的下拉列表，用户可以根据需要进行选择。该工具的选项设置如图 3-45 所示。

图 3-45　"历史记录艺术画笔工具"选项栏

"模式"下拉列表用来选择绘画的混合模式；"样式"列表用来选取控制绘画描边的形状；"区域"是指绘画描边所覆盖的区域，该值越大，覆盖的区域越大，描边的数量也越多；"间距"用来设置应用绘画描边的区域。图 3-46 是使用"样式"为"轻涂"的画笔在"redflower.jpg"图像上绘制的效果。

a)　　　　　　　　　　　　　　　　　b)

图 3-46　历史记录艺术画笔绘制的效果

a) 原图　b) 样式为"轻涂"

3.2.7 图章工具

图章工具与"污点修复画笔工具"、"修复画笔工具"及"修补工具"相似，是一种图形复制和修补工具，用户可以用来复制图形或者修补图像。"图章工具"又分为"仿制图章工具"和"图案图章工具" 。

1. 仿制图章工具

仿制图章工具 可以从一幅图像中取样，然后将取样应用到其他图像或同一图像的不同区域。

在复制取样图像时，如果在目的图像中定义了选区，则只将取样的图像复制到选区内。

在取样时，需要在按住〈Alt〉键的同时，用鼠标单击取样点。

选择"仿制图章工具"后，在工具选项栏中的选项与画笔工具相似，如图 3-47 所示。

画笔：21 模式：正常 不透明度：100% 流量：100% 对齐 样本：当前图层

图 3-47 "仿制图章工具"选项栏

- 对齐：该选项用来确定在复制时是否采用对齐方式。选择"对齐"，复制过程与鼠标的拖动方式及次数无关，图像保持为一个整体；不选择"对齐"，再次单击鼠标会重新开始复制。
- 对所有图层取样：选中该选项后将使取样点作用于所有可见层，否则取样点只作用于当前图层。在下面的"图案图章工具"选项里没有此项，因为该工具只能作用于当前层。

示例 3-4：使用"仿制图章工具"复制图片中的花朵，操作步骤如下：

1）打开图像文件"flower.jpg"，如图 3-48 所示。

图 3-48 打开原图像

2）选择工具箱中的"仿制图章工具"，然后选择合适的画笔。

3）按住〈Alt〉键，在图像中的右侧花朵上单击取样。

4）用鼠标在需要复制取样图像的区域描绘。

为了观察到"对齐"选项的效果，我们首先选中该选项来描绘。如图 3-49 所示，在鼠标第二次单击描绘时，所复制的图像将和前面复制的图像保持为一个整体。

图 3-49　选择"对齐"选项

　　然后我们不选择"对齐"选项，如图 3-50 所示，可以看到鼠标第二次单击时会重新开始复制图像。

图 3-50　不选择"对齐"选项

2. 图案图章工具

　　"图案图章工具"　和"仿制图章工具"不同，它不是以取样点进行复制，而是以预先定义好的图案进行复制。

　　在如图 3-51 所示的工具选项栏中有如下选项。

图 3-51　"图案图章工具"选项栏

- 图案：单击该按钮将弹出"图案预设管理器"。用户可以对系统自带或自定义的图案进行管理。关于自定义图案的方法将在下面介绍。
- 对齐：在"对齐"方式下，图案中的所有元素在所有行上都对齐，而与鼠标拖动位置和次数无关；在不选择"对齐"方式下，再次单击并拖动鼠标将重新开始复制，这时可能会出现图案的重叠和覆盖。

● 印象派效果：该选项使绘制的图案有印象画的风格。

示例3-5：使用自定义图案和"图案图章工具"实现局部色彩还原，操作步骤如下：

1）打开如图3-46所示的图像文件"redflower.jpg"。

2）选择菜单"编辑"中的"定义图案"，将弹出"图案名称"对话框，输入图案名称之后单击"确定"按钮。

3）依次选择菜单"图像"、"调整"、"去色"，将当前图像中的颜色去掉，转变为灰度图像，如图3-53所示。

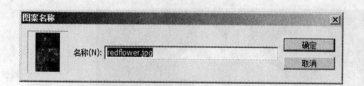

图3-52　图案名称　　　　　　　　　　　图3-53　"去色"后的效果

4）打开图层面板，单击"创建新图层"按钮，在当前图像中创建一个新的空白图层，如图3-54所示。

5）选择"图案图章工具"，在图案中选择刚刚定义的图案，然后在图像中下方那朵花上绘制，最终效果如图3-55所示。

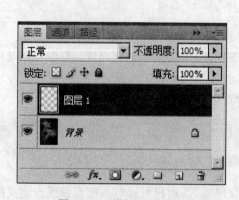

图3-54　"图层"面板　　　　　　　　　图3-55　用"图案图章工具"绘制

3．"仿制源"面板

利用"仿制源"面板设置不同的样本源，需要通过"仿制图章工具"或"修复画笔工具"

来进行取样和复制。使用"仿制源"面板可以显示样本源的叠加、缩放、旋转，以帮助在特定位置仿制源和更好地放置调整好大小和方向的样本源。

示例 3-6：使用"仿制源"制作图像

1）打开图像文件"fish.jpg"，如图 3-56 所示。

2）选择菜单"窗口"中的"仿制源"命令，打开"仿制源"面板，如图 3-57 所示。

图 3-56　原图像　　　　　　　　　　图 3-57　"仿制源"面板

- 仿制源：选择"仿制源"按钮，使用"仿制图章工具"或"修复画笔工具"，按住〈Alt〉键，移动鼠标选择好取样点，在画面中单击，找到适合的位置进行涂抹，看到如图 3-58 所示的效果。
- 位移：输入位移 X、Y 值时，可以在相对于取样点的精确的位置进行绘制，输入宽度"W"和高度"H"值时，可以对仿制的源进行缩放并保持约束比例；单击●可以单独调整宽、高尺寸，不限制比例。在文本框中输入旋转角度，可以对仿制的源进行旋转。

图 3-58　应用"仿制源"进行绘制

3）再按下一个按钮●，调整角度值为 180 度，如图 3-59 所示；使用"仿制图章工具"或"修复画笔工具"，继续取样，找到适合的位置进行涂抹，如图 3-60 所示；最多可以设置 5 个不同的取样源，"仿制源"面板能够存储样本源，直到关闭为止。

- 重置转换 ◐：单击此按钮，可将样本源复位到它的初始的大小和方向。
- 帧位移/锁定帧：输入帧位移，可以使用与初始取样的帧相关的特定帧进行绘制。当输入正值时，要使用的帧在初始取样的帧之后；当输入负值时，要使用的帧在初始取样的帧之前；如果选取"锁定帧"，则总是使用初始取样的相同帧进行绘制。

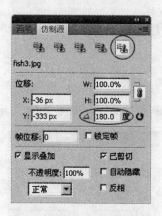

图 3-59　设置"仿制源"面板　　　　图 3-60　继续取样设置旋转角度 180 度图像

● 显示叠加：选中"显示叠加"，指定叠加的选项，使用"仿制图章工具"或"修复画笔工具"，能够看到叠加的图像和下面的图像。选择"已剪切"，可以将叠加的图像剪切成画笔大小（此处选择了柔角），如图 3-62a 所示；选择"反相"，可以反相叠加选中的颜色，如图 3-62b 所示；选择"不透明度"，可以设置叠加的不透明度；选择"自动隐藏"，可以在绘画描边时隐藏叠加。

图 3-61　原图像

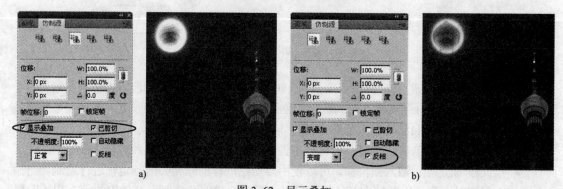

图 3-62　显示叠加

a)"显示叠加"与"剪切"　b)"显示叠加"与"反相"

3.2.8　修复工具

修复工具用于修复图像中的缺陷，能够有效地清除图片上常见的尘迹、划痕、污渍和折痕。修复工具和其他的图像复制工具不同，在同一幅图片中或在图片与图片之间进行复制时，能将修复点与周围图像很好地融合，自动地保留图像原有的明暗、色调和纹理等属性。

右键单击"污点修复画笔工具" ，打开修复工具的面板，如图 3-63 所示。

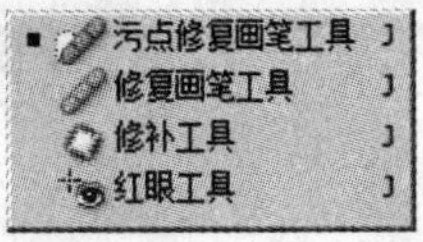

图 3-63　修复工具

1．污点修复画笔工具

"污点修复画笔工具" 可以快速移去图像中的污点和缺陷，它不需要指定样本点，能自动从所修饰区域的周围取样。

"污点修复画笔工具"选项栏如图 3-64 所示。

图 3-64　"污点修复画笔工具"选项栏

- 画笔：设置污点修复画笔的大小，一般选择比要修复的区域稍大一点的画笔，这样只用按一次即可修复污点区域。
- 模式："污点修复画笔工具"的颜色合成模式。选取"替换"可以保留画笔描边的边缘处的杂色、胶片颗粒和纹理。
- 类型：填充污点区域的方式，包括近似匹配和创建纹理。"近似匹配"是使用画笔边缘周围的像素来查找要用做选定区域修补的图像区域。"创建纹理"是使用画笔区域中的所有像素创建一个用于修复该区域的纹理。
- 对所有图层取样：可从所有可见图层中对数据进行取样。

示例 3-7：使用"污点修复工具"去除脸上的斑点，操作步骤如下：

1）打开图像文件"mm4.jpg"，如图 3-65 所示。要将图片中嘴角边上的斑点去掉。

2）单击"污点修复画笔工具"，设置画笔大小为"19"，"类型"为"创建纹理"，鼠标移至斑点处，在此污点上单击一下，斑点即可去掉，如图 3-66 所示。

图 3-65　原图像

图 3-66　运用"污点修复画笔工具"修复后的效果

2．修复画笔工具

如果需要修饰大片区域或需要更大程度地控制来源取样，可以使用"修复画笔工具"  而不是"污点修复画笔工具"。

"修复画笔工具"的选项栏如图3-67所示。

图3-67 "修复画笔工具"选项栏

- 画笔：设置画笔直径、硬度、间距、角度、圆度和大小。
- 模式：选择修复画笔的颜色合成模式。
- 源："取样"表示按住〈Alt〉键并用鼠标在图像上单击取样；"图案"表示用预设图案来进行修复。选择为图案方式后，可以在右边的列表中选择预设图案。
- 对齐：和"仿制图章工具"功能一样。选择对齐时，多次复制的部分成为一个整体；不选择对齐时，每次复制都重新开始。

图3-68所示是运用"修复画笔工具"的一个示例图。

a)   b)

图3-68 修复画笔工具运用前后的效果

a) 原图 b) 效果图

3．修补工具

"修补工具" 可以从图像的其他区域或使用图案来修补当前选中的区域。

"修补工具"选项栏如图3-69所示。

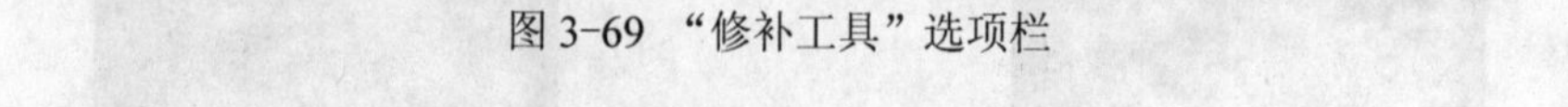

图3-69 "修补工具"选项栏

- 源：选区是将要被修复的区域。
- 目标：选区是用来取样的区域。
- 使用图案：将选择好的图案应用到选区。

示例3-8：使用"修补工具"去除图像中的文字，操作步骤如下：

1）打开图像文件"water.jpg"，如图3-70所示。这里要将图片右下角的文字处理掉。

图 3-70 原图像

2）选择"修补工具"，在工具选项栏中选择"源"。选取图像上的文字部分，如图 3-71 所示。

图 3-71 选区文字部分

3）用鼠标拖动选区到用来取样的区域，如图 3-72 所示。

图 3-72 取样

4）释放鼠标，然后按〈Ctrl+D〉组合键取消选区，可以看到文字已经消失了。最终结果如图 3-73 所示。

图3-73　用"修补工具"修复图片的最终效果

4.红眼工具

当我们在室内给人物照相时，由于室内光线较暗，我们常常使用闪光灯，闪光灯会引起视网膜反光，造成照片中人物眼睛出现红眼，破坏人物形象。"红眼工具" 可以有效地除去用闪光灯拍摄的人物照片中的红眼。

"红眼工具"选项栏如图3-74所示。

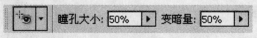

图3-74　红眼工具选项栏

● 瞳孔大小：设置瞳孔（眼睛暗色的中心）的大小。

● 变暗量：设置瞳孔的暗度。

消除红眼的操作非常简单，使用"红眼工具"，设置好红眼选项栏，只需在红眼中单击，即可校正红眼，如图3-75 所示。

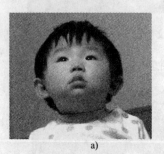
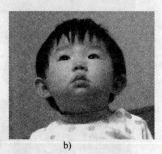

a)　　　　　　　　　　　　b)

图3-75　用红眼工具消除红眼

a) 原图　b) 效果图（"瞳孔大小"为"25%""变暗度"为"15%"）

3.2.9　"渐变工具"和"油漆桶工具"

"渐变工具"和"油漆桶工具"都是 Photoshop 中的颜色或图案填充工具。它们同在一个工具板中，如图3-76所示。

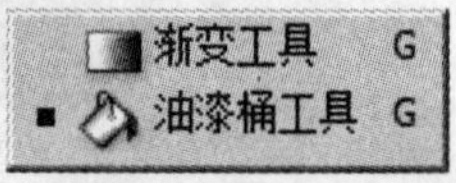

　　　　　　　　▣ 渐变工具　　G
　　　　　　　　◇ 油漆桶工具　G

图3-76　"渐变工具"与"油漆桶工具"

1.渐变工具

"渐变工具" 可以创建多种颜色间的逐渐混合，在图像或图层中形成颜色渐变的效果。

其工具选项栏如图 3-77 所示。

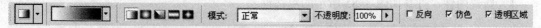

图 3-77 渐变工具选项栏

工具选项栏中的"反向"表示用渐变填充时调换渐变颜色的方向;"仿色"能够使渐变的效果更加平滑;"透明区域"表示打开透明蒙版。

在工具选项栏上提供了 5 种渐变工具:

● 线性渐变■:指从起点到终点以直线逐渐改变。
● 径向渐变■:指从起点到终点以圆形逐渐改变。
● 角度渐变■:指围绕起点以逆时针环绕逐渐改变。
● 对称渐变■:指在起点两侧进行对称的线性渐变。
● 菱形渐变■:指从起点向外以菱形图案逐渐改变。

图 3-78~图 3-82 所示分别是这 5 种"渐变工具"的运用。

图 3-78 线性渐变　　图 3-79 径向渐变　　图 3-80 角度渐变　　图 3-81 对称渐变　　图 3-82 菱形渐变

在工具选项栏中有一个"渐变编辑器"按钮,如图 3-83 所示。

图 3-83 "渐变编辑器"按钮

单击"渐变编辑器"按钮,将弹出如图 3-84 所示的"渐变编辑器",利用这个工具,用户可以修改已有渐变或自定义其他的渐变。

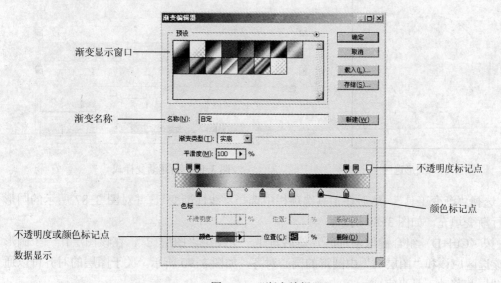

图 3-84 "渐变编辑器"

示例 3-9：运用"渐变工具"制作按钮，操作步骤如下：

1）新建图像，打开如图 3-85 所示的对话框。

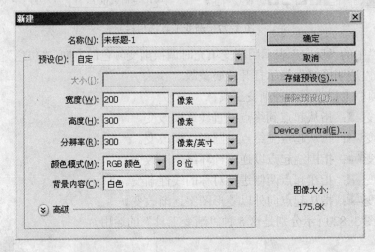

图 3-85 "新建"对话框

2）新建"图层 1"，然后选择工具箱中的"椭圆选框工具" ，在工具选项栏中设置参数，如图 3-86 所示。

在"图层 1"中，用鼠标拖动出一个圆形的选区，如图 3-87 所示。

图 3-86 "椭圆选框工具"选项栏

3）利用如图 3-84 所示的"渐变编辑器"，新建一种渐变样式，如图 3-88 所示。

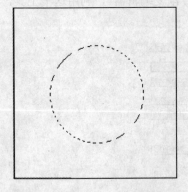

图 3-87 圆形选区

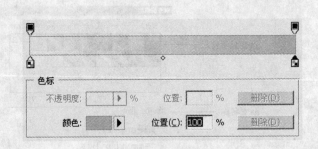

图 3-88 新建渐变样式

4）选择"渐变工具"，然后在工具选项栏中选择"线性渐变"，并对图 3-87 所示的圆形选区进行渐变填充，如图 3-89 所示。

5）按〈Ctrl+D〉组合键取消选区，然后新建一个图层"图层 2"，在该图层作一个圆形选区。该选区应该和"图层 1"中圆形的圆心对齐，如图 3-90 所示。关于图层的对齐可以通过链接图层和移动工具来完成。

6）选择"渐变工具"，在选项栏中选择"反相"选项，对圆形选区进行线性渐变填充。完成后取消选取，这样一个按钮就制作完成了。图 3-91 所示是制作后的最终效果。

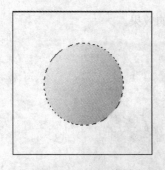

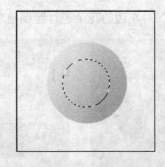

图 3-89　渐变填充　　　图 3-90　在新的图层作圆形选区　　　图 3-91　按钮制作效果

2. 油漆桶工具

"油漆桶工具" 用于在图像或选区内，对指定色差范围内的色彩区域进行色彩或图案填充，其工具选项栏如图 3-92 所示。

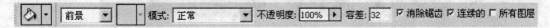

图 3-92　"油漆桶工具"选项栏

- 填充：可以选择用前景色或者图案对选区进行填充。当选择用图案填充时，用户可以在"图案"下拉列表中选择预设图案。
- 模式：选项用于油漆桶的合成模式。
- 不透明度：是指填充色彩或图案的不透明度。百分比数值越大，填充的色彩或图案就越不透明。
- 容差：取值范围为 0～255，数值越大，所填充的范围就越大。
- 消除锯齿：选择该选项后，在填充时，所填充区域的边缘不会出现锯齿现象。
- 连续的：选择该选项后，只填充与鼠标单击处相邻并且在容差范围内的区域。如果不选择，表示整个图像只要在容差范围内的像素都会被填充。

3.2.10　图像渲染工具

在 Photoshop CS4 中，有多种图像渲染工具，如图 3-93 所示。对这些工具的综合运用，能产生很强的渲染效果。

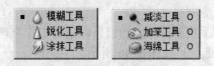

图 3-93　图像渲染工具

1. 模糊工具

"模糊工具" 会降低图像中相邻像素之间的反差，使图像边界区域变得柔和而产生模糊效果。

在"模糊工具"属性栏上有"强度"选项，该选项用于设置模糊程度，数值越大，表示模糊的效果越明显。

图 3-94 是运用"模糊工具"对左边的花朵进行绘制前后的效果。

a)   b)

图 3-94 "模糊工具"运用效果

a) 原图（lutip.jpg）   b) 效果图

2. 锐化工具

"锐化工具" ▲和"模糊工具"的工作原理正好相反，它能够使图像产生清晰的效果。

图 3-95 是运用"锐化工具"前后的效果。

a)   b)

图 3-95 "锐化工具"运用效果

a) 原图（redrose.jpg）   b) 效果图

3. 涂抹工具

"涂抹工具" 🖐模拟用手指涂抹绘制的效果。它的工作原理是用取样颜色与鼠标拖动区域的颜色进行混合。其工具选项栏如图 3-96 所示。

图 3-96 "涂抹工具"选项栏

- 强度：控制手指在画面上涂抹的力度，数值越大，手指拖出的线条越长。
- 手指绘画：选中此项后，"涂抹工具"将使用前景色与图像中鼠标经过区域的颜色相混合；不选择此项时，"涂抹工具"将使用鼠标每次单击开始处的颜色作为取样色。

图 3-97 是运用"涂抹工具"前后的效果。

a)　　　　　　　　　　　　　　　　　　b)

图 3-97 "涂抹工具"运用效果

a) 原图（moto.jpg）　b) 效果图

4. 减淡工具

"减淡工具" 通过对图像的特定区域进行加光处理以达到颜色减淡的效果。

选中"减淡工具"后，将出现如图 3-98 所示的工具选项栏。

图 3-98 "减淡工具"选项栏

- 范围：选择所要处理的特殊色调区域。"暗调"表示减淡操作只对图像暗调区域的像素起作用；"中间调"对中间色调区域起作用；"高光"用来提高高亮部分的亮度。
- 曝光度：设置减淡的程度，该数值越大，表示减淡的程度越大，减淡效果越明显。

图 3-99 是运用"减淡工具"前后的效果。

a)　　　　　　　　　　　　　　b)

图 3-99 "减淡工具"运用前后效果

a) 原图　b) 效果图

5. 加深工具

"加深工具" 与"减淡工具"的工作原理相反，使用方法相同，选项栏如图 3-100 所示。

图 3-100 "加深工具"选项栏

图 3-101 所示是运用"加深工具"前后的效果（"范围"为"高光"）。

a)   b)

图 3-101 "加深工具"运用效果

a) 原图 b) 效果图

6. 海绵工具

"海绵工具" 可以用来调整图像局部的颜色饱和度。其工具选项栏如图 3-102 所示。

图 3-102 "海绵工具"选项栏

模式：设置"海绵工具"的使用模式。

图 3-103 是应用海绵工具前后的效果（"模式"选择"降低饱和度"）。

a)   b)

图 3-103 "海绵工具"降低饱和度前后的效果

a) 原图（lotus.jpg） b) 效果图

3.2.11 形状绘制工具

"形状绘制工具"可以用来绘制简单的几何形状。在"矩形工具" 上单击鼠标右键，会弹出形状工具面板，如图 3-104 所示。可以看出，Photoshop CS4 为用户提供了 6 种形状绘制工具。

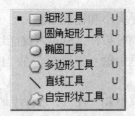

图 3-104　形状绘制工具

在选择其中一个形状绘制工具后，在工具选项栏会出现与图 3-105 相似的工具选项栏。

图 3-105　"形状绘制工具"选项栏

- 形状图层 🔲：在一个新的图层内绘制形状。
- 路径 🔳：表示绘制的是路径。
- 像素填充🔲：绘制的形状以前景色进行填充，它在当前层绘制，而不会自动创建新的图层。

第一个形状绘制完成后，在进行下一个形状绘制时，在选项栏上提供了 5 种叠加方式。"创建新的路径图层"🔲：表示第二个形状在一个新的图层内绘制。其他 4 项分别是"添加到路径区域"🔲、"从路径区域减去"🔳、"交叉路径区域"🔲和"重叠路径区域除外"🔲。图 3-106 分别显示了这 4 种叠加方式的效果。

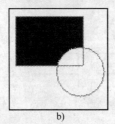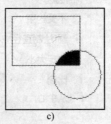

| a) | b) | c) | d) |

图 3-106　路径绘制叠加效果

a) 添加到路径区域　b) 从路径区域减去　c) 交叉路径区域　d) 重叠路径区域除外

1. 矩形工具

选中"矩形工具"🔲后，在"自定形状工具"右侧的🔽按钮上单击，将弹出"矩形选项"面板，如图 3-107 所示。

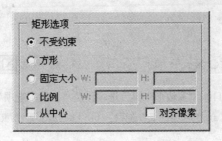

图 3-107　"矩形选项"面板

- 不受限制：任意绘制，不受大小和比例限制。
- 方形：绘制正方形。在绘制时按住〈Shift〉键能达到同样效果。
- 固定大小：在"W"文本框中输入矩形宽，在"H"文本框中输入矩形高后，将绘制指定大小的矩形。
- 比例：分别在"W"文本框中和"H"文本框中输入宽和高，将绘制比例固定、大小不固定的矩形。
- 从中心：从矩形中心开始进行绘制。
- 对齐像素：绘制的矩形以像素为单位。

2．圆角矩形工具

"圆角矩形工具" ▢ 的选项设置和"矩形工具"基本一样。只是在工具选项栏中出现了"半径"选项，如图 3-108 所示。

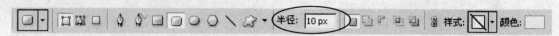

图 3-108　圆角矩形工具选项栏

"半径"选项用来设置圆角矩形的圆角半径，其数值越大，表示绘制出来的圆角越大。

3．椭圆工具

"椭圆工具" ◯ 的使用和"矩形工具"完全一样。在如图 3-109 所示的选项面板中选中第二项，或者在绘制时按住〈shift〉键可以绘制出圆形。

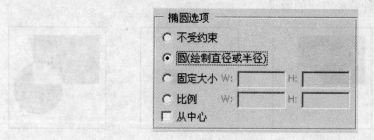

图 3-109　"椭圆选项"面板

4．多边形工具

"多边形工具" ◯ 的选项设置和"多边形选项"面板如图 3-110 所示。

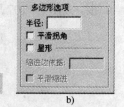

a)

图 3-110　"多边形工具"选项栏及"多边形选项"面板

a) "多边形工具"选项栏　b) "多边形选项"面板

- 边：指多边形的边数。
- 半径：指多边形的半径。如果留空，表示不限制大小。

- 平滑拐角：指多边形的拐角变得平滑。
- 星形：指绘制星形的多边形。
- 缩进边依据：在绘制星形多边形时边缘的收缩值。该值范围为 1%～99%，百分比越大，收缩程度越强。
- 平滑处理：在绘制星形多边形时对缩进的拐角作平滑处理。

5. 直线工具

"直线工具"  不仅可以绘制直线，还可以绘制箭头，选项设置如图 3-111。图 3-112 所示为"箭头"面板。

图 3-111 直线工具选项栏　　　　　　　　　　图 3-112 "箭头"面板

- 粗细：指直线的宽度，以像素为单位。
- 起点：在直线的起点绘制箭头。
- 终点：在直线的终点绘制箭头。如果绘制不带箭头的直线，这两项留空。
- 宽度：箭头宽度，取值范围为 10%～1000%。
- 长度：箭头长度，取值范围为 10%～1000%。
- 凹度：指箭头与直线相连那一端的凹凸度，取值范围为-50%～50%。

6. 自定形状工具

"自定形状工具"  的选项设置和"自定形状选项"面板如图 3-113 所示。

a)　　　　　　　　　　　　　　　　　　　　　　b)

图 3-113 "自定形状工具"选项栏及"自定形状选项"面板

a)"自定形状工具"选项栏　b)"自定形状选项"面板

- 形状：选择预设形状。单击右侧的 按钮会打开如图 3-114 所示的"样式拾色器"。用户可以在此面板中选择预设形状，并且可以对预设形状进行载入、删除等操作。

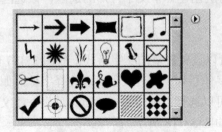

图 3-114 样式拾色器

- 定义的比例：该形状的初始比例作为绘制时的比例。
- 定义的大小：该形状的初始大小作为绘制时的尺寸大小。
- 固定大小：按用户输入的宽高数值来绘制。
- 从中心：从形状中心开始绘制。

3.2.12　文字工具

文字在图像处理中占有重要地位，神奇的文字特效有时候能在图像中起到画龙点睛的作用。

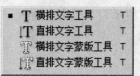

图 3-115　文字工具

在 Photoshop 中，文字是以文字图层的形式存在的。使用文字工具输入文字后，单击工具箱中的其他工具，系统会为文字自动创建一个新的文字层。

在 Photoshop CS4 中，有 4 个文字工具（如图 3-115 所示），分别是："横排文字工具" **T**、"直排文字工具" **↓T**、"横排文字蒙版工具" 和"直排文字蒙版工具" 。由于其中的两种和另外两种只是文字方向上的不同，下面只介绍"横排文字工具"和"横排文字蒙版工具"。

1．横排文字工具

"横排文字工具"可以在图像中添加水平方向的文字，其选项栏设置如图 3-116 所示。

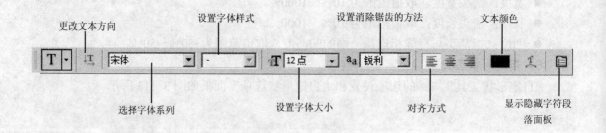

图 3-116　横排文字工具选项栏

在设置好字体、字型、字体大小等属性后，在图像上需要加入文字的地方单击，就可以输入文本。

2．横排文字蒙版工具

"横排文字蒙版工具"可以对图像中的任何图层添加水平方向的文字，在添加文字时并不产生新的图层，而是在当前层创建一个文字外形的选区，该选区和其他选区一样可以移动、复制、填充或描边。

3．设置文字格式

通过"字符"面板，可以设置更多的文字格式，如图 3-117 所示。

- 设置字体系列：在字体系列下拉列表里可以选择字体。如果在字体系列里中文字体名也显示成了英文，可以选择"编辑"→"首选项"→"文字"命令，打开"首选项"对话框进行设置，如图 3-118 所示。

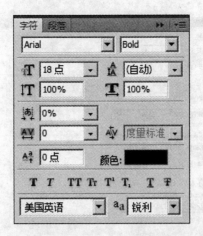

图 3-117　"字符"属性面板

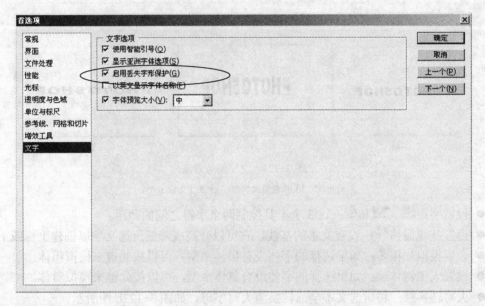

图 3-118　显示中文字体名设置

- 设置字体样式：字形包括常规型、斜体、粗体和加粗斜体，如图 3-119 所示。其中有的字体并不是都具备这 4 种字型。
- 设置字体大小 T：设置字体大小，可以在下拉列表里选择，也可以直接输入。字体大小以"点"为单位，在 72ppi 图像中的一个点相当于 1/72 英寸。用户可以在菜单"编辑"→"首选项"→"单位与标尺"里设置字体单位，如图 3-120 所示。

图 3-119　设置字型

- 设置行距 A：指行与行之间的距离，用户可以选择下拉列表框中的数字，也可以输入 0～5000 的数字。
- 垂直缩放 T：控制字型，文字被垂直拉长或压缩，如图 3-121b 所示。
- 水平缩放 T：控制字型，文字被横向拉长或压缩，如图 3-121c 所示。

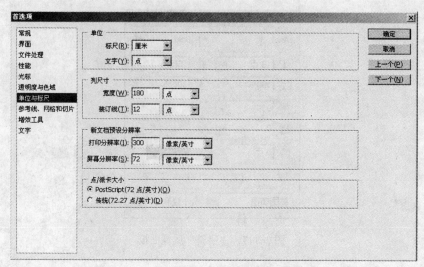

图 3-120　单位与标尺设置

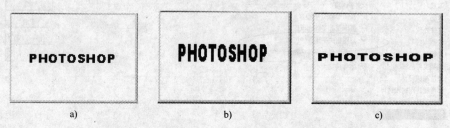

图 3-121　文字缩放效果

a) 正常　b) 垂直缩放 200%　c) 水平缩放 160%

- 设置字距、 AV 和 AV：这 3 个工具控制两个字符之间的间距。
- 设置基线偏移 A²：设置文本的基线，它可以升高或降低所选文字以创建上标或下标。
- 设置模拟加粗 T：如果选择的字体没有粗体字型，可以按此键来模拟粗体。
- 设置人工斜体 T：如果选择的字体没有斜体字型，可以按此键来模拟斜体。
- 大写转换 TT：将所选文本全部转换为大写字母，如图 3-122b 图所示。
- 小号大写 Tᵣ：将所选文本的小写字母转换为小号的大写字母，而原来的大写字母字号不变，如图 3-122c 所示。

图 3-122　文字大写效果

a) 初始　b) 大写　c) 小号大写

- 设置上标 T 与下标 Tᵣ：将所选文字设置成上标或下标，即抬高或降低文字基线。
- 下画线 T：为文本加上下画线，如下画线。

96

- 删除线 ⍡：为文本加上删除线，如删除线。
- 消除锯齿 ⁿ：该选项用来消除文本边缘的锯齿。

4．段落属性设置

打开"段落"属性面板，如图 3-123 所示。该面板设置文字对齐方式等段落属性。

- 对齐选项：可以设置文本左对齐、居中对齐和右对齐，这 3 种方式都是基于文字插入点的对齐；还可以设置文本段落最后一行的左对齐、居中对齐和右对齐。
- 缩进选项：设置文本段落的缩进属性。"左缩进"指整个段落从左缩进；"右缩进"指段落从右缩进；"首行缩进"指段落的首行缩进几个字符位置。
- 添加空格：可以在段落前或者段落后添加空格，以使文本段落和其他对象保持一定的距离。
- 避头尾法则设置：即在段落的行首或者行尾避免出现一些特殊字符。例如，有些标点符号一般不允许出现在行首。
- 连字：在段落换行时，遇到一个英文单词需要拆分时自动用连字符"-"连接。

5．变形文字

单击图 3-116 所示的"变形文字"按钮 ⍞，将弹出"变形文字"对话框，如图 3-124 所示。

图 3-123 "段落"属性面板

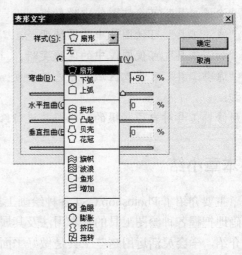

图 3-124 "变形文字"对话框

从"样式"下拉列表中选择一种变形样式后，可以对该样式进行更细微的设置。

图 3-125 所示是两种变形文字效果。

a)   b)

图 3-125 变形文字效果

a) 扇形 b) 凸起

归纳：

Photoshop CS4 工具箱中提供了"画笔工具"、"喷枪工具"、"铅笔工具"等绘画工具，"橡皮擦工具"、"修复画笔工具"、"修补工具"等修饰工具和"直线"、"矩形"、"圆型"等绘图工具。在"修饰工具库"中：

- "污点修复画笔工具"可以去除污点和对象。
- "修复画笔工具"可利用样本或图案修复图像中不理想的部分。
- "修补工具"可利用样本或图案修复所选图像区域中不理想的部分。
- "红眼工具"可移去由闪光灯导致的红色反光。
- "仿制图章工具"可利用图像的样本来绘画。
- "图案图章工具"可使用图像的一部分作为图案来绘画。
- "橡皮擦工具"可抹除像素并将图像的局部恢复到以前存储的状态。
- "背景橡皮擦工具"可通过拖动将区域擦抹为透明区域。
- "魔术橡皮擦工具"只需单击一次即可将纯色区域擦抹为透明区域。
- "模糊工具"可对图像中的硬边缘进行模糊处理。
- "锐化工具"可锐化图像中的柔边。
- "涂抹工具"可涂抹图像中的数据。
- "减淡工具"可使图像中的区域变亮。
- "加深工具"可使图像中的区域变暗。
- "海绵工具"可更改区域的颜色饱和度。

实践：
利用修饰工具对自己拍摄的数码照片进行修饰。

3.3 本章小结

本章主要介绍了 Photoshop CS4 各种绘画工具的使用方法和属性设置。通过学习，使读者能较准确地把握各种绘图工具的基本用法及其属性栏的设置。这一章只是对大部分绘图工具进行了介绍，学会灵活运用这些工具是做好平面设计的关键，在以后的学习和实践过程中还要对其进一步熟悉和掌握。概括起来大致包括：

- 使用"吸管工具"、"拾色器"、"颜色"面板或"色板"面板可以设置前景色或背景色。
- 通过载入系统自带画笔，或者自定义画笔可以丰富自己的画笔库，为图像绘制提供方便。
- 选择"铅笔工具"绘画时，只能选用有实边的画笔，而不能选用软画笔。
- "魔术橡皮擦工具"可以擦除颜色相近的区域，设置合适的容差后，对大块区域擦除和精细擦除都非常有用。
- 历史记录画笔工具应该和"历史记录"面板配合使用，可以使图像局部恢复到历史状态。
- "仿制图章工具"复制取样点的图像，而"图案图章工具"则复制定义好的图案。
- "修复画笔工具"可以清除图像上常见的尘迹、划痕、污渍和折痕等。
- "油漆桶工具"在图像或选区内，既可以填充色彩也可以填充图案。
- "海绵工具"有饱和度和降低饱和度两种使用模式。
- 在使用形状工具绘制时，按住〈Shift〉键将绘制出正多边形。

● 使用文字蒙版工具将创建文字外形的选区，并不产生文字图层。

3.4　练习与提高

一、思考题

1. 选择背景色和前景色的方法有哪些？各自的特点是什么？

2. 如何自定义新画笔？

3. "模糊工具"和"锐化工具"的主要区别在何处？在应用上会产生何种不同的效果？

4. 勾选"仿制图章工具"的"对齐"选项在使用该工具时会产生什么效果？

二、选择题

1. "自动抹除"选项是_____工具栏中的功能。

　　A．画笔工具　　　　B．喷笔工具　　　　　　C．铅笔工具　　　　　　D．直线工具

2. 下面哪种工具选项可以将图案填充到选区内_____。

　　A．画笔工具　　　　B．图案图章工具　　　C．橡皮图章工具　　　D．喷枪工具

3. Photoshop 中文字的属性可以分为哪两部分？_____

　　A．字符　　　　　　B．段落　　　　　　　　C．水平　　　　　　　　D．垂直

4. 画笔工具的用法和喷枪工具的用法基本相同，唯一不同的是_____。

　　A．Brushes（笔触）　　　　　　　　B．Mode（模式）

　　C．Wet Edges（湿边）　　　　　　　D．Opacity（不透明度）

5. Auto Erase（自动抹除）选项是"_____"选项栏中的功能。

　　A．画笔工具　　　　B．喷笔工具　　　　　　C．铅笔工具　　　　　　D．直线工具

三、填空题

1. auto erase（自动抹除）选项是_____工具栏中的功能。

2. _____工具选项可以将 pattern（图案）填充到选区内。

3. 当使用绘图工具时，_____暂时切换到吸管工具。

4. 按键盘中的_____键，可以将当前工具箱中的前景色与背景色互换。

5. 按键盘中的_____键可以将工具箱、属性栏和控制面板同时显示或隐藏。

6. 在使用形状工具绘制时，按住_____键将绘制出正多边形。

四、操作指导与练习

（一）操作示例

1. 操作要求

打开图像文件"mm5.jpg"，运用"背景橡皮擦工具"去除人物后面的背景，并把背景换成另外一幅图像，如图 3-126 所示。

2. 操作步骤

1）打开图像文件"mm5.jpg"，把"背景"图层拖动到"创建新图层"图标上方，即复制背景图层为一个新的图层，这样所有操作都在这个"背景副本"图层进行，如图 3-127 所示。

图 3-126　原图"mm5.jpg"

2）在"背景"图层的上方再创建一个新的空白图层，选择"油漆桶工具"，设置前景色为红色（#FF0000），为空白图层填充颜色，如图 3-128 所示。该图层的作用只是为了擦除背景时方便观察，也可以填充为其他颜色。

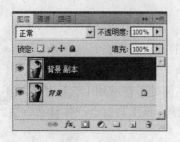 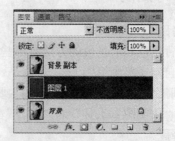

图 3-127　创建背景　　　　　　图 3-128　新建空白图层并填充红色

3）选中"背景副本"图层，选择"背景橡皮擦工具"，在工具选项栏选择合适的画笔，设置取样方式为"连续"，容差为"32%"，在图像中人物的边缘绘制，如图 3-129 所示。

4）继续绘制，直到把所有边缘都勾勒完成，如图 3-130 所示。

图 3-129　用"背景橡皮擦工具"在人物边缘绘制　　图 3-130　所有边缘绘制完毕

5）选择"橡皮擦工具"，把勾勒出来的轮廓外围所有图像擦除，有些细微的地方需要把图像放大后擦除，擦除后效果如图 3-131 所示。

6）选择"历史记录画笔工具"，在人物的眉毛、后衣领等地方进行仔细绘制，以恢复被擦除的部分图像，这个操作需要放大图像，以方便观察。在进行图像边缘细微调整时，可以为"图层 1"填充其他颜色来观察，比如填充纯黑色或者纯白色，如图 3-132 所示。

图 3-131　擦除所有背景　　　　　图 3-132　为背景填充白色

7）在"图层1"的上面再创建一个新的空白图层"图层2"，打开一幅图像文件"sun.jpg"，复制后粘贴到当前"图层2"中。然后调整到合适的位置和大小，即换成了背景的替换。该示例的最终效果如图3-133所示。

（二）操作练习

操作要求：利用两张素材图像（图3-134和图3-135），按照题目要求完成操作，具体要求如下。

1）选择"魔术橡皮擦工具"，设置合适的"容差"数值，单击人物周围的背景，擦除背景部分。

2）在人物图片的下方新建一个图层，打开背景素材文件，复制并粘贴到新图层里。然后调整背景素材图片的大小和位置。

图3-133　效果图

图3-134　原图片

3）利用"模糊工具"在背景图层上涂抹，最后完成图3-136所示的效果。

图3-135　背景素材

图3-136　效果图

第 4 章　Photoshop 的选区

在 Photoshop 中，对图像的处理往往是局部的、某一部分的，而非整体的处理，这就要求我们能够精确地选取出这些部分。选择区域的精确程度将直接影响到图像处理的优劣，为此 Photoshop 提供了很多图像选取工具，如：选框工具、套索工具、魔棒工具，还提供了一些与建立和编辑选区相关的命令。

本章学习目标：
- 理解选区概念。
- 使用选框工具建立规则选区。
- 使用套索工具建立非规则选区。
- 使用快速工具建立选区。
- 选区的编辑操作。

4.1　使用选框工具建立选区

选区是 Photoshop 的 3 大重要部分（选区、图层、路径）中的一个重要部分。对任何图像的处理和操作，首先必须精确地对需要处理的部分进行选择，即建立选区。那么，什么是选区呢？选区实际上就是被选择处理的部分。它是封闭的区域，可以是任何形状，但一定是封闭的。不存在没有封闭的选区。

使用选框工具建立选区，是最简单的规则选区的建立方法。Photoshop 提供了 4 种选框工具，分别是"矩形选框工具"、"椭圆选框工具"、"单行选框工具"和"单列选框工具"，它们在工具箱的同一个工具面板下。其中"矩形选框工具"是默认的选框工具，用鼠标右键单击"矩形选框工具"，就可以看到这 4 种选框工具，如图 4-1 所示。

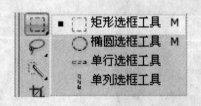

图 4-1　选框工具

4.1.1　矩形选框工具

选中工具箱中的"矩形选框工具" ，按住鼠标左键在图像上斜向拖拽，松开鼠标后可以在图像中建立一个矩形选区（虚线框），如图 4-2 所示。

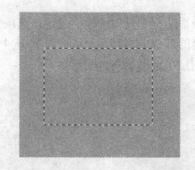

图 4-2　使用"矩形选框工具"建立选区

当选中不同的工具时，工具选项栏中的选项会发生相应的变化，如图 4-3 所示。

图 4-3　"矩形选框工具"选项栏

"矩形选框工具"选项栏有如下选项。

● 新选区：在"矩形选框工具"选项栏选定该选项后，每创建一个新的选区，上一选区就会自动消除，新建一个选区，如图 4-4b 所示。

图 4-4　应用"新选区"选项的效果

a) 原选区　b) 新选区创建后原选区消失

● 添加到选区：在"矩形选框工具"选项栏选定该选项后，原有的选区区域和新选区区域合并在一起，得到结果选区；如果新选区与原选区不相交，则会得到多个结果选区，如图 4-5b 所示。

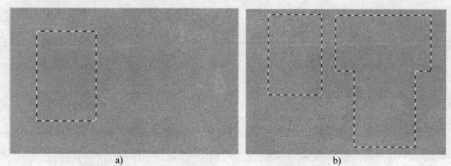

图 4-5　应用"添加到选区"选项的效果

a) 原选区　b) 新选区创建后与原选区合并或得到多个结果选区

● 从选区减去 ⬚：在"矩形选框工具"选项栏选定该选项后，原有的选区区域中减去新选区区域与之相交的部分，得到结果选区，如图 4-6b 所示；如果新选区没有与原有选区相交，则结果选区仍为原有选区。

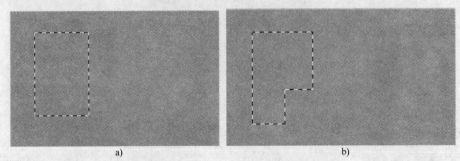

图 4-6　应用"从选区减去"选项的效果

a) 原选区　b) 新选区创建后被从原选区中减去

● 与选区交叉 ⬚：在"矩形选框工具"选项栏选定该选项后，原有的选区区域和新选区区域相交的部分是结果选区，如图 4-7b 所示；如果新选区没有与原有选区相交，则结果选区为空。

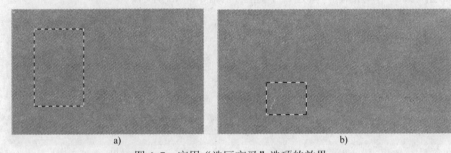

图 4-7　应用"选区交叉"选项的效果

a) 原选区　b) 新选区创建后保留与原选区相交的部分

● 羽化：在"矩形选框工具"选项栏选定该选项后，将柔化选区的边界，也就是使选区的边界有一个柔和的过渡效果，羽化值越大，过渡效果越明显。图 4-8 和图 4-9 分别为矩形选区羽化值为"0"和羽化值为"10"的颜色填充效果。

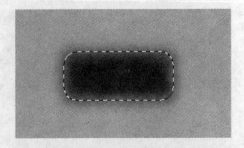

图 4-8　羽化值为"0"的颜色填充效果　　图 4-9　羽化值为"10"的颜色填充效果

● 样式：用于设置绘制矩形选区的方式。"正常"表示可以用鼠标拖出任意大小的矩形；"约束长宽比"表示矩形选区宽度和高度构成比例，在数值框中输入数值，以定义矩形选区宽度和高度比，默认值为"1：1"，在进行选取时，将按设定比例拖出矩形选区；"固定大小"表示矩形选区宽度和高度是固定值，在数值框中输入矩形选区宽度和高度的具体像素数值，鼠标在图像窗口单击，就可以直接绘制出设定数值大小的矩形选区。

● 调整边缘：所有选取工具的选项栏都有"调整边缘"选项，该选项用于提高选区边缘的品质。"调整边缘"按钮与选择"选择"→"调整边缘"命令功能相同，将在第4.5.4节详细说明。

小技巧：

使用"矩形选框工具"，在按住〈Shift〉键的同时，用鼠标左键在图像上拖拽，可以建立正方形选区；如果想取消选区，可以使用快捷键〈Ctrl+D〉来取消；如果在鼠标开始拖拽之后按住〈Alt〉键，则选区将以鼠标起点为中心向外扩展。

4.1.2 椭圆选框工具

选择"椭圆选框工具" ⌒，在图像上用鼠标拖出椭圆形区域，如图4-10所示。

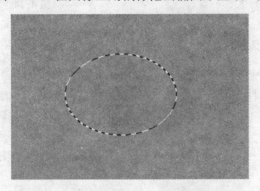

图4-10 用"椭圆选框工具"创建椭圆选区

"椭圆选框工具"选项栏与"矩形选框工具"选项栏内容相似，在此不再赘述。不同之处是"消除锯齿"选项有效，该选项可以使椭圆选区边缘比较平滑。图4-11和图4-12分别是选中"消除锯齿"与未选中"消除锯齿"的颜色填充并放大后的效果图。

图4-11 选中"消除锯齿"　　　　　　　图4-12 未选中"消除锯齿"

小技巧：

按住〈Shift〉键可在图像中选取正圆形选区；按住〈Shift〉+〈Alt〉键可在图像中选取以鼠标起点为中心向外扩展的正圆形选区。

4.1.3 单行选框工具与单列选框工具

"单行选框工具" ，可以在图像上建立一个像素高的横行选区，"单列选框工具" ，可以在图像上建立一个像素宽的竖列选区。建立横行选区和竖列选区，都不用鼠标拖拽，直接在需要建立选区的地方单击即可，图4-13是建立的横行选区、图4-14是建立的竖列选区。

"单行选框工具"和"单列选框工具"的工具选项栏中只有"运算方式"、"羽化"选项有效，而且羽化值只能为0px。

图4-13　横行选区　　　　　　　　　　图4-14　竖列选区

4.1.4 选框工具使用实例

示例4-1：制作一个图像的朦胧边框。操作步骤如下：

1）打开"素材"文件夹的图像文件"Autumn Leaves.jpg"，如图4-15所示。

2）选中"矩形选框工具"，在其工具选项栏中设置"羽化"半径为"20 像素"，并在图像中建立矩形选区。

3）选择"选择"→"反选"命令，这时这幅图像中除了刚才选中的区域以外的区域都被选中。

4）在工具箱下方的背景色中，设置一种合适的颜色，在键盘上按下〈Del〉键，这时用背景色填充选区，由于羽化的作用是模糊选区边缘，因此有淡淡的朦胧效果。

5）按〈Ctrl+D〉组合键取消选区。朦胧边框效果如图4-16所示。

图4-15　原图　　　　　　　　　　　　图4-16　效果图

归纳：

使用选框工具，可以获取规则的选区，设定选框工具选项栏，可以获取更复杂的选区。

● 通过"矩形选框工具"，进行矩形选区的选择。

● 通过"椭圆选框工具"，进行圆形、椭圆形选区的选择。

● 通过"单行单列选框工具"，进行某一行、某一列选区的选择。

● 通过"选框工具"选项栏，获得更复杂的选区。

实践：

使用各种选框工具建立一个如图 4-17 这样的复杂选区。

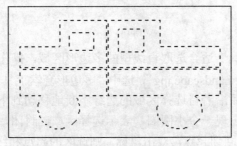

图 4-17　复杂选区

4.2　使用套索工具建立选区

在 Photoshop 中所处理的图像区域很多是不规则的，套索工具是建立不规则选区的一种工具，如同使用铅笔工具给图像描边那样，可以绘出不规则形状的选取区域。Photoshop 提供了 3 种套索工具，分别是"套索工具"、"多边形套索工具"和"磁性套索工具"，它们在工具箱的同一个工具面板下。其中"套索工具"是默认的，用鼠标右键单击"套索工具"或左键单击并按住，就可以看到这 3 种选取工具，如图 4-18 所示。

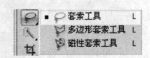

图 4-18　套索工具

4.2.1　套索工具

使用"套索工具"选取任意形状的不规则区域，操作如下：

首先打开图像文件"Toco Toucan.jpg"，选中"套索工具"后，将鼠标移至图像上，单击定出选区边缘的起点，然后按住鼠标左键，沿着要选择的区域边缘移动鼠标，当鼠标移回到起点时松开，此时就会形成一个闭合的选区，如图 4-19 所示。如果鼠标未回到起始点就松开鼠标，系统自动在起点与终止点之间连接一条直线，也形成一个闭合的选区。

图 4-19　使用"套索工具"创建选区

"套索工具"的工具选项栏非常简单，只有选区"运算方式"、"羽化"、"消除锯齿"和"调整边缘" 4 项操作，如图 4-20 所示。

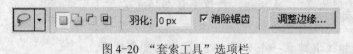

图 4-20 "套索工具"选项栏

4.2.2 多边形套索工具

使用"多边形套索工具"适合选取直线型的多边形区域，操作如下：

打开图像文件"Desert Landscape.jpg"，选中"多边形套索工具" ，把鼠标移到图像上，单击鼠标选中起始点，然后沿着待选择区域的边缘不断地移动到下一个位置并且单击鼠标，当回到起始点时，光标处出现一个小圆圈，表示选择区域已封闭，单击鼠标，完成操作，如图 4-21 所示。如果鼠标未回到起点，双击鼠标，则选区的起点和终点会以直线相连，也构成封闭选区。

图 4-21 使用"多边形套索工具"创建选区

工具选项栏与"套索工具"相似，不再赘述。

4.2.3 磁性套索工具

"磁性套索工具" 是一种能自动勾画图像边缘形成选区的套索工具，一般用于在图像中选择不规则的形状，但其轮廓比较明显，或图像颜色与背景颜色反差较大的区域，操作如下：

打开图像文件"Toco Toucan.jpg"，选中"磁性套索工具"，鼠标移到图像上单击定出选区的起点，然后沿着物体的边缘移动鼠标，就会自动捕获图像边缘，出现描边节点。如果某处边缘捕捉困难，可以单击鼠标加入节点。当回到起始节点时，光标下方出现小圆圈，单击鼠标，从而形成图形颜色与背景颜色反差较大的图形选区，如图 4-22 所示。

"磁性套索工具"的选项栏如图 4-23 所示。

图 4-22   使用"磁性套索工具"创建选区

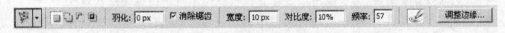

图 4-23   磁性套索工具选项栏

"磁性套索工具"选项栏中有如下 4 项与其他套索工具选项栏不同的选项。

- 宽度:"磁性套索工具"在设定选区边缘位置时探查的距离范围,数值在 1～256 之间,宽度设定好后,移动鼠标的过程中,会以鼠标所在位置点为中心,自动在设定的宽度范围内探查颜色变化情况,找到颜色交接处,作为选区边缘。
- 边对比度:设置磁性工具识别颜色反差的灵敏度,范围在 1%～100% 之间,对比度越小,分辨颜色差别的灵敏度越高;反之,只能分辨颜色差异比较大的边缘。
- 频率:单位长度路径上设置节点个数的频率,数值范围在 1～100 之间,数值越大,节点越多。
- 光笔压力:该项用于光笔绘图板,选中了该选项时,增大光笔压力将导致边缘宽度减小。

4.2.4   套索工具使用实例

示例 4-2:制作一个云海怪石图像。操作步骤如下:

1)打开一幅图像文件"Desert Landscape.jpg",如图 4-24 所示。

2)选中套索工具,在相应的工具选项栏中设置羽化半径为"30 像素",在图像中建立选区。

3)选择"选择"→"反选"命令,这时这幅图像中除了刚才选中的区域以外的区域都被选中。

4)在工具箱下方的背景色中,设置一种合适的颜色,在键盘上按下〈Del〉键,这时用背景色填充选区,由于羽化的作用是模糊选区边缘,因此有淡淡的朦胧效果。

5)按〈Ctrl+D〉组合键取消选区。朦胧边框效果如图 4-25 所示。

图 4-24　原图

图 4-25　效果图

归纳：

使用套索工具，可以获取不规则的选区，设定选框工具选项栏，可以获取更复杂的选区。

● "套索工具"，用于各种不规则图像的选区建立。

● "多边形套索工具"，一般用于边缘直线较多的不规则图像的选区建立。

● "磁性套索工具"，是一种能自动勾画图像边缘形成选区的套索工具，一般用于建立在图像中选择不规则的，但其轮廓比较明显，或图像颜色与背景颜色反差较大的选区。

● 通过"套索工具"选项栏，可以获得更复杂的选区。

实践：

使用各种"套索工具"建立一个如图 4-26 这样的复杂选区。

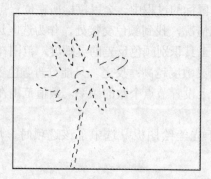

图 4-26　复杂选区

4.3　使用"快速选择工具"与"魔棒工具"建立选区

在 Photoshop 中，"快速选择工具"与"魔棒工具"被放到了一组，如图 4-27 所示。这两个选取工具都是对鼠标取样点及其附近的像素颜色进行判断，按照特定的规则来得到选区的。

图 4-27　"快速选择工具"和"魔棒工具"

4.3.1 快速选择工具

"快速选择工具" ✎能够利用可调整的圆形画笔笔尖快速"绘制"选区。使用该工具在图像上拖动时，选区会向外扩展并自动查找和跟随图像中定义的边缘。"快速选择工具"选项栏如图 4-28 所示。

图 4-28 "快速选择工具"选项栏

- 画笔：打开"画笔"下拉面板之后，可以修改画笔笔尖的直径、硬度和间距等。
- 对所有图层取样：选择该选项，可基于所有图层（而不仅基于当前选定的图层）创建一个选区。
- 自动增强：可减少选区边界的粗糙度和块效应。"自动增强"自动将选区向图像边缘进一步流动并应用一些边缘调整，也可以通过在"调整边缘"对话框中使用"平滑"、"对比度"和"半径"选项手动应用这些边缘调整。

打开图像文件"Desert Landscape.jpg"，选择"快速选择工具"，在图中黑云处单击并按住鼠标，然后拖动来创建选区，如图 4-29 所示。

图 4-29 用"快速选择工具"创建选区

小技巧：

在建立选区时，按右方括号〈]〉键可增大快速选择工具画笔笔尖的大小；按左方括号〈[〉键可减小快速选择工具画笔笔尖的大小。当停止拖动后，在附近区域内单击或拖动，选区将增大以包含新的区域。

4.3.2 魔棒工具

"魔棒工具" ✎用来选择颜色相同或相近的区域，只要在图像上单击一下，与单击处颜色相近的区域都会包含在选区之中，"魔棒工具"选项栏如图 4-30 所示。

图 4-30 "魔棒工具"选项栏

- 容差：通过设置此项可以设置颜色选取的容差值，它的数值范围为 1～255。"容差"数值越小，选取范围内的颜色越接近，选取的区域也就越小，其默认值为"32"。打开图像文件"Desert Landscape.jpg"，选择"魔棒工具"，分别设置"容差"为"20"和"40"进行魔棒选取，效果如图 4-31 和图 4-32 所示。

图 4-31 "容差"为"20"选取的区域

图 4-32 "容差"为"40"选取的区域

- 连续：如果此项处于选中状态，使用魔棒，只有单击处相邻位置中颜色相近的区域被选中，如图 4-33 所示；如果此项未选中，则整个图像中颜色相近的区域都被选中，如图 4-34 所示。

图 4-33 "连续"项选中时选取的区域

图 4-34 "连续"项未选中时选取的区域

- 对所有图层取样：如果此项处于选中状态，各图层中颜色相近的区域都被选中。如果此项未选中，只有当前图层中颜色相近的区域都被选中。

小技巧：

使用"魔棒工具"时，不宜将容差值设得太大，设置太大有时会把不需要的区域一并选中。如果使用"魔棒工具"在图像中单击时没有选中所需要的全部区域，可以按住键盘上的〈Shift〉键继续用魔棒在未选中的区域内单击，按住〈Shift〉键的同时选择区域的作用是使新确定的选区追加到原来的选区上。

如果使用"魔棒工具"在图像中单击时多选了不必要的区域，在已选区域中按住〈Alt〉键的同时选择区域，会从原来的选区中减去新确定的区域；在按住〈Shift + Alt〉组合键的同时选择区域，则最后的结果选区是两个区域中公共的部分。

4.3.3 魔棒工具使用实例

示例 4-3：制作一个改变光照的图像。操作步骤如下：

1）打开一幅图像文件"Desert Landscape.jpg"，如图 4-35 所示。

2）选中"快速选择工具"，在图像中把云彩部分建立一个选区。

3）选择"滤镜"→"渲染"→"光照效果"命令，调整光照点、范围。

4）按〈Ctrl+D〉组合键取消选区，效果如图 4-36 所示。

图 4-35　原图　　　　　　　　　　　　　图 4-36　效果图

归纳：

使用"快速选择工具"和"魔棒工具"，通过颜色获取不规则的选区，设定工具选项栏，可以获取更复杂的选区。

● "快速选择工具"一般用于各种不规则图像的选区建立。

● "魔棒工具"一般用于颜色相同、相近的不规则图像的选区建立。

4.4　使用"色彩范围"建立选区

利用颜色的分布特点，选择色彩范围命令来创建选区。打开图像文件"Green Sea Turtle.jpg"，选择"选择"→"色彩范围"命令，打开"色彩范围"对话框，利用"吸管工具"在图像上进行颜色样本的采集，如图 4-37 所示。

图 4-37　"色彩范围"对话框

- 选择：从"选择"下拉列表框中可以选择图像中红色、黄色、绿色等颜色区域，也可以选择高亮、中间色调、阴影区域，还可以选择警告色区域，最常用的是利用"吸管工具"，即"取样颜色"在图像上采集的颜色样本选择区域。

- 颜色容差：只有当在"选择"下拉列表框中选择了"取样颜色"，"颜色容差"项才有效，"颜色容差"值越大，每次选取的区域越大。

- 本地化颜色簇/范围：如果已选定"本地化颜色簇"，则使用"范围"滑块以控制选取颜色与取样点的最大和最小距离。例如，在图像的前景和背景中都包含一束黄色的花，如果只想选择前景中的花，则可对前景中的花进行颜色取样，并缩小范围，这样可以避免选中背景中有相似颜色的花。

- 选择"选择范围"项，在本对话框的预视图中可以看到选中与未选中的区域，白色表示已选中区域，黑色表示未选中区域；选择"图像"项，在预视图中可以看到彩色图像。

- 选区预览：利用"选区预览"项可以在原图像窗口上察看选区。如果选项为"无"，没有设置预览方式，原窗口看不到选区，如图 4-38 所示；选项为"灰度"，以"灰度"方式预览选区，原窗口中已选中区域用白色显示，未选中区域用黑色显示，如图 4-39 所示；如果选项为"黑色杂边"，选中区域用彩色显示，未选中区域用黑色覆盖，如图 4-40 所示；如果选项为"白色杂边"，选中区域用彩色显示，未选中区域用白色覆盖，如图 4-41 所示；如果选项为"快速蒙版"，选中区域用彩色显示，未选中区域用半透明蒙版色覆盖，如图 4-42 所示。

图 4-38 无预览选区

图 4-39 "灰度"方式预览

图 4-40 "黑色杂边"方式预览

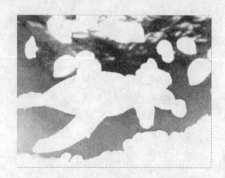
图 4-41 "白色杂边"方式预览

图 4-42 "快速蒙版"方式预览

3 个吸管工具中带加号的吸管工具用来增加颜色选取的区域范围，带减号的吸管工具用来减少颜色选取的区域范围。

单击"存储"或"载入"按钮，把选区保存为.axt 文件。如果单击"确定"按钮，设定的选区直接显示在图像上。

归纳：

使用色彩范围创建选区，通过颜色拾取和选择特定的颜色作为参考，以获取选区。

4.5 选区的控制

选区一旦建立，并非一成不变，在 Photoshop 工具箱和"选择"菜单中，还提供了选区的移动、复制、修改、保存等多项控制功能。

4.5.1 移动选区

选区的移动分为两种情况：移动选区和移动选区及其中的图像。

如果只想移动选区，当选区创建之后，利用键盘上的 4 个方向键，就可以按上、下、左、右 4 个方向移动选区；或者选中任何新建选区工具，把鼠标移动到选区内，当鼠标变成 形状时，按住左键拖动，可以移动选区的虚线边框。打开图像文件"Green Sea Turtle.jpg"，建立选区如图 4-43 所示，移动选区后如图 4-44 所示。

如果选区创建之后，选择工具箱中的"移动工具" ，然后把鼠标置于选区之上，再按住鼠标左键拖动，选区及其中的图像将随鼠标一起移动。图 4-45 为使用移动工具移动选区后的效果。

  图 4-43 创建选区   图 4-44 移动选区边框   图 4-45 使用"移动工具"移动选区

4.5.2 复制选区

选区创建之后，选择工具箱中的"移动工具" ，然后把鼠标置于选区之上，在按下〈Alt〉键的同时按住鼠标左键拖动，可以在同一图像窗口复制选区中的图像内容，如图 4-46 所示。如果使用"移动工具"把选区拖至另一个图像窗口，可以在不同的图像窗口复制选区中的图像内容，如图 4-47 所示。

  图 4-46 在同一图像中复制选区   图 4-47 在不同图像中复制选区

4.5.3 变换选区

选择"选择"→"变换选区"命令后，可以对选区进行纵向或横向拉伸或压缩，还可以移动选区，如图 4-48 所示。

图 4-48 变换选区

4.5.4 调整边缘

在图像上创建选区之后，选择"选择"→"调整边缘"命令，或单击工具选项栏中的
调整边缘... 按钮，可以打开"调整边缘"对话框，如图 4-49 所示。

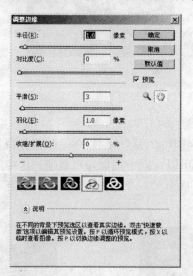

图 4-49 "调整边缘"对话框

在进行选区边缘调整时，首先需要选择一种视图模式，这样可以在不同的背景下预览选区以观察调整结果。"标准模式" 可以预览具有标准选区边界的选区；"快速蒙版模式" 可以将选区作为快速蒙版预览；"黑底模式" 可以在黑色背景下预览选区，例如当选择区域用于新的具有深色背景的图像时，可以选择黑色背景预览选区边缘效果；"白底模式" 可

以在白色背景下预览选区；"蒙版模式"  可以预览用来定义选区的蒙版。

"调整边缘"对话框另外还有 4 个选项。

- 半径：决定选区边界周围的区域大小，将在此区域中进行边缘调整。增加半径可以在包含柔化过渡或细节的区域中创建更加精确的选区边界，如短的毛发中的边界，或模糊边界。
- 对比度：锐化选区边缘并去除模糊的不自然感。增加对比度可以移去由于"半径"设置过高而导致在选区边缘附近产生的过多杂色。
- 平滑：减少选区边界中的不规则区域（"山峰和低谷"）以创建更加平滑的轮廓。
- 羽化：在选区及其周围像素之间创建柔化边缘过渡。
- 收缩/扩展：收缩或扩展选区边界。这对柔化边缘选区进行微调很有用。收缩选区有助于从选区边缘移去不需要的背景色。

以上部分选项与菜单"选择"→"修改"中部分命令的功能相似。

4.5.5 修改选区

在 Photoshop 的"选择"菜单中，提供了修改选区的 5 种方式："边界"、"平滑"、"扩展"、"收缩"和"羽化"。

1. 边界

选择"选择"→"修改"→"边界"命令，打开"边界选区"对话框，如图 4-50 所示。在"宽度"文本框中修改选区边缘的像素宽度。执行了"边界"命令后的选区，实际上是以原选区为中心线，向两侧扩展了宽度项设定的像素宽度，成为一个新的选区。例如边界宽度设置为"20像素"，则会创建一个新的柔和边缘选区，该选区将在原始选区边界的内外分别扩展 10 像素，如图 4-51 所示。

图 4-50 "边界选区"对话框

a)   b)

图 4-51 原选区与进行边界设置后的效果

a) 原选区 b) 进行边界设置后的效果

2. 平滑

选择"选择"→"修改"→"平滑"命令，打开"平滑选区"对话框，在"取样半径"文本框中设置取样半径的值，如图 4-52 所示。执行了"平滑"命令后的原选区的边缘尖锐的部分变得圆滑了。执行"平滑"命令后的选区如图 4-53 所示。

图 4-52 "平滑选区"对话框　　　　图 4-53 "平滑"操作后的选区

3. 扩展

选择"选择"→"修改"→"扩展"命令，打开"扩展选区"对话框，在"扩展量"文本框中设置选区边缘的扩展像素值，如图 4-54 所示。执行了"扩展"命令后的原选区的边缘向外扩大了。执行扩展 20 个像素后的选区如图 4-55 所示。

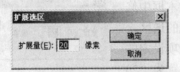

图 4-54 "扩展选区"对话框　　　　图 4-55 扩展操作后的选区

4. 收缩

选择"选择"→"修改"→"收缩"命令，打开"收缩选区"对话框，在"收缩量"文本框中设置选区边缘的收缩像素值，如图 4-56 所示。执行了"收缩"命令后的原选区的边缘向内缩小了。执行收缩 20 个像素后的选区如图 4-57 所示。

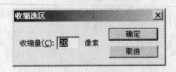

图 4-56 "收缩选区"对话框　　　　图 4-57 收缩操作后的选区

5. 羽化

前面介绍的"选框工具"和"套索工具"的工具选项栏中都可以设置选区的边缘羽化值，

但是它们必须在选区创建之前设定，而"选择"→"羽化"是在选区创建之后再对选区的边界进行柔化处理。

利用前面介绍的任何一种创建选区工具制作一个封闭的选区，选择"选择"→"羽化"命令，打开"羽化选区"对话框，如图 4-58 所示。在"羽化半径"文本框中设置羽化半径值，单击"确定"按钮，羽化选取的效果如图 4-59 所示。

图 4-58　"羽化选区"对话框　　　　　图 4-59　羽化操作后的选区

4.5.6　"扩大选取"和"选取相似"

选择"选择"→"扩大选取"命令可以在原选区的基础上，依据魔术棒的容差值，向相邻区域扩大选区，图 4-60 是初始选区，图 4-61 是执行了扩大选取命令后的选区。

图 4-60　初始选区

图 4-61　扩大选取

选择"选择"→"选取相似"命令可以在原选区的基础上，依据魔术棒的容差值，把图像区域中所有颜色在容差范围内的区域变为选区，图 4-62 执行了选取相似命令后的选区。

图 4-62　选取相似

4.5.7 保存选区

创建和编辑后的选区在以后的图像编辑过程中可能还会用到，但是我们一旦再次建立新的选区，原来的选区就会丢失，这时就需要把选区保存起来。选择"选择"→"存储选区"命令，打开"存储选区"对话框，如图 4-63 所示。

- 文档：在此下拉列表框选择保存选区的文件，默认文档是当前图像文件名，表示在当前文件中建立保存选区的 Alpha 通道，如果选择"新建"，表示在新文件中建立保存选区的 Alpha 通道。
- 通道：在此下拉列表框选择保存选区的通道，可以选择一个已有的通道，把选区保存到原有的通道中，也可以选择"新建"，把选区保存到新通道中。
- 名称：给通道起名。
- 操作：设置新保存选区与原通道中的内容会产生何种运算操作。选择"新通道"，通道中只保留本次操作存储的选区；选择"添加到通道"，把新存储的选区与通道中原有选区进行合并；选择"从通道中减去"，从通道原有选区中减去新存储的选区；选择"与通道交叉"，把新存储的选区与通道中原有选区进行相交运算，最后通道中保存的是他们相交的区域。

执行了"存储选区"的操作后，通道控制面板中就建立一个新的 Alpha 通道，如图 4-64 所示。关于通道的具体内容，将在后面的章节介绍。

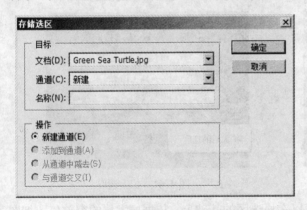

图 4-63　"存储选区"对话框

图 4-64　建立 Alpha 通道

4.5.8 选区控制实例

示例 4-4：制作一个水杯图像。操作步骤如下：

1）新建宽、高为"300×240"，背景为白色的图像。

2）选中"矩形选框工具"，在图像中建立矩形选区，选中"椭圆选框工具"，分别在矩形选区的上部减去、下部增加椭圆选区，并填充"紫色"，如图 4-65 所示。

3）选中矩形选框工具，在图像中建立矩形选区，选中"椭圆选框工具"，分别在矩形选区的上部、下部增加椭圆选区，并填充"灰色"，放置在杯身上部和下部，如图 4-66 所示。

4）杯顶、杯身、杯底渐进填充，按〈Ctrl+D〉键取消选区，效果如图 4-67 所示。

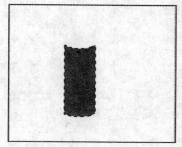
图 4-65 杯身

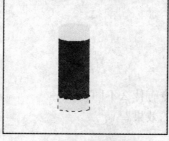
图 4-66 杯顶、杯底

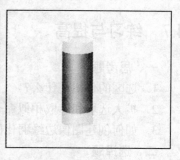
图 4-67 效果图

归纳：

选区的建立不是一成不变的，可以根据需要对选区进行移动、复制、修改、保存等控制操作。

- 移动选区，可以移动的选区或者移动选区及其中的图像。
- 复制选区，就是复制选区及其中的图像到同一图像或其他图像。
- 控制选区，包括修改选区的边界、变换选区，扩展和缩小等改变选区的操作。

4.6　本章小结

本章主要介绍了 Photoshop 的选区操作，包括：如何使用多种方法建立选区，如何对选区进行移动、复制、羽化、修改及保存操作。精确地创建选区并对它实施有效操作，是更好地编辑图像的基础。

Photoshop 提供了建立选区的多种方法，选区工具是建立选区的主要方法。选区工具有：

- 选框工具，用于建立最简单和规则的选区，有"矩形选框工具"、"椭圆选框工具"、"单行选框工具"和"单列选框工具"。
- 套索工具，用于建立不规则的选区，有"套索工具"、"多边形套索工具"和"磁性套索工具"。
- "快速选择工具"、"魔棒工具"用来选择颜色相同或相近的区域。

除此之外，利用颜色的分布特点，选择色彩范围命令来创建选区。

当选区创建之后，利用键盘上的 4 个方向键，或者按住鼠标左键拖动，都可以移动选区的虚线边框；使用"移动工具"可以把选区中的图像随鼠标一起移动。

选框工具和套索工具的工具选项栏中都可以设置选区的边缘羽化值，但是它们必须在选区创建之前设定，而菜单"选择"→"羽化"命令是在选区创建之后再对选区的边界进行柔化处理。

在 Photoshop 的"选择"菜单中，提供了修改选区的 5 种方式："边界"、"平滑"、"扩展"、"收缩"和"羽化"。

"扩大选取"命令是在原选区的基础上，依据"魔棒工具"的容差值，向相邻区域扩大选区。

"选取相似"命令是在原选区的基础上，依据"魔棒工具"的容差值，把图像区域中所有颜色在容差范围内的区域变为选区。

4.7　练习与提高

一、思考题

1. 选区的作用是什么？
2. 扩大选取和选取相似命令有什么不同？
3. 如何创建图像边缘羽化的效果？

二、选择题

1. 在使用"椭圆选框工具"建立一个圆形选区时，应该按下＿＿＿＿＿键。
   A.〈Shift〉　　　　B.〈Ctrl〉　　　　C.〈Alt〉　　　　D.〈Tab〉
2. 在取消选区时，可以使用的快捷键是＿＿＿＿＿。
   A.〈Ctrl+D〉　　　B.〈Ctrl+A〉　　　C.〈Alt+D〉　　　D.〈Alt+A〉
3. 在建立选区时，按＿＿＿＿＿键后，选取可以从内到外扩展。
   A.〈Shift〉　　　　B.〈Ctrl〉　　　　C.〈Alt〉　　　　D.〈Tab〉
4. 选区建立工具有＿＿＿＿＿类。
   A. 9　　　　　　　B. 3　　　　　　　C. 2　　　　　　　D. 4

三、填空题

1. 选区建立的选框工具用于建立规则的选区，选框工具有＿＿＿＿＿、＿＿＿＿＿、＿＿＿＿＿、＿＿＿＿＿。
2. 选区移动有＿＿＿＿＿、＿＿＿＿＿两种。
3. 选区控制包括选区的移动、复制、＿＿＿＿＿、保存等操作。
4. 任何选区建立工具的选项栏都包括＿＿＿＿＿、＿＿＿＿＿、＿＿＿＿＿、"与选区交叉"的选区生成方式。

四、操作指导与练习

（一）操作示例

1. 操作要求

选择合适的照片，根据需要制作出所需尺寸的证件照。

2. 操作步骤

1）打开素材第 04 章的图像文件"boy.jpg"，为了保护原图，在"图层"面板中拖动"背景"图层到图层面板下方的"创建新图层"按钮 ，新建"背景副本"图层，后面的操作都在此图层上，并且取消"背景"图层的可视图标，如图 4-68 所示。

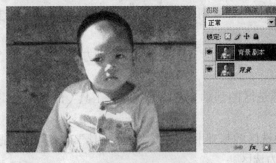

图 4-68　素材文件

2）使用工具栏中的"多边形套索工具" ，沿人物边缘仔细地勾画人物选区，如图 4-69 所示。

图 4-69　选取人物选区

3）选择"选择"→"修改"→"收缩"命令，打开"收缩选区"对话框，使人物选区的边缘向内稍微缩小一些，如图 4-70 所示。

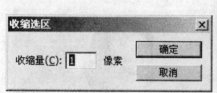

图 4-70　收缩选区

4）选择"选择"→"羽化"命令，打开"羽化选区"对话框，羽化选区可以使人物选区交界变得自然，如图 4-71 所示。

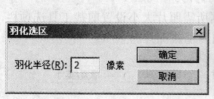

图 4-71　羽化选区

5）选择"选择"→"反向"命令，反选选区，按下〈Delete〉键，删除人物后面的背景，然后按下〈Ctrl+D〉组合键，取消选区，如图4-72所示。

6）单击图层面板下方的"创建新图层"按钮 ，创建一个透明图层"图层 1"，如图4-73所示。

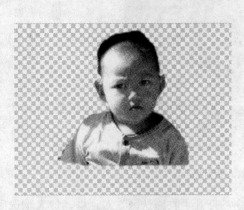

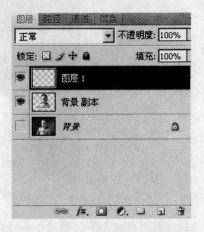

图4-72　删除背景　　　　　　　　　　图4-73　创建"图层1"

7）设置前景色为淡蓝（R：80，G：186，B：248），背景色为白色。选择工具箱中的"渐变工具" ，在"图层1"添加一个从前景色到背景色的线性渐变，然后在"图层"面板中交换"图层1"与"背景副本"图层的图层位置，如图4-74所示。

图4-74　为人物添加背景

8）选中"背景副本"图层，然后单击"图层"面板右侧的黑箭头 ，在弹出的快捷菜单中选择"向下合并"，"背景"图层与"图层1"合并为"图层1"。

9）选择工具栏中的"剪裁工具" ，依据所需照片大小设置剪裁工具选项栏，下面以1寸照片为例，如图4-75所示。然后在"图层1"剪裁图片。

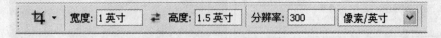

图4-75　设置剪裁工具参数

124

10）创建新文件，设置合适的参数，使其可以放下9张照片，如图4-76所示。

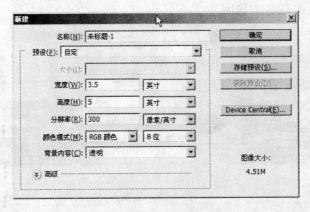

图4-76 新建文件

11）在新建文件中使用"移动工具" ，把在步骤9中已经做好的照片复制过来，并使用移动工具的选项栏进行图层对齐，最后合并新文件中的所有图层，如图6-67所示。

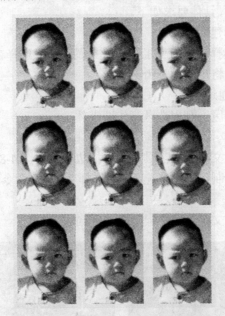

图4-77 证件照效果图

（二）操作练习

第1题：

操作要求：使用多边形套索工具、矩形选框工具及选区收缩、羽化、自由变换、亮度/对比度命令将图像文件阴天.jpg 图像换上图像文件晴天.jpg 图像的天空，如图4-78所示，具体要求如下。

先在图层面板复制阴天.jpg 文件的背景图层，然后使用多边形套索工具勾选出新图层中阴天的天空选区，并删除这部分选区。

再用矩形选框工具选出晴天.jpg 的大部分天空部分，并移动到阴天.jpg 文件中，并对天空图像进行自由变换，再把此图层放置到背景副本图层下方。

最后调整整个图像亮度/对比度。

图 4-78　变换天空

a) 阴天.jpg　b) 晴天.jpg　c) 效果图

第 2 题：

操作要求：使用矩形选框工具、线性渐变工具、斜切命令和存储、载入选区命令制作一个圆锥体，如图 4-79 所示，具体要求如下。

设置背景色为黑色，新建文件。

创建一个矩形选区，选择线性渐变工具，工具属性栏中选择铜色渐变，为矩形填充渐变颜色。使用"斜切"命令，将矩形调整为三角形。

将选区存储到 Alpha1 通道。

在通道内创建圆锥形选区，利用选区制作圆锥体。

第 3 题：

操作要求：利用"横排文字蒙版工具"制作描边字，如图 4-80 所示，具体要求如下。

利用横排文字蒙版工具制作出文字选区后，选择"扩展"命令使文字选区变粗，使用"线性渐变工具"填充选区。

选择"扩展"命令扩大文字选区，最后对选区描边。

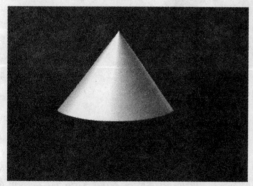

图 4-79　圆锥体效果图　　　　　　图 4-80　描边字效果

第5章 Photoshop 图层

在 Photoshop 中，图层的使用是最重要的内容之一，所有的操作都要在图层上进行，每一个图像文件都离不开图层的表现，任何图像的绘制、修改和制作都是在一个或多个图层上实施的；在这章里将学习如何创建图层、编辑图层，如何利用图层蒙版掩盖不要的，留下需要的图像，如何利用图层样式来美化和修饰图像，如何利用图层模式改变图层达到所需效果。

本章学习目标：
- 了解图层的作用及图层的类别。
- 掌握图层的使用。
- 学会利用图层模式和样式修饰图层内容。
- 掌握图层模式的运用。
- 灵活掌握图层蒙版的运用。

5.1 图层的认识

一个个图层就像一张张"透明纸"，可以把不同的图像放置在不同的图层上，当需要修改某个图像时，找到放置该图像的图层，对其进行修改、编辑甚至删除该图层，都不会破坏其他的图像。在一个图层内没有图像的地方，可以透过该层看到底下的图层效果，如图 5-1 所示。也可以通过改变图层的叠放次序或属性来改变一幅图像的合成模式，以达到理想的效果。

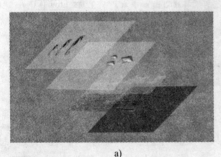

a)   b)

图 5-1　图层合成效果

a) 不同的图层叠放　b) 图层叠放后的效果

5.2 "图层"面板的使用

打开 Photoshop 示例图像 "Flower.psd"，可以看到"图层"面板如图 5-2 所示。

1. 不透明度
一个层的不透明度决定了其下面一层的完全显示程度。其值在 0%～100%之间。当取值为 0%时为完全透明；取值为 100%时，则会完全遮住下面的图层。百分比的数值越大，该层显示越不透明。注意：不能改变"背景"图层、被锁定图层和不可见图层的不透明度。

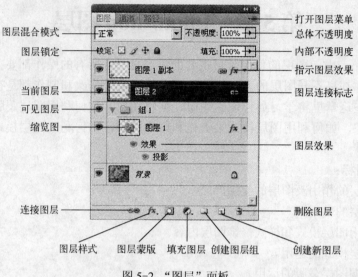

图 5-2　"图层"面板

下面以实例来说明不同的不透明度的显示效果。

示例 5-1：调整不透明度，添加云彩。操作步骤如下：

1）打开素材文件"France.jpg"和"Cloud.jpg"。把"Cloud.jpg"文件的整个图像复制到"France.jpg"文件中，如图 5-3 所示。

图 5-3　打开复制素材文件

2）调整图层不透明度，利用"多边形套索工具"选取选区，调整"不透明度"为"60%"，如图 5-4 所示。

图 5-4　调整"不透明度"选取选区

128

3）选取"图层 2"为当前图层，按下〈Delete〉键删除选区图像并按〈Ctrl+D〉键去掉选区，如图 5-5 所示；选择"图像"→"调整"→"亮度/对比度"，调整云彩亮度效果如图 5-6 所示。

图 5-5　删除部分白云

2. 混合模式

Photoshop 提供了 22 种图层混合模式，在"图层"面板中单击图层混合模式右边的下拉箭头就能看到，如图 5-7 所示。选择不同的图层混合模式能看到当前图层与位于其下面的图层混合叠加到一起的效果。

图 5-6　调整"不透明度"添加白云　　　图 5-7　"图层"面板图层混合模式

选择混合模式和设置"不透明度"会相互影响，它们共同决定图像的显示效果。

下面利用实例介绍部分图层混合模式。

示例 5-2：使用"正片叠底"、"柔光"模式，产生"龙飞凤舞远近风"的效果。操作步骤如下：

1）打开素材文件"background1.jpg"及"background2.jpg"作为背景图层，如图5-8所示。

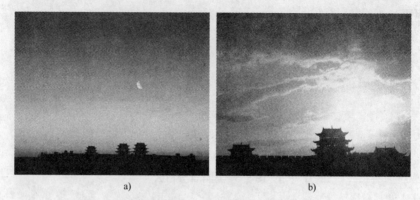

图5-8　打开素材文件

a) background1.jpg　b) background2.jpg

2）制作远近效果。打开素材文件"background2.jpg"并复制到背景文件上，设置图层模式为"正片叠底"，如图5-9所示。

图5-9　制作远近效果

3）添加云彩。打开素材文件"cloud.jpg"并复制到背景文件上，调整"填充"为"43%"，如图5-10所示。

图5-10　添加云彩

4）制作龙飞效果。打开素材文件"drag.jpg"，利用"魔棒工具"，在选项栏中，设置"容差"为"5"，单击黑色并选择"选择"→"选取相似"，复制选区内容到背景文件，得到

130

图层 3；复制"图层 3"为"图层 3 副本"，将"图层 3"作为当前图层，选择"滤镜"→"模糊"→"动感模糊""距离"为"112"，"角度"为"-43°"；将"图层 3 副本"的图层模式设为"柔光"。效果如图 5-11 所示。

图 5-11　龙飞凤舞远近风效果

3. 锁定按钮

如图 5-2 所示，在"图层"面板有 4 个锁定按钮，用来部分或者完全锁定图层，以保护图层内容。

图层被锁定后，在"图层"面板的层名称后面将出现一个"锁"的图标。如果锁图标是实心的，如 🔒，表明图层被完全锁定；如果锁图标是空心的，如 🔓，表明图层被部分锁定。

- 锁定透明像素 ▨：锁定后，透明区域将被保护起来，只能对当前图层的不透明区域进行处理。
- 锁定图像像素 🖉：锁定后，图像的透明与不透明区域都不能进行修改。
- 锁定位置 ✛：锁定后，当前图层的图像位置不能改变。
- 锁定全部 🔒：上面的 3 种情况都被锁定。

归纳：

对于"图层"面板，调整"不透明度"、使用"图层模式"、利用"锁定按钮"都是对图层进行的操作。

- 通过"不透明度"调整图像，产生不同的不透明度的显示效果。
- 通过选择不同的"图层混合模式"能看到当前图层与位于其下面的图层混合叠加到一起的效果。
- 通过使用"锁定按钮"对图层部分或者完全进行锁定，以保护图层内容。

实践：

使用"图层模式"中的正片叠底，产生景物远近的效果。

5.3　图层的基本操作

"图层"面板中的一些功能和面板弹出菜单中的命令是从图层菜单中分离出去的，所以我们将集中讲解图层菜单的各项命令。一些图层的基本概念也会在这一节讲到。

单击"图层"菜单按钮，将打开如图 5-12 所示的图层菜单。

图 5-12 "图层"菜单

5.3.1 新建图层

"新建"命令用来建立一个新的图层。打开"新建"子菜单，如图 5-13 所示。

1. 图层

"图层"选项用于新建一个普通图层。普通图层的建立也可以通过图层面板的 按钮来创建，创建的新图层的默认名称为"图层 1"，"图层 2"，……，可以双击图层名称来重命名。

选择子菜单的"图层"命令，将弹出如图 5-14 所示的"新建图层"对话框。

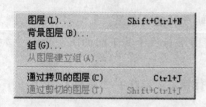

图 5-13 新建图层子菜单

图 5-14 "新建图层"对话框

说明：

● 名称：图层的名称。

● 颜色：用来为"图层"面板中的图层或图层组分配颜色。

● 模式：即新建图层和前一图层的混合模式，各模式的详细内容已经在前面作了介绍。

● 不透明度：设置图层的不透明度，和"图层"面板上的"不透明度"设置相同。

按默认设置或自定义设置完后，单击"确定"按钮完成新建图层。

2. "背景"图层

"背景"图层是一种特殊的图层，它永远位于图层最底层，而且是锁定的，所以很多针对图层的操作在"背景"图层都不能进行。

"背景"图层和普通图层是可以相互转换的，该"背景图层"命令就起转换的作用。如果图像中有"背景"图层，执行这个命令后"背景"图层将转换为普通图层；如果图像中没有背景图层，执行这个命令后最底层的图层将转换为"背景"图层。

小技巧：

"背景"图层转换为普通图层也可以通过双击"图层"面板的"背景"图层来实现。

3. 组

组是将若干图层编为一组，可以看成一个层来进行某些操作。

单击"组"菜单后，将出现如图 5-15 所示的对话框。设置好这些参数后，单击"确定"按钮就可以创建一个图层组。

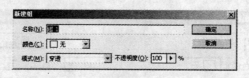

图 5-15 "新建组"对话框

创建图层组也可以通过单击"图层"面板上的 按钮来实现。

4. 从图层建立组

选中几个要放入同一组的图层，选择"从图层建立组"→"确定"命令后，这几个图层将进入同一个组。

5. 通过复制的图层

如果当前图像中有选区，则将把选择区域复制到新建的图层中；如果当前图像没有选区，则将把整幅图像复制到新建的图层中。

6. 通过剪切的图层

如果当前图像有选区，则将把选择区域剪切到新建的图层中；如果当前图像没有选区，这个命令无效。

5.3.2 复制图层

该命令用来将当前图层复制到当前图像或者其他图像中，单击该命令后将打开如图 5-16 所示的对话框。

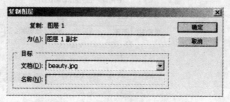

图 5-16 "复制图层"对话框

在第一个文本框中输入图层的名称，在"文档"下拉列表中有当前打开的图像文件列表，可以选择一个文件或者选择"新建"。设置好后按"确定"按钮完成图层复制。

在同一幅图像中复制图层也可以通过"图层"面板来实现，方法是选中要复制的图层，然后把它拖到"新建图层"按钮 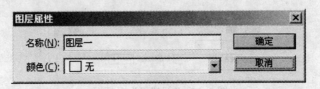 上即可。

5.3.3 删除图层

该命令包含两个删除图层的子命令："图层（或组）"表示删除当前图层；"隐藏图层"表示删除所有隐藏的图层。

删除图层也可以通过"图层"面板来实现：把所要删除的图层用鼠标拖到面板右下角的"删除图层"图标 上；或者选中要删除的图层后单击"删除图层"图标。

5.3.4 图层属性

如图 5-17 所示，该命令用来设置当前图层的两个参数：图层名称与眼睛图标格的颜色。

图 5-17 "图层属性"对话框

"图层属性"也可以通过在"图层"面板上当前层单击鼠标右键，在弹出的菜单中选择"图层属性"来设置。

5.3.5 新建填充图层

在填充图层中可以填充纯色、渐变和图案 3 种内容。当设定新的填充图层时，如果当前图层没有一个激活的路径，系统会同时生成一个图层蒙版；如果当前图像中有一个激活的路径，则同时生成图层剪贴路径，而不是图层蒙版。

打开"新建填充图层"命令子菜单，或者单击"图层"面板上的 按钮，可以创建新的填充图层。该命令的子菜单如图 5-18 所示。

1. 纯色填充图层

选择"纯色"命令后，打开"新建图层"对话框，如图 5-19 所示。

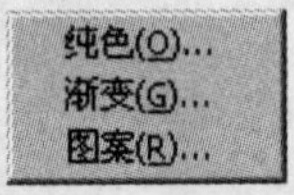

图 5-18 3 种填充图层

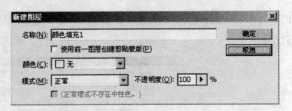

图 5-19 "新建图层"对话框

单击对话框的"确定"按钮，就会打开"拾色器"对话框，选择填充图层颜色

"#d019d7"，在"图层"面板上会出现新的填充图层，如图 5-20 所示。图 5-20a 为图像窗口中新建的纯色填充图像，图 5-20b 为"图层"面板出现的图层缩略图及内容名称。

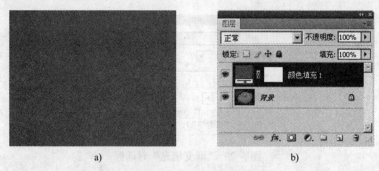

图 5-20　纯色填充图层

a) 新建的纯色填充图像　b) "图层"面板

图 5-21 是在素材"yellowflower.jpg"文件的背景层上新建纯色图层，填充图层使用的颜色为紫色（R：208，G：25，B：215），填充图层的图层混合模式应用为"色相"，结果一张迷人的黄色牡丹就变为诱人的粉色牡丹了。

图 5-21　纯色填充图层应用

a) 原图　b) 效果图

还可以用鼠标单击"图层"面板中纯色填充图层右侧白色的图层蒙版缩略图，然后选择"渐变工具"，设定黑白渐变后，在图像上拖动，可以形成新的填充效果，如图 5-22 所示。

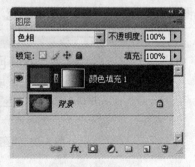

图 5-22　"渐变工具"在纯色填充图层的应用

2. 渐变填充图层

选择"渐变"命令后，打开"渐变填充"对话框，如图 5-23 所示。

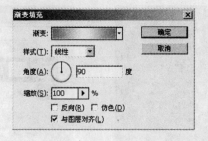

图 5-23 "渐变填充"对话框

- 渐变：单击渐变显示栏，可以打开"渐变编辑器"对话框，修改和定义渐变方式。
- 样式：选择不同的渐变样式，如线性、径向、角度、对称与菱形。
- 角度：渐变以什么角度出现。
- 缩放：渐变的大小。
- 反向：使渐变方向翻转。
- 仿色：得到比较平滑的渐变效果。
- 与图层对齐：可以自动调整渐变与图层对齐。

图 5-24 是渐变填充图层在图像中的应用，渐变填充色为橙-黄-橙渐变。

a)   b)

图 5-24 "渐变填充"图层在图像中的应用

a) 原图　b) 应用"渐变填充"

3. 图案填充图层

选择"图案"命令后，打开"图案填充"对话框，如图 5-25 所示。

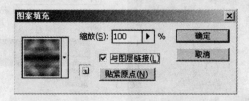

图 5-25 "图案填充"对话框

在此对话框中可以选择填充的图案。

- 缩放：设定图案的大小。

● 与图层链接：选中此项，图案与填充图层之间具有链接关系，图案在图层移动时随图层一起移动。

● 紧贴原点：单击此按钮，可以使图案原点与文档的原点一致。

示例5-3：使用图案填充命令，制作"装饰礼品盒"实例。操作步骤如下：

1）打开图像文件"box.jpg"和"smallflower.jpg"，如图5-26所示。

2）按下〈Ctrl+A〉组合键，把"小花"整个图像作为选区，选择菜单"编辑"→"定义图案"，定义图案的名称为"smallfower"，如图5-27所示。

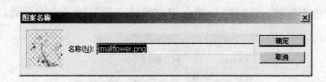

图5-26　素材文件　　　　　　　　图5-27　定义图案的名称

3）利用工具箱中的"多边形套索工具"，勾画出盒子所在的区域，如图5-28所示。

图5-28　勾画出盒子区域

4）选择"图层"→"新建填充图层"→"图案"命令，弹出"新建图层"对话框，如图5-29所示。

5）在"新建图层"对话框中单击"确定"按钮，弹出"图案填充"对话框，如图5-30所示。

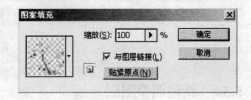

图5-29　"新建图层"对话框　　　　　图5-30　"图案填充"对话框

137

在该对话框中选择合适的图案并设置好参数后单击"确定"按钮，然后在"图层"面板上选择"正片叠底"模式，如图 5-31 所示，这时的图像效果如图 5-32 所示。

图 5-31　图案填充时的"图层"面板　　　　　图 5-32　图案填充效果

6）单击本图层中"图层蒙版缩览图"，如图 5-33 所示，使用"画笔工具" ，选择前景色为黑色，在绿色丝带上进行涂抹，擦除丝带上的花纹，该实例最终效果如图 5-34 所示。

图 5-33　图案填充蒙版　　　　　　　　图 5-34　礼品盒的最终效果

如果需要将填充图层转换为普通图层，可以通过选择"图层"→"栅格化"→"填充内容"命令来转换。上一实例中图 5-33 的填充图层转换为普通图层后，"图层"面板变为图 5-35，转换后的图层不能再更换其他的图案。

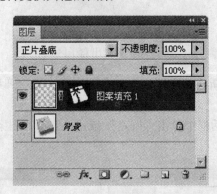

图 5-35　填充图层转换为普通图层

5.3.6　新建调整图层

调整图层主要用来控制色调和色彩的调整，它存放的是图像的色调和色彩，而不存放图像。在调整图层里调节下面层色彩的色阶、色彩平衡等，不会改变下面层的原始图像。

单击"新建调整图层"后，或单击"图层"面板上的 ![]按钮，将弹出如图 5-36 所示的子菜单，通过该菜单可以建立调节各种参数的调整图层。

例如选择"色阶"后，将弹出图 5-37 所示的"色阶"面板和图层面板中会创建新色阶调整图层"色阶 1"，如图 5-38 所示。

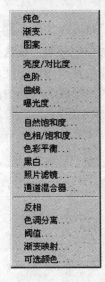

图 5-36　调整图层类型

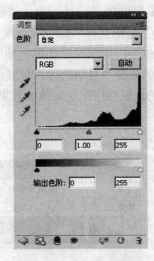

图 5-37　"色阶"面板

图 5-38　色阶调整图层

在调整过程中，可以看到下面图层图像色阶的变化，但它实际上并不会修改下面图层图像的色阶属性。

如果再新建一个曲线调整图层"曲线 1"，如图 5-39 所示，此时色阶与曲线调整图层对下面的两个图像图层都起作用。但是把鼠标移到色阶调整图层与"图案填充 1"图层之间的横线上，按住〈Alt〉键，鼠标变为两个相交的圆，单击鼠标后"色阶 1"图层与"图案填充1"图层变成剪贴蒙版关系，如图 5-40 所示。色阶调整图层只对"图案填充 1"图层起作用，但"曲线 1"图层仍对下面的图层起作用。

图 5-39　新建曲线调整图层

图 5-40　调整图层的剪贴蒙版关系

5.3.7 图层蒙版

图层蒙版的运用在 Photoshop 中占有很重要的地位，它可以控制图层中的不同区域如何被隐藏或者显示，在多个图像的拼合处理中特别有用。

图层蒙版采用灰度区域来表示透明度，不同程度的灰色蒙版表示图像以不同程度的透明度显示。例如，白色区域为透明显示区域，而黑色区域则为隐藏区域。

要新建图层蒙版，首先选择要创建蒙版的图层，然后单击"图层"面板底部的 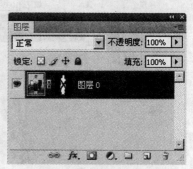 按钮，或者选择"图层"→"图层蒙版"→"显示全部"命令，给图层添加白色蒙版；或选择"图层"→"图层蒙版"→"隐藏全部"命令，给图层添加黑色蒙版（注意背景图层不能创建蒙版）。如果图层中包含有选区，子菜单命令"显示选区"仅显示选区，隐藏选区外的部分，"隐藏选区"作用则相反，给图层中的选区应用图层蒙版的效果如图 5-41 所示。

图 5-41　图层中的选区应用图层蒙版

如果要删除图层蒙版，选择"图层"→"图层蒙版"→"删除"命令即可，或者用鼠标拖动"图层"面板中的图层蒙版缩略图到图层面板下方的垃圾桶 🗑 ，弹出警示对话框，如图 5-42 所示。如果想把蒙版效果合并到图层上，单击"应用"按钮，反之则单击"删除"按钮。

如果要暂时停用图层蒙版而不想删除它，选择"图层"→"图层蒙版"→"停用"命令，"图层"面板中的图层蒙版缩略图上将增加一个红色的叉，图层蒙版不起作用，如图 5-43 所示；如果想恢复图层蒙版，选择"图层"→"图层蒙版"→"启用"命令即可。

图 5-42　删除图层蒙版警示对话框

图 5-43　停用图层蒙版

5.3.8 创建剪贴蒙版

剪贴蒙版是使用图层的内容来蒙盖它上面的图层，基底图层的内容将在剪贴蒙版中裁剪并显示它上方的图层的图像内容。

示例5-4：使用剪贴蒙版，将花的图案制作成蜗牛造型。操作步骤如下：

1）打开图像文件"tortoise.jpg"和"redflowers.jpg"，如图5-44所示。

图5-44 素材文件

a) tortoise 素材   b) redflowers 素材

2）打开"tortoise.jpg"文件的"图层"面板，双击背景图层，修改图层名称为"图层0"，然后使用"魔棒工具"（属性栏设置"容差"为"25"，选中"消除锯齿"和"连续"项）选中灰色背景，然后执行"选择"→"修改"→"羽化"命令，羽化值为"2 像素"；按下〈Delete〉键，删除选区内容，如图5-45所示。

3）按下组合键〈Ctrl+D〉取消选区，使用移动工具把选中的图像移动复制到"redflowers.jpg"文件中，形成"图层1"，双击"背景"图层成为普通图层。调整"图层1"的图像内容与"图层0"内容的位置关系，将图层1移至图层底部，然后在按住〈Alt〉键的同时把鼠标移动到两个图层之间的细线处，鼠标变成两圆相交状态，单击鼠标，两个图层形成剪贴关系，如图5-46所示。

图5-45 抠出图

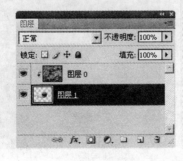

图5-46 剪贴蒙版与效果图

也可以使用菜单命令创建剪贴蒙版，但要先选择"图层"面板中位于上层的图层，再选择"图层"→"创建剪贴蒙版"命令；如果要取消剪贴蒙版，选择"图层"→"释放剪贴蒙版"命令。

5.3.9　智能对象

智能对象是嵌入到当前正在使用的文件中的文件，不会给原始数据造成任何实质性的破坏；它可以自动将其他形式的图像转换为可识别的内容，例如矢量图形；可以将智能对象创建为多个副本，对原始内容进行编辑后，连接的副本都会随之改变；可以随时修改数据。

示例 5-5：使用智能对象，更换背景。操作步骤如下：

打开素材文件"scene.jpg"，选择"图层"→"智能对象"→"转换为智能对象"，在图层的右下端出现一个智能标志，如图 5-47 所示。如果选择多个图层，可将它们放到同一个智能对象中。

图 5-47　转换智能对象

置入外部文件。执行"文件"→"置入"命令，在素材中选取"boat.png"文件。按住〈Shift〉键拖动控制点，调整对象的大小并水平翻转，调整小船图层"不透明度"为"70%"，然后单击"确定"按钮，即可将置入的图像创建为智能对象，如图 5-48 所示。

图 5-48　将置入的图像创建为智能对象

选择背景为当前图层，执行"图层"→"智能对象"→"替换内容"命令，选择素材文件"scene2.jpg"，然后单击"确认"按钮，调整小船的位置，替换背景，如图 5-49 所示。

图 5-49　替换背景

将智能对象转换为普通图层。执行"图层"→"智能对象"→"栅格化"命令，缩略图上的智能对象标志消失，如图 5-50 所示。

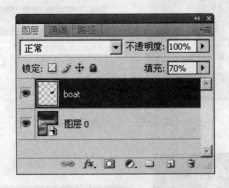

图 5-50　转换为普通图层

5.3.10　智能滤镜

智能滤镜既具有滤镜的功能，可将图像创建为各种特殊的效果，又具有可恢复原始图层的功能，而且不会对原始图像数据造成破坏。

示例 5-6：使用智能对象，不破坏原图像。操作步骤如下：

打开素材图像"scene.jpg"，如图 5-51 所示。选择"滤镜"→"艺术效果"→"涂抹棒"命令设置参数，添加滤镜如图 5-52 所示；选择"图层"→"智能对象"→"转换为智能对象"，"滤镜"→"艺术效果"→"涂抹棒"设置参数，添加智能滤镜如图 5-53 所示。隐藏智能滤镜如图 5-54 所示。

图 5-51　原图像

图 5-52　添加滤镜效果

图 5-53　添加智能滤镜效果

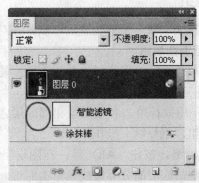

图 5-54　隐藏智能滤镜效果

5.3.11　文字

该命令用来编辑文字图层的文本，如果当前层不是文本图层，则该命令无效。打开的"文字"子菜单如图 5-55 所示。

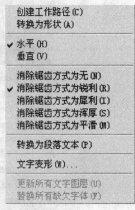

- 创建工作路径：将当前文本转换成工作路径。
- 转换为形状：将当前文本转换为形状。
- 水平：将当前图层的文本变成水平格式。
- 垂直：将当前图层的文本变成垂直格式。
- 消除锯齿选项组：该选项组在文字工具已经介绍过了，用于调整消除文字边缘锯齿的方式。
- 转换为段落文字：将文字转换成段落文本。
- 文字变形：创建文字变形效果，该内容在第 3 章已经介绍了。

5.3.12　栅格化

图 5-55　文字子菜单

该命令用于文字、图形、填充等类型图层的栅格化，即将这些特殊的图层转换为普通图层，然后在这些普通图层上，就可以对文字、图形等使用绘画工具或滤镜，文字图层经栅格化后图标变化如图 5-56 所示。

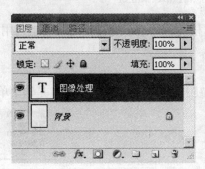
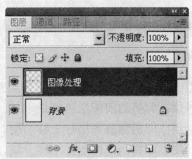

图 5-56　文字图层经栅格化后图标的变化

5.3.13 图层编组

图层组可以用来装载有某些关联的图层，并对这些图层进行管理。

1. 建立和取消图层组

除了通过菜单外，还可以通过"图层"面板建立和取消图层编组。

通过"图层"面板可以很方便地建立图层组。首先选中其中某一图层，然后在按住〈Alt〉键的同时，用鼠标单击和该图层相邻图层之间的分隔线，就完成了图层的编组。如果要为多个图层编组，重复以上操作即可。

要取消图层编组，按住〈Alt〉键，在图层组的分界线上单击即可。如果要取消多个图层的编组，在编组最底层的分界虚线上单击即可。

2. 图层组的基本操作

通过菜单"新建"→"图层组"命令新建一个图层组后，"图层"面板如图 5-57a 所示。

可以通过鼠标拖动层到文件夹图标上，把图层加入到图层组中，如图 5-57b 所示。

图 5-57　图层组

a) 新建图层组　b) 把图层加入到图层组

对图层组的其他操作与对图层的操作基本相同，只是不能直接对图层组应用图层样式。

5.3.14 排列

该命令组用于对各个图层进行排列，即调整图层的叠放次序。图 5-58 是该菜单的子菜单。

- 置为顶层：即将当前图层移到最顶层。
- 前移一层：即将当前图层往上移一层。
- 后移一层：即将当前图层往下移一层。
- 置为底层：即将当前图层移到最低层。如果图像有背景层，

```
置为顶层(F)  Shift+Ctrl+]
前移一层(W)       Ctrl+]
后移一层(K)       Ctrl+[
置为底层(B)  Shift+Ctrl+[
反向(R)
```

图 5-58　排列图层命令组

当前层会被移到背景层的上一层。

● 反向：用于调整至少两个图层或组的顺序。

图层的排列、移动可以通过"图层"面板来操作，也可以用鼠标拖动需要移动的图层到所要移动到的位置。

5.3.15 对齐/分布链接

该命令组是将相关的图层链接起来，是常用的图层操作之一，这样可以将某些图层操作同时作用于具有链接关系的所有图层。

在对齐链接以前，图像中必须有两个或两个以上的图层之间有链接关系。

当图像中有 3 个或 3 个以上的图层链接在一起时，可以使用分布链接。

可以在"图层"面板为多个图层建立链接关系。如图 5-59 所示，在"图层"面板选定要建立链接关系的多个图层，单击"图层"面板下方的链接图标 ，表示选中的多个图层链接到一起。如果要取消链接关系，只需再次单击链接图标 使其消失即可。

打开"对齐"子菜单，如图 5-60 所示。

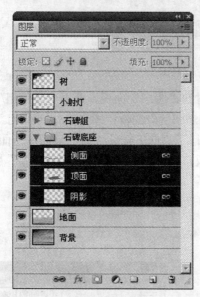

图 5-59　链接图层　　　　图 5-60　"图层"菜单的"对齐"子菜单

● 顶边：将所有链接层以图层中最上边的像素为基准靠上对齐。

● 垂直居中：将所有链接层以图层中垂直方向的中心线为基准，垂直居中对齐。

● 底边：将所有链接层以图层中最下边的像素为基准靠下对齐。

● 左边：将所有链接层以图层中最左边的像素为基准左对齐。

● 水平居中：将所有链接层以图层中水平方向的中心线为基准，水平居中对齐。

● 右边：将所有链接层以图层中最右边的像素为基准右对齐。

如果图像中有链接的层，当单击工具箱中的"移动工具" 时，工具选项栏会出现如图 5-61 所示的对齐/分布按钮。这些按钮的使用方法和图 5-60 所示菜单命令一样。

图 5-61 "移动工具"选项栏

5.3.16 合并图层

该命令组视图层状态而有所不同，主要有以下合并功能：

- 向下合并：将当前层与其下一层合并成为一个新的图层，合并后的图层名称为下一层的名称。
- 合并可见图层：将所有可见图层合并，合并后的名称为当前层的名称。
- 拼合图像：将合并图像中的所有可见图层至背景层。如果有不可见图层，系统将弹出如图 5-62 所示的对话框，单击"确定"后将丢弃不可见图层。

图 5-62 拼合图像

图 5-63 是未做"合并图像"命令操作时的"图层"面板，此时"石碑组"图层为当前图层；图 5-64 是执行了"图层组"命令后的"图层"面板；图 5-65 "小射灯"图层为不可见图层，"地面"为当前图层；图 5-66 是执行了"向下合并"命令后的图层面板；图 5-67 是执行了"合并可见图层"命令后的图层面板；图 5-68 是执行"拼合图像"命令，丢弃了不可见图层后的图层面板。

图 5-63 未合并图层面板

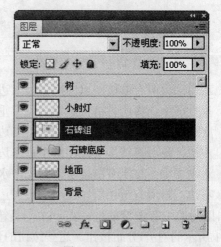

图 5-64 合并图层组

图 5-65　原图层面板

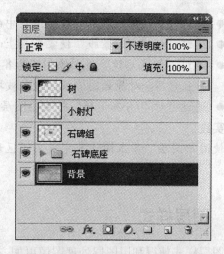

图 5-66　执行"向下合并"后的图层面板

图 5-67　执行"合并可见图层"后的图层面板

图 5-68　执行"拼合图像"后的图层面板

5.3.17　修边

该命令用于修整在图像的复制、粘贴等操作过程中，产生的图像边缘不平滑或带有原图像背景的黑色或白色边缘。其子菜单如图 5-69 所示。

- 去边：根据用户输入的边缘宽度，用周围的颜色替换掉粘贴图像边缘带有的原图像颜色。

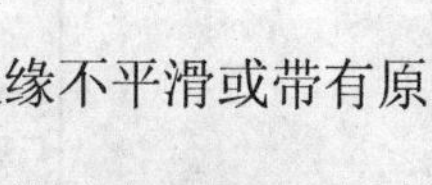

去边(D)…
移去黑色杂边(B)
移去白色杂边(W)

图 5-69　"修边"子菜单

- 移去黑色杂边：可以去除图像边缘的黑色杂边。
- 移去白色杂边：可以去除图像边缘的白色杂边。

归纳：

第 5.3 节对关于"图层"的基本操作进行了详细介绍，包括"新建"图层、"复制图层"、"删除"图层、"图层属性"、"新建填充图层"、"新建调整图层"、"图层蒙版"、"创建剪贴蒙版"、"智能对象"、"智能滤镜"、"文字"、"栅格化"、"图层编组"、"排列"、"对齐/分布"链接、"合并图层"、"修边"等命令；

- 通过"图层蒙版"可以控制图层中的不同区域如何被隐藏或者显示。
- 通过"创建剪贴蒙版"使蒙盖在上面图层内容的形状呈现下面图层内容的形状。
- 通过"智能滤镜"将图像创建为各种特殊的效果，但具有可恢复原始图层的好处，而且它不会对原始图像数据造成破坏。
- 通过"对齐/分布链接"将某些图层操作同时作用于具有链接关系的所有图层。

实践

使用"图层"基本操作来完成不同区域的隐藏和显示以及利用"剪贴蒙版"获得所需图形。

5.4 图层样式

图层样式使得利用图层处理图像更加方便，用户可以套用 Photoshop 提供的许多图层样式，在进行一些参数设置后，能在图像上制作出特殊效果。充分地运用图层样式，是为图像处理增辉的重要手段。

5.4.1 图层样式的基本操作

1. "图层样式"对话框

图层样式的设置是通过"图层样式"面板来实现的。

选择"图层"→"图层样式"命令或者单击"图层"面板底部的"添加图层样式"按钮 ，选择好所要添加的图层效果后，将弹出如图 5-70 所示的"图层样式"对话框，在该对话框里可以对选择的效果进行进一步的设置。

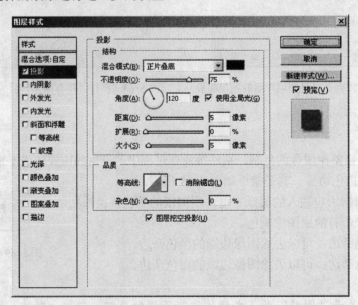

图 5-70 "图层样式"对话框

图 5-70 中的"样式"栏是系统预设的一些样式，可以在图层中直接应用，也可以对这些样式进行新建、删除、载入等操作。其详细操作参见本章稍后的"样式面板"。

各种样式的应用效果将在后面详细介绍。

2．应用图层样式

打开"图层样式"对话框后，可以对各种效果的各项参数进行设置，也可以在同一个图层上应用多种样式。设置完成后单击"确定"按钮就可以把样式应用到当前图层上。这时"图层"面板如图 5-71 所示。

图 5-71　应用"图层样式"后的"图层"面板

用户可以在"图层"面板中通过单击眼睛图标 来控制样式的显示与隐藏。

3．修改图层样式

如果要修改已经应用的样式，可以直接双击"图层"面板中的样式名称，打开如图 5-70 所示的"图层样式"对话框，然后可以对已有样式的参数进行设置或者新建样式。

4．复制图层样式

选择要复制图层样式，选择"图层"→"图层样式"→"拷贝图层样式"命令，然后在"图层"面板中选择要应用图层样式的其他图层，选择"图层"→"图层样式"→"粘贴图层样式"命令，完成图层样式的复制，把样式复制到文字层，图层及效果如图 5-72 所示。

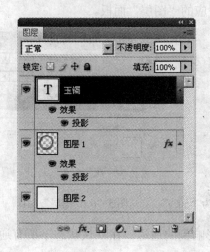

图 5-72　复制图层样式

5．删除图层样式

把所要删除的图层样式拖到"图层"面板下面的"删除图层"图标上 ，或者在样式名称上单击鼠标右键，在弹出的菜单中选择"清除图层样式"命令即可删除图层样式。

5.4.2 样式介绍

1．混合选项

在"图层样式"对话框的混合选项中，除了前面介绍的常规混合模式外，还有"高级混合"等选项。

下面我们介绍高级混合：

- 填充不透明度：与图 5-2 所示"图层"面板上的"内部不透明度"设置一样。与图层不透明度不同的是，填充不透明度的设置不会对该层样式的不透明度产生影响。例如，图 5-73 的"不透明度"和"填充不透明度"都是"100%"；图 5-74 的"不透明度"为"50%"，"填充不透明度"为"100%"；图 5-75 的"不透明度"为"100%"，"填充不透明度"为"50%"。

图 5-73 "不透明度"和"填充不透明度"都是 100%

图 5-74 "不透明度"为"50%"，"填充不透明度"为"100%"

可以看出，图 5-74 的实物和投影均变得透明了一些，而图 5-75 的实物变得透明了而投影的不透明度却没有改变，图 5-76 是与之对应的"图层"面板。

图 5-75 "不透明度"为 100%，"填充不透明度"为"50%"

图 5-76 "图层"面板

- 通道：用于设置高级图层选项所会影响到的通道，在默认状态下所有通道皆处于选中状态。
- 挖空：可以选择无、浅和深 3 种挖空模式。

● 混合颜色带：可以将图层间混合模式限制于某种条件下才会发生作用。

2．投影

该命令用于为图层内容添加投影，产生阴影效果，如图 5-75 所示。

图 5-70 就是设置投影参数的"图层样式"对话框。

● 角度：指光照角度。可以用鼠标拖动指针或者输入角度值来设置。

● 使用全局光：可以定义一个用于图像中所有图层的光照角度，保证所有图层效果的光线一致。如果不选择该选项，则角度的调节只作用于当前层。

● 距离：设置投影偏移图像的距离。

● 扩展：设置模糊之前扩大投影边界的数值。

● 大小：设置投影的模糊程度。

● 等高线：可以在如图 5-77 所示的面板中选择样式的轮廓。

● 消除锯齿：即消除轮廓边缘锯齿。

● 杂色：为阴影加入杂色的数量。

3．内阴影

该样式和"投影"样式的原理一样，只是内阴影在图层的内侧产生投影。"内阴影"参数设置如图 5-78 所示。

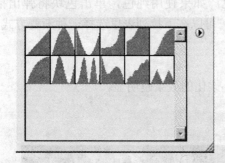

图 5-77　等高线

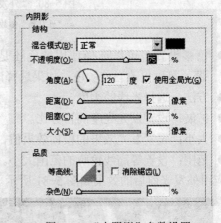

图 5-78　"内阴影"参数设置

图 5-79 是应用"内阴影"样式前后的效果。

a)

b)

图 5-79　内阴影效果

a) 应用前　b) 应用后

4．外发光

"外发光"样式用于设置在图像的外缘发光的效果。"外发光"参数设置如图 5-80 所示，其中有各种样式都会用到的参数，在此不再重复介绍。

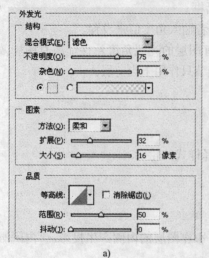

a)   b)

图 5-80 "外发光"参数设置及效果

a) "外发光"参数设置   b) "外发光"效果

- 色彩设置：可以选择使用纯色还是渐变色。如果使用纯色，单击色块将弹出拾色器，可以更改当前颜色；如果选择渐变色，可以在下拉列表里选择一种渐变方式。
- 方法：选择光线的柔度。
- 扩展：设置发光亮度的百分比。
- 大小：设置发光效果的模糊效果值，值越小柔化的效果越明显。
- 范围：设置等高线轮廓的范围大小。

应用外发光前后的效果如图 5-81 所示。

a)   b)

图 5-81 "外发光"效果

a) 应用前   b) 应用后

5．内发光

"内发光"样式用于设置在图像内部产生一种发光效果，与"外发光"样式的基本设置和原理是一样的。

光源从中心和从边缘发出的效果图分别如图 5-82 和图 5-83 所示。

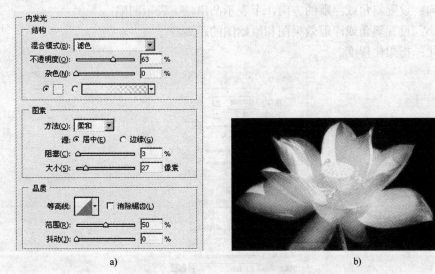

a)   b)

图 5-82   光源从中心发出样式的设置及效果

a) 将"源"设置为"居中"   b) 光源从中心发出的效果

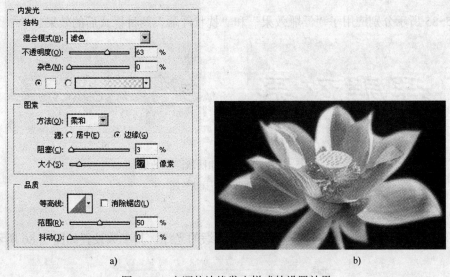

a)   b)

图 5-83   光源从边缘发出样式的设置效果

a) 将"源"设置为"边缘"   b) 光源从边缘发出的效果

6. 斜面和浮雕

该样式使图像产生浮雕的效果，参数设置如图 5-84 所示。

- 样式：选择斜面和浮雕的样式。"外斜面"指沿图像的外边缘创建斜面；"内斜面"指沿图像的内边缘创建斜面；"浮雕效果"指相对于下一层创建一个凸出的浮雕效果；"枕状浮雕"指图像的边缘陷进下面图层的效果；"描边浮雕"指图像的边框线陷进下面图层的效果。
- 方法：设置斜角或浮雕的柔度，有"平滑"、"雕刻清晰"和"雕刻柔和"三个选项。

155

- 深度：设置斜角或浮雕的深度，其值越大，效果越明显。
- 方向：设置斜角或浮雕的方向，上表示凸出，下表示凹陷。
- 大小：设置斜角或浮雕效果图和原始图的距离。
- 软化：指柔化程度。

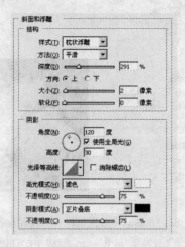

图 5-84 "斜面和浮雕"参数设置面板

图 5-85 所示分别应用了"浮雕效果"和"枕状浮雕"两种样式后的效果。

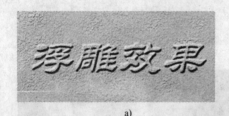 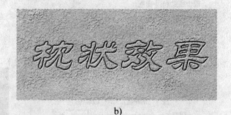

a)　　　　　　　　　　　　　　　　　b)

图 5-85 浮雕效果和枕状浮雕效果

a) 浮雕效果　b) 枕状效果

7. 光泽

该样式用于为图像染色，产生一种类似于绸缎的光泽，其参数设置如图 5-86 所示。

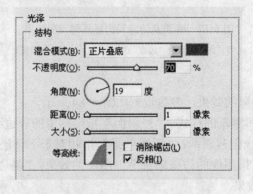

图 5-86 "光泽"参数设置

图 5-87 是运用光泽样式前后的效果。

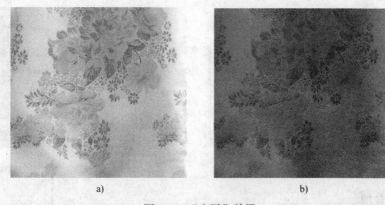

a)   b)

图 5-87 "光泽"效果

a) 原图 b) "光泽"效果

8. 颜色叠加

"颜色叠加"样式相当于在图层中不透明的区域覆盖一层彩色纸,参数设置如图 5-88 所示。

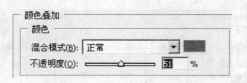

图 5-88 "颜色叠加"参数设置

图 5-89 是运用了"颜色叠加"样式前后的效果。

a)   b)

图 5-89 "颜色叠加"效果

a) 原图 b) "颜色叠加"效果

9. 渐变叠加

与"颜色叠加"类似,"渐变叠加"表示在图层中不透明区域用渐变色覆盖,参数设置如图 5-90 所示。

"渐变叠加"样式的参数设置和前面介绍过的"渐变填充"一样,可以设置渐变种类和样式等。

图 5-91 是运用了"渐变叠加"的效果。

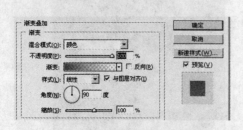

图 5-90 "渐变叠加"参数设置

图 5-91 "渐变叠加"效果

10. 图案叠加

与"颜色叠加"、"渐变叠加"相似,"图案叠加"指用图案覆盖图层中的不透明区域,参数设置如图 5-92 所示。图 5-93 运用了"图案叠加"的效果。

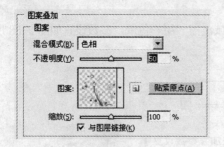

图 5-92 "图案叠加"参数设置

图 5-93 "图案叠加"效果

11. 描边

该样式用来为图层中的内容添加描边效果,参数设置如图 5-94 所示。

- 大小:指所描边的像素宽度。
- 位置:可以选择外部、内部或者居中,这是相对于图像边缘线来说的。
- 填充类型:可以选择颜色、渐变和图案填充。

图 5-95 运用了"描边"样式的效果。

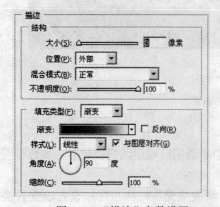

图 5-94 "描边"参数设置

图 5-95 "描边"效果

5.4.3 "样式"面板

在 Photoshop CS4 中的"样式"面板如图 5-96 所示。

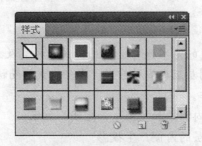

图 5-96 "样式"面板

用户可以在"样式"面板中为图层应用样式，也可以进行新建、载入、删除等操作。

1. 套用预设样式

选中要套用样式的图层，然后在图 5-96 所示的面板中直接单击需要套用的样式，就完成了样式的套用。套用了图 5-97 所示样式的效果如图 5-98 所示。

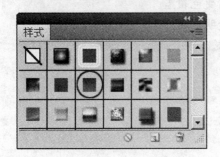

图 5-97 预设样式面板

图 5-98 套用预设样式的效果

2. 新建样式

用户可以在如图 5-97 所示的样式面板中设置好各种样式的参数后，单击"新建样式"按钮来进行新样式的创建。

单击"新建样式"按钮后将出现如图 5-99 所示的对话框。

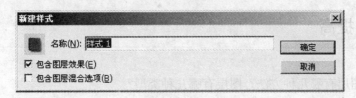

图 5-99 "新建样式"对话框

- 名称：为新样式命名。
- 包含图层效果：将设置的样式添加到样式中。
- 包含图层混合选项：将图层混合选项添加到样式中。

选项设置好后单击"确定"按钮就完成了新建样式，新建的样式将出现在如图 5-97 所示的样式面板中，用户可以和其他预设面板一样对其进行操作。

3. 样式的其他操作

可以通过"样式"面板的弹出菜单进行样式的其他操作，例如复位、载入、存储、替换和删除等。

归纳：

第 5.4 节对"图层样式"的基本操作、图层样式的种类及效果、"样式"面板进行了详细介绍。用户可以在同一个图层应用多种样式；在"样式"面板中为图层应用样式，也可以进行新建、载入、删除等操作。

- 通过"投影"为图层内容添加投影，产生阴影效果。
- 通过"内阴影"在图层的内侧产生投影。
- 通过"外发光"使图像的外缘产生发光效果。
- 通过"内发光"在图像内部产生发光效果。
- 通过"斜面和浮雕"使图像产生浮雕的效果。
- 通过"光泽"为图像染色，类似绸缎光泽。
- 通过"颜色叠加"为图像上色，相当于覆盖一层彩色纸的效果。
- 通过"渐变叠加"在图层中不透明区域用渐变色覆盖。
- 通过"图案叠加"用图案覆盖图层中的不透明区域。
- 通过"描边"为图层中的内容添加描边效果。

实践：

使用"图层样式"为图像设计最佳效果。

5.5 本章小结

本章主要介绍了图层的概念、"图层"面板的组成、"图层"主菜单所涉及的命令；详细介绍了"图层"面板的属性，包括"不透明度"参数的调整、图层混合模式中各种命令的应用、各种图层样式的参数设置及样式效果；简要介绍了图层"样式"对话框中如何套用预设样式、如何新建样式等图层的基本操作方法。掌握图层应用技术，不但会为图像处理带来极大的方便，也是进行各种特效制作的基础。

5.6 练习与提高

一、思考题

1. 创建新图层有哪几种方法？图层有哪几种类型？
2. 如何将背景图层转换为普通图层？
3. 如何将已有的多个图层放在同一个图层组中？
4. 怎样将连续的图层和不连续的图层链接起来？
5. 在图层中，整体不透明度和内部不透明度有什么区别吗？请举例说明。

二、选择题

1. 在 Photoshop 中，工作的图层是_____。

A．"背景"图层　　　B．当前图层　　　　　C．形状图层　　　D．普通图层

2．在 Photoshop 中，将当前图层加上投影，选择_____。

A．图层模式　　　B．图层填充　　　　C．图层样式　　　D．图层蒙版

3．当选择多个不连续的图层时，应按住_____键。

A．〈Shift〉　　　B．〈Ctrl〉　　　　C．〈Alt〉　　　D．〈Ctrl+Shift〉

4．以下说法错误的是_____。

A．调整"图层"面板的"不透明度"主要用于设置图层整体的不透明度

B．调整"图层"面板的"填充值"主要用于设置图层内部图像的不透明度

C．填充和调整图层是在不改变整个图像像素值的情况下将调整效果应用于多个图像

D．当变换结束时，按下空格键可以确认变换操作

5．在移动工具的选项栏中，"自动对齐图层"对话框中的投影选项不包括_____。

A．移动　　　　B．透视　　　　　C．调整位置　　　D．球面

三、填空题

1．在"图层"面板有 4 个锁定按钮，用来部分或者完全锁定图层，以保护图层内容。这 4 个锁定按钮分别是_____、_____、_____和_____。

2．背景层转换为普通层也可以通过_____"图层"面板的"背景"图层来实现。

3．选中几个要放入同一组的图层，单击"_____"菜单后，这几个图层进入同一个组。

4．在填充层中可以填充_____、_____和_____3 种内容。

5．"图层蒙版"的运用可以控制图层中的不同区域如何被_____或者_____，在多个图像的拼合处理中特别有用。

四、操作指导与练习

（一）操作示例

1．操作要求

打开"指定盘\Photoshop CS4\Chapter5 图层素材\实验一\示例"文件夹，将"building1"和"building2"两张图片素材（如图 5-100 所示）合成一张完整图像，如图 5-101 所示；并放入经过变形和加有图层样式的文字"完美造型"，效果如图 5-102 所示。

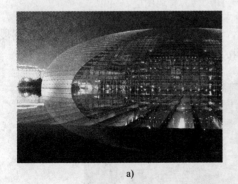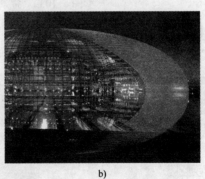

a)　　　　　　　　　　　　　　　　　　b)

图 5-100　素材

a) 素材"building1"　b) 素材"building2"

2．操作步骤

1）打开素材文件"building1"，双击"背景图层"，弹出"新建图层"对话框，单击"确定"按钮，将"背景"图层转换为普通图层"图层0"，如图5-103所示。

图5-101　完整组合

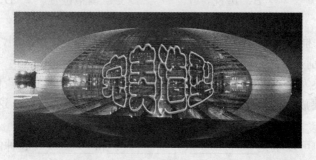

图5-102　完美造型

图5-103　"背景"图层转为普通图层

2）选择"图像"→"画布大小"命令，弹出"画布大小"对话框。将"宽度"设为"32厘米"，如图5-104所示。单击"确认"按钮，效果如图5-105所示。

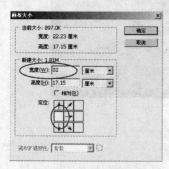

图5-104　修改画布大小

图5-105　扩大后的画布

3）打开素材文件"building2"，将图像复制到"building1"中，并移动到合适位置，如图 5-106 所示；单击"图层"面板上的"添加图层蒙版"命令，如图 5-107 所示。

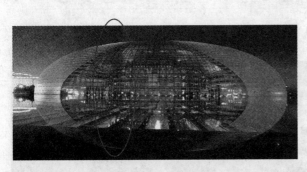

图 5-106　放置重叠位置

图 5-107　添加图层蒙版

4）选择"画笔工具"，在选项栏里设置画笔为"柔角 100"；前景色为黑色；此时"蒙板"处于被选中状态，开始在重叠部分轻轻涂抹，如图 5-108 所示；然后，选择图层 3 缩略图，利用"色相/饱和度"命令调整图像的色调，参数设置如图 5-109 所示；最终得到效果图，如图 5-110 所示。

图 5-108　蒙版作用

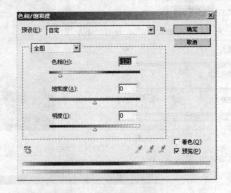

图 5-109　调整色相饱和度

图 5-110　完整图形效果

5）选择"文字工具"，输入"完美造型"，选项栏设置如图 5-111 所示，添加文字效果如图 5-112 所示。选择"变形文字"命令，设置参数如图 5-113 所示。选择"图层面板"→"添加图层样式"→"混合选项"命令，在"图层样式"对话框中，选取"投影"、

"内发光"、"斜面和浮雕"，如图 5-114 所示。最终效果如图 5-115 所示。

图 5-111　横排文字工具选项栏设置

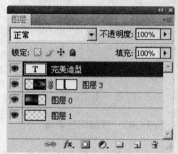

图 5-112　添加文字效果

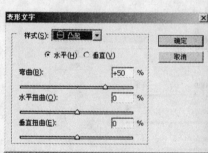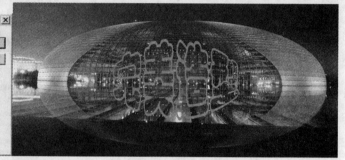

图 5-113　设置变形文字效果

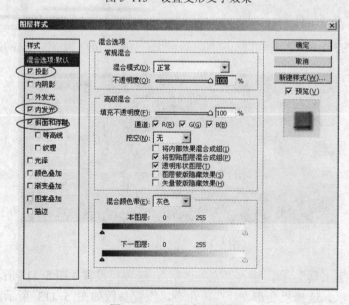

图 5-114　设置默认值属性

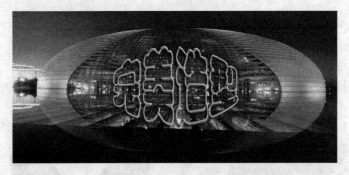

图 5-115 "完美造型"效果

（二）操作练习

第 1 题：

操作要求：打开"指定盘\Chapter5 图层\素材"文件夹，选择文件"littleboy.jpg"，按照如下题目要求制作效果为"小小乐队"如图 5-116 所示。

图 5-116 小小乐队

1）打开文件 littleboy.jpg，复制背景层。

2）扩展画布大小："图层"→"画布大小"，要求画布宽度是原来的两倍。

3）调整两个图层的相对位置，给顶端的图层添加蒙版；利用"画笔工具"进行涂抹。

4）利用"裁剪工具"，调整画面。

5）利用"渐变工具"，添加红色带。

6）输入文字；利用"变形文字"命令进行调整。

第 2 题：

操作要求：打开"指定盘\Chapter5 图层\素材"文件夹，选择文件"waterfall.jpg"，按照如下题目要求制作效果为"飞流直下"，如图 5-117 所示，具体要求如下：

图 5-117 "飞流直下"效果图

1）利用颜色减淡工具，将图像较暗的区域调亮。

2）输入文字，采用隶书加粗，字体大小为"80 像素"。

3）根据文字选区，抠出背景色文字。

4）添加图层样式，制作浮雕效果。

第 3 题：

操作要求：打开"指定盘\Chapter5 图层\素材"文件夹，素材文件如图 5-118 所示。

图 5-118　素材

a) 素材 1　b) 素材 2

按照如下题目要求完成操作，制作效果为"飞翔的汽车"，如图 5-119 所示。

图 5-119　"飞翔的汽车"效果图

按照如下题目要求完成操作，具体要求如下：

1）创建黑色背景图像。先把"背景色"调整为"黑色"；各参数设置如图 5-120 所示。

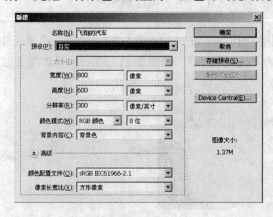

图 5-120　新建文件参数设置

2）创建"方形"填充图案。前景色设置为"#ed0afb"，各参数设置如图 5-121 所示。

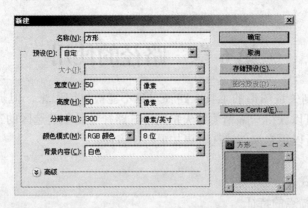

图 5-121 "方形"参数设置

3）将"方形"定义为图案。

4）将"方形"填充到"飞翔的汽车"。

5）利用"扭曲变换"制作切面空间。

6）从背景中提取汽车。

7）从背景中提取蝴蝶翅膀。

8）为汽车插上翅膀。

9）分别将汽车和翅膀变色，使其与环境适应。

10）最后添加汽车的影子。

第6章 路径的使用

路径是一种绘制矢量图形的工具，路径本身不能被打印出来，但是通过对路径进行描边、填充等操作，可以获得一幅精美的矢量图形。路径还是创建选区的工具，由于对路径可以进行随意调整，所以用它来创建选区更加灵活、方便。

本章学习目标：

- 认识绘图模式。
- 认识路径与锚点的特征。
- 学会绘制和编辑路径。
- 掌握路径的描边与填充操作。
- 学会路径与选区之间的转换。

6.1 认识绘图模式

当用户选择了工具栏中的"钢笔工具"或"矢量工具"后，在它们的工具属性栏中都有可供选择的绘图模式，如图 6-1 所示。用户在绘制图形前，应首先选择绘图模式。

图 6-1 绘图模式

1. 形状图层

按下"形状图层"按钮 后，只要使用"钢笔工具"或"矢量工具"在图像工作区绘制图像，就会在"图层"面板产生一个独立的形状图层，如图 6-2 所示。

形状图层是带图层矢量蒙版的填充图层，填充图层可以定义形状的颜色，而图层矢量蒙版定义形状的几何轮廓。通过编辑形状的填充图层并对其应用图层样式，可以更改其颜色和其他属性；通过编辑形状的图层矢量蒙版，可以更改形状的轮廓。

形状图层左边的图标表示形状填充的颜色，右边的图标显示了图层的矢量蒙版，表示图像的显示和隐藏区域。

图 6-2 形状图层

2. 路径

按下"路径"按钮 后，只要使用"钢笔工具"或"矢量工具"在图像工作区绘制图像，就会在"路径"面板产生一个工作路径层，如图 6-3 所示。

图 6-3 "路径"面板

当选中此选项后，在图像中拖曳鼠标就可以创建新的工作路径，在"路径"面板中就可以看见创建的路径。工作路径是一个临时路径，不是图像的一部分，主要用于定义形状的轮廓，可以通过"路径"面板中的菜单命令将其存储、填充颜色、描边颜色和转换选区。

3．填充像素

按下"填充像素"按钮□后，可以使用形状工具在当前的图层中直接创建栅格化图形，而非矢量图形，"路径"面板中也设有路径，图形中的颜色由当前的前景色自动填充。

归纳：

用户在绘制图形前，应首先选择绘图模式。

● 按下"形状图层"按钮□后，只要使用"钢笔工具"或"矢量工具"在图像工作区绘制图像，就会在图层面板产生一个独立的形状图层。

● 按下"路径"按钮□后，只要使用"钢笔工具"或"矢量工具"在图像工作区绘制图像，就会在"路径"面板产生一个工作路径层。

● 按下"填充像素"按钮□后，可以使用形状工具在当前的图层中直接创建栅格化图形，而非矢量图形，图形中的颜色由当前的前景色自动填充。

6.2　绘制和编辑路径

6.2.1　路径的基本概念

1．路径

路径是由一个或多个点、直线或曲线构成，每条线段的端点叫做锚点，在画面上以小方格表示，实心的方格表示被选中的锚点。曲线上的锚点两端带有控制句柄，曲线的形状由它来调整，如图 6-4 所示。

图 6-4　路径的组成

2．平滑点

平滑点处于平滑过渡的曲线上，两侧各有一条控制句柄，当调节其中的一条控制句柄时，另外的一条也会相应地移动，如图 6-5 所示。

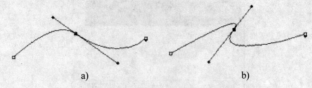

图 6-5　调节平滑点控制句柄

a) 平滑点　b) 调节一条控制句柄，另外一条也会相应地移动

3. 拐点

拐点连接的可以是两条直线、两条曲线，或者是一条直线和一条曲线，两侧也各有一条控制句柄，但当调节其中的一条控制句柄时，另外的一条不会做相应地移动，如图 6-6 所示。

图 6-6　调节拐点控制句柄

a) 拐点　b) 调节一条控制句柄，另外一条不会相应地移动

6.2.2　绘制路径

路径的创建主要使用"钢笔工具"和"自由钢笔工具"，在绘制路径之前，要在工具属性栏选择绘图方式，如图 6-7 所示。要创建路径，应该选择第 2 项，即"路径"选项。

图 6-7　"钢笔工具"属性栏

"钢笔工具"属性栏还提供了 6 类形状路径，分别是："矩形路径" □、"圆角矩形路径" □、"椭圆形路径" ○、"多边形路径" ○、"直线形路径" ＼和"自定义形状路径" ❀。用户利用它们可以非常快捷地绘制出各种形状的路径。单击 6 类形状路径右侧的"几何选项" ▾，弹出的对话框还允许对形状路径进行修改设置。

选中"自动添加/删除"选项，可以方便地添加和删除锚点。

路径组合方式与选区的运算方式非常相似，"添加到路径区域" □，表示原路径加上新路径为结果路径；"从路径区域减去" □，表示原路径减去新路径为结果路径；"交叉路径区域" □，表示原路径与新路径相交部分为结果路径；"重叠路径区域除外" □，表示原路径加上新路径的和减去原路径与新路径相交部分为结果路径。

使用钢笔工具还可以直接绘制路径。

示例 6-1：使用"钢笔工具"绘制直线，操作步骤如下：

1）选择工具箱的"钢笔工具" ♦，并按下其工具属性栏中的"路径"按钮 。

2）在图像工作区上单击鼠标，创建第一个锚点，如图 6-8 所示。

3）把光标移到图像工作区的另一个位置，再单击鼠标，创建第二个锚点，在两个锚点之间自动连接上一条直线，如图6-9所示。

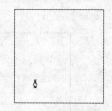

图6-8　创建第一个锚点

图6-9　绘制直线

4）如果再依次单击鼠标，可以创建连续的直线路径，如图6-10所示。

路径绘制结束时，如果绘制开放路径，单击工具箱中的"直接选择工具" ，然后在图像工作区单击鼠标左键即可；如果要绘制闭合路径，把光标移至路径的起点，光标变为 形状时，单击鼠标即可，如图6-11所示。

图6-10　创建连续的直线路径

图6-11　创建闭合路径

示例6-2：使用"钢笔工具"绘制曲线，操作步骤如下：

1）选择工具箱的"钢笔工具" ，并按下其工具属性栏的"路径"按钮 。

2）在图像上单击鼠标，创建第一个点，这时不要松开鼠标，拖动鼠标到图像的其他位置，出现以起点为中心的一对控制句柄，如果要使曲线向上拱起，从下向上拖动控制句柄，如图6-12所示；如果要使曲线向下凹进，则从上向下拖动控制句柄。

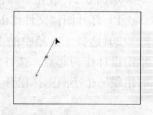

图6-12　创建曲线的第一个点

3）绘出第一条控制句柄后，松开鼠标，在图像其他位置单击，创建第 2 个锚点，在两个节点之间将自动连接上一条线，如图 6-13 所示。创建第 2 个锚点后不松开鼠标，继续拖动它的控制句柄，可以调节曲线的形状，如图 6-14 所示。

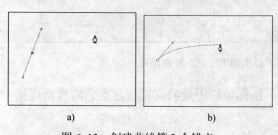

　　　　a)　　　　　　　　　　　　　　b)

图6-13　创建曲线第 2 个锚点

a) 在其他位置单击　b) 两个节点之间自动连线

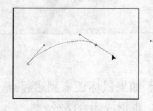

图6-14　调节曲线的形状

如果在选择"钢笔工具"时，在其工具属性栏中单击自定形状工具右侧的"几何选项"

按钮，勾选"橡皮带"选项，如图 6-15 所示，则绘制路径时，钢笔移动到任何位置，都可以看到将创建的路径，如图 6-16 所示。

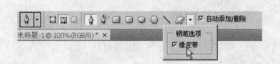

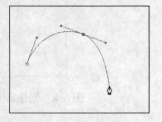

图 6-15　勾选"橡皮带"选项　　　　　　　图 6-16　预见创建的路径

6.2.3　使用自由钢笔工具绘制路径

使用"自由钢笔工具" 可以绘制不规则的曲线或者勾画不规则图形的轮廓。"自由钢笔工具"的使用方法就像是用钢笔在纸上绘画，光标移动轨迹就是绘制的路径形状。选择自由钢笔工具后，单击其工具属性栏中"自定义形状工具"右侧的"几何选项" 按钮，可以对"自由钢笔选项"进行设置，如图 6-17 所示。

● 曲线拟合：鼠标移动的灵敏度，该值越高，路径上形成的锚点越少，路径越简单。

示例 6-3：使用"自由钢笔工具"绘制路径，操作步骤如下：

1）打开图像文件"flower1.jpg"。

图 6-17　"自由钢笔选项"的设置

2）选择工具箱中的"自由钢笔工具" 。在花轮廓的某一位置单击鼠标作为起点，按住左键沿轮廓线拖动鼠标，当鼠标与起点重合时出现一个小圆圈，松开左键，创建轮廓的闭合路径，如图 6-18 所示。

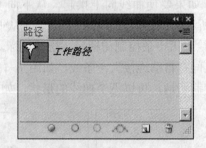

图 6-18　使用"自由钢笔工具"绘制路径

如果鼠标还未到达起点，双击鼠标，鼠标最后所处的位置与起点之间自动连接一条直线，也形成闭合路径。

6.2.4　使用磁性钢笔工具绘制路径

选择"自由钢笔工具"后，只要在其工具属性栏中勾选"磁性的"，"自由钢笔工具"就转换为"磁性钢笔工具"。使用"磁性钢笔工具"也可以勾画不规则图形的轮廓，它比"自由钢笔工具"更加精确。

示例 6-4：使用"磁性钢笔工具"绘制路径，操作步骤如下：

1）打开图像文件"flower2.jpg"，如图 6-19 所示。

2）选择工具箱中的"自由钢笔工具"，选中"自由钢笔工具"属性栏的"磁性的"选项。

3）在花的某一位置单击鼠标作为起点，不用按住鼠标左键，只要沿轮廓线拖动鼠标，经过之处，"磁性钢笔工具"会自动绘制出紧靠轮廓的路径。当鼠标与起点重合时出现一个小圆圈，单击鼠标，创建轮廓的闭合路径如图 6-20 所示。如果鼠标还未到达起点，双击鼠标，鼠标最后所处的位置与起点之间自动连接一条直线，也形成闭合路径。

图 6-19　打开图像文件

图 6-20　使用"磁性钢笔工具"绘制路径

单击"自由钢笔工具"属性栏中"自定形状工具"右侧的"几何选项" 按钮，弹出"自由钢笔选项"，如图 6-21 所示。

- 曲线拟合：鼠标移动的灵敏度，该值越高，路径上形成的锚点越少，路径越简单。
- 磁性的：当此选项被勾选，表示磁性钢笔有效。
- 宽度："磁性钢笔工具"检索图像边缘的搜寻范围，该值越大，搜寻范围越广。
- 对比："磁性钢笔工具"对图像边缘的敏感程度，当该值很大时，只能检索到和背景对比度很大的物体边缘。

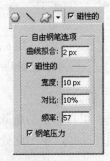

图 6-21　设置"自由钢笔选项"

- 频率：定义路径上锚点的密度，该值越大，锚点的密度越大。
- 钢笔压力：钢笔压力控制检测宽度，压力越大，检测宽度越小。

归纳：

使用"钢笔工具"和"自由钢笔工具"可以绘制路径，在绘制路径之前，要在工具属性栏选择绘图方式为"路径"方式。

- 使用"自由钢笔工具"可以绘制不规则的曲线或者勾画不规则图形的轮廓。
- 使用"磁性钢笔工具"也可以勾画不规则图形的轮廓，它比"自由钢笔工具"更加精确。

实践：使用"钢笔工具"绘制一个五角星路径。

6.3　编辑路径

已经创建完成的路径，用户可以对它进行选择、修改和删除等操作。

6.3.1　编辑锚点

1．选择、移动锚点

使用工具箱中的"直接选择工具" ▶ 单击锚点就可以选中该锚点，选中的锚点为实心方块，未选中的为空心方块。如果要选择多个锚点，可以按住〈Shift〉键，再单击需要选择的其他锚点。

选中锚点后，按住鼠标左键不放并拖动，可以移动锚点的位置。

2．增加锚点

选中工具箱上的添加"锚点工具" ✿，把鼠标移动到要修改的路径的某一处（此处位于两个点之间），这时鼠标右下侧出现加号，单击此处，路径的这一位置就增加了一个锚点，如图 6-22 所示。然后可以调整锚点的位置，或改变锚点两侧路径的平滑度，如图 6-23 所示。

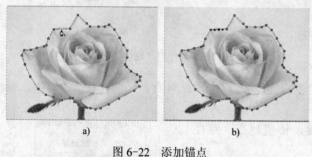

图 6-22　添加锚点

a) 移至要添加锚点的位置　b) 添加锚点

图 6-23　编辑锚点

3．删除锚点

选中工具箱上的删除"锚点工具" ✍，将鼠标指向到路径上要删除的锚点，这时鼠标右下侧出现减号，单击此处，路径上的这一锚点就被删除，如图 6-24 所示。

图 6-24　删除锚点

a) 选择要删除的锚点　b) 效果图

4．变换锚点

利用"转换点工具"，可以使平滑点与拐点相互转换。

选中工具箱上的"转换点工具" ，把鼠标移动到路径上的某一点（或为平滑点或为拐点）单击。如果转换的这个点是曲线的平滑点，单击后相连的两条曲线变为直线，然后按住鼠标拖动，可拖出两条互不干扰的控制句柄，平滑点变为拐点，如图 6-25 所示；如果转换的这个点是拐点，拖出控制句柄后变为曲线的平滑点，原拐点两侧的两条控制句柄变为一条控制句柄，如图 6-26 所示。

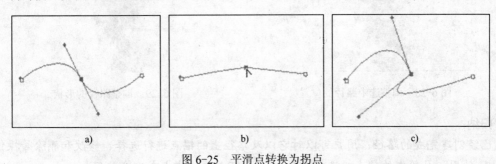

图 6-25　平滑点转换为拐点

a) 原曲线　b) 单击后相连的两条曲线变为直线　c) 拖出控制句柄后平滑点变为拐点

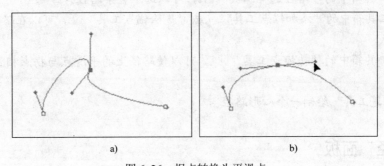

图 6-26　拐点转换为平滑点

a) 原曲线　b) 拖出控制句柄后拐点变为平滑点

6.3.2　编辑路径

1. 选择、移动路径

使用工具箱中的"路径选择工具" 单击路径就可以选中整条路径；如果要选择部分路径，就要选中工具箱中的"直接选择工具" ，然后按住鼠标左键拖出一个虚线方形，方形中包围的路径即被选中；如果要选择整个路径，按住〈Alt〉键，单击路径，整个路径被选中。

在按住〈Shift〉键的同时连续单击选择路径，可以选中多条路径。

选中路径后，按住鼠标左键不放并拖动，能够将路径拖动到其他位置，如图 6-27 所示。

2. 调整路径

选中工具箱中的"直接选择工具" ，选择图像路径中要调整的部分，如果要调整选中路径的位置，只要用鼠标拖动到新位置即可，如图 6-28 所示；如果要调整锚

图 6-27　移动路径

点两侧路径的形状，调整所选锚点两侧的方向控制句柄即可，如图 6-29 所示。

图 6-28　调整选中路径的位置

图 6-29　调整路径的形状

归纳：

已经创建完成的路径，用户可以对它以及路径上的锚点进行选择、修改和删除等操作。

● 使用工具箱中的"直接选择工具" ，可以选择锚点或部分路径。
● 使用工具箱中的"路径选择工具" ，可以选中整条路径。
● 使用工具箱中的"添加锚点工具" 或"删除锚点工具" ，可以在路径上添加或删除锚点。
● 使用工具箱中的"转换点工具" ，可以使路径上的平滑点与拐点相互转换。

实践：

使用"钢笔工具"绘制一个心形路径。

6.4　"路径"面板

"路径"面板可以对路径进行填色、描边、转换选区等多种操作。选择"窗口"→"路径"命令，打开"路径"面板，如图 6-30 所示。

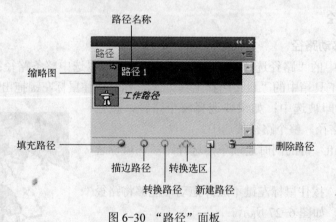

图 6-30　"路径"面板

6.4.1　新建路径

在一个没有建立路径，也没有按下"路径"面板中"新建路径"按钮 的图像中，直接使用"钢笔工具"绘制路径，系统将自动创建一个工作路径。工作路径是一个临时路径，将工作路径转换为路径的方法很简单，只要将工作路径拖到"路径"面板中的"新建路径"按钮 上即可。

单击"路径"面板上的"新建路径"按钮 ，在路径面板上按照"路径 1"、"路径 2"……的默认名称创建新路径层，但是此时新路径层内并无路径，可以在选中的路径层中创建路径。建立多个路径层是有必要的，因为处于同一路径层中的路径的操作基本是一致的，如果要对他们分别操作，就要使他们处于不同的路径层中。

6.4.2 填充路径

路径内部可以使用前景色、背景色、图案及历史记录等内容进行填充。默认情况下，单击"路径"面板下方的"填充路径"按钮 ，即可为当前路径填充前景。如果需要其他设置，单击"路径"面板右上角的菜单按钮 ，在弹出的快捷菜单中选择"填充路径"命令，或者在按住〈Alt〉键的同时单击"填充路径"按钮 ，打开"填充路径"对话框，如图 6-31 所示。

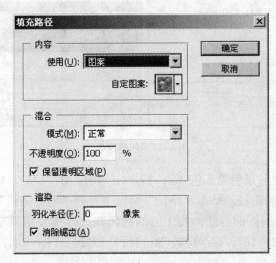

图 6-31　"填充路径"对话框

- 使用：在此下拉列表框中可以选择使用前景色、背景色、图案、历史画笔、黑色、50%的灰度或白色填充路径。如果选择使用"图案"填充路径，在"自定图案"中，选择图案样式。
- 模式：在此下拉列表框中可以选择填充内容的混合模式。
- 不透明度：设置填充内容的透明度，值越大，透明度越低。
- 保留透明区域：选中此项，保留图像中的透明区域。
- 羽化半径：设置路径边缘的羽化程度，范围是 0～250。
- 消除锯齿：选中此项，路径边缘变得光滑。

示例 6-5：对路径进行填充，操作步骤如下：

1）新建文件：单击"文件"→"新建"命令，文件参数设置如图 6-32 所示。

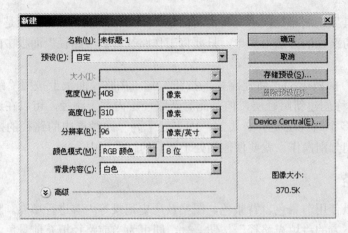

图 6-32　新建文件

2）创建路径：使用工具箱中的"钢笔工具"绘制徽标，如图 6-33 所示。

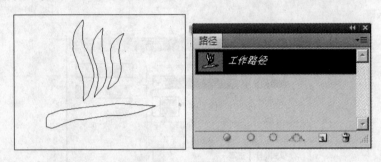

图 6-33　创建路径

3）填充路径：设置前景色为蓝色（R：17，G：101，B：173），使用工具箱中的"路径选择"工具选中最下方的路径，单击"路径"面板下方的"填充路径"按钮，将下方的封闭路径内部填充蓝色。用同样的方法，将上方的封闭路径内部分别填充黄色（R：255，G：185，B：43），绿色（R：167，G：197，B：111）和红色（R：241，G：74，B：58），如图 6-34 所示。

图 6-34　使用不同颜色分别填充不同路径

6.4.3　描边路径

路径创建好之后，可以使用不同的颜色和不同的绘画工具勾画路径的边框。默认情况下是使用"画笔工具"，以前景色描边，所以只要设置好"画笔工具"的选项，选择一种满意的前景色，然后单击"路径"面板的"描边路径"按钮  即可。

如果需要其他绘图工具描边，单击"路径"面板右上角的菜单按钮 ，在弹出的快捷菜单中选择"描边路径"命令项，或者在按住〈Alt〉键的同时单击"描边路径"按钮 ，打开"描边路径"对话框，如图 6-35 所示。

在工具下拉列表框中选择一种绘画工具（在此项操作之前已经在工具选项栏中设置好此绘画工具的属性），然后单击"确定"按钮即可。

示例 6-6：对路径描边，操作步骤如下：

1）打开文件：单击"文件"→"打开"命令，打开图像文件"flower5.jpg"，如图 6-36 所示。

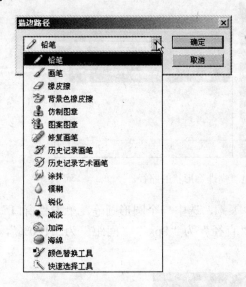

图 6-35 "描边路径"对话框

图 6-36 打开图像文件

2）追加形状。单击工具箱中的"自定义形状"工具 ，在其工具属性栏中选择"路径"绘图模式，并单击"形状"右侧的 按钮，如图 6-37 所示，然后单击弹出的形状列表框右上角的 按钮，选中"蝴蝶"，在弹出的系统提示对话框中单击"追加"按钮，如图 6-38 所示。

图 6-37 "形状工具"选项栏

图 6-38 追加形状

3）创建路径：在形状列表框中选择"蝴蝶"形状，如图 6-39 所示。在图像上拖拽出

"蝴蝶"形状的路径,如图 6-40 所示。

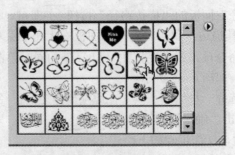

图 6-39 在形状列表框中选择"蝴蝶"形状

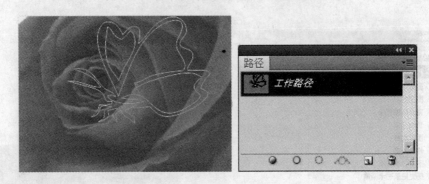

图 6-40 在图像上拖拽出"蝴蝶"形状的路径

4)编辑画笔:选择工具箱中的"画笔"工具 ,选中一个圆形画笔,单击"窗口"→"画笔"命令,打开"画笔"面板,设置笔尖"直径"为"8px","间距"为"120%",如图 6-41 所示。

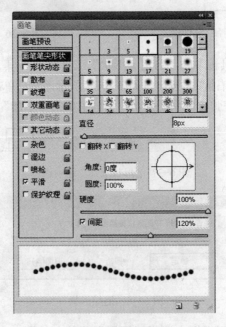

图 6-41 编辑画笔

5）描边路径：设置前景色为白色，单击"路径"面板下方的"描边路径"按钮 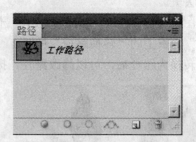，以新设的画笔为路径描边，然后在"路径"面板的空白处单击，隐藏路径，描边后效果如图 6-42 所示。

图 6-42　描边路径

6.4.4　路径转换到选区

使用"路径"面板可以将封闭的路径转换为选区。由于可以对路径进行精细调整，因此用户在创建复杂选区时，往往先制作路径，将路径调整后，再转换为精确的选区。单击"路径"面板下方的"转换选区"按钮 ⃝ ，就可以实现闭合路径向选区的转换，如图 6-43 所示。

图 6-43　路径转换为选区

由于路径转换的选区不带有羽化效果，如果需要对转换的选区增加羽化效果或消除锯齿，或者从当前的选区中添加或减去闭合路径，也可以将闭合路径与当前的选区结合，并与原选区进行运算，那么单击"路径"面板右上角的菜单按钮 ，在弹出的快捷菜单中选择"建立选区"命令项，或者在按住〈Alt〉键的同时单击转换选区按钮，利用"建立选区"对话框（如图 6-44 所示），可以实现选区羽化、选区运算等操作。

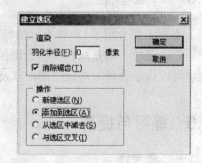

图 6-44　"建立选区"对话框

181

6.4.5 选区转换到路径

所有制作好的选区都可以转换为路径，转换成路径后，一方面可以保存，以后使用时可以再次转换选区，另一方面可以精确调整选区中不满意的地方，但是转换后原选区中的羽化效果将会丢失。

打开图像文件"children.jpg"，使用磁性套索工具创建人物的选区，如图 6-45 所示。单击"路径"面板上的"转换路径"按钮 ，将选区转换为路径。

选区转换为路径后，可以修改路径，提高轮廓勾画的精确性，如图 6-46 所示。

图 6-45　使用"磁性套索工具"创建人物的选区

图 6-46　选区转换为路径后进行调整

归纳：

使用"路径"面板，用户可以对路径进行新建、填充、描边、删除、路径与选区的相互转换等操作。

- 路径内部可以使用前景色、背景色、图案及历史记录等内容进行填充。
- 可以使用画笔、橡皮擦、图章工具等多种绘图工具进行路径描边。
- 由于可以对路径进行精细调整，因此用户在创建复杂选区时，往往先制作路径，将路径调整后，再转换为选区。
- 所有制作好的选区都可以转换为路径，转换成路径后，可以精确调整选区中不满意的地方，但是转换后选区中的羽化效果将会丢失。

实践：选择一个图像文件，分别使用"钢笔工具"和"套索工具"绘制图像中一个物体的选区。

6.5　本章小结

本章主要介绍了 3 种不同的绘图模式，介绍了路径与锚点的特征；介绍了如何创建路径、修改路径、填充路径和描边路径，还介绍了路径与选区的相互转换及其应用。通过本章的学习应该学会利用路径绘图，以及创建精确的选区。

6.6　练习与提高

一、思考题

1. 在 Photoshop 中路径能实现哪些功能？

2. "钢笔工具"工具选项栏中有哪几种绘图模式,各有什么作用?

3. 如何使用钢笔工具创建选区?

4. "路径"面板可以实现路径的哪些操作?

5. 工具箱中的路径选择工具和直接选择工具有什么区别?

二、选择题

1. 选择"钢笔工具"的哪种绘图模式,可以直接绘制像素图像?

    A. 形状图层   B. 路径   C. 填充像素   D. 几何选项

2. _____两侧的控制句柄会被同时调整。

    A. 拐点   B. 锚点   C. 实心点   D. 平滑点

3. 使用"钢笔工具"绘制路径时,想要预先看到钢笔移动到其他位置将创建的路径,应设置钢笔的"_____"属性。

    A. 橡皮带   B. 曲线拟合   C. 频率   D. 钢笔压力

4. 以下关于"曲线拟合"的说法,正确的是_____。

    A. "曲线拟合"值越大,路径上形成的锚点越多

    B. "曲线拟合"值越大,路径上形成的锚点越少

    C. "曲线拟合"值越小,路径上形成的锚点越少

    D. "曲线拟合"值与路径上形成的锚点数无关

5. 在一张景物图中,图中物体与背景颜色对比度不大,可选择_____勾画物体轮廓。

    A. 自由钢笔工具   B. 钢笔工具

    C. 转换点工具   D. 磁性钢笔工具

三、填空题

1. 使用"自由钢笔工具"绘制路径时,其属性"曲线拟合"的值越高,路径上形成的锚点_____。

2. 如果使用"自由钢笔工具"绘制闭合路径,鼠标还未到达起点,双击鼠标,将_____。

3. 利用_____工具,可以转换锚点的性质。

4. 如果要对已创建的选区进行精确调整,应该_____。

5. 如果需要使用橡皮擦给路径描边,应该_____。

四、操作指导与练习

(一)操作示例

1. 操作要求

制作一张冬运会海报,按照如下题目要求完成操作,具体要求如下:

1)打开图像文件"sports.jpg",使用"钢笔工具"勾画人物轮廓路径。

2)对图像应用径向模糊滤镜。

3)对当前径向模糊效果创建一个快照,并将快照设置为历史记录的源。

4)利用"历史记录"面板,将图像恢复到滤镜前状态。

5)利用"路径"面板,将人物以外的区域转换为选区。

6)使用历史记录填充路径。

7)使用"钢笔工具"绘制徽标路径,并填充颜色,添加"内发光"、"投影"和"斜面

与浮雕"效果。

8）利用自定形状工具制作雪松路径，并为雪松路径填充颜色、描边。

2．操作步骤

1）打开图像文件"sports.jpg"，如图6-47所示。

图6-47　打开图像文件

2）制作路径：使用工具箱中的"钢笔工具"勾画人物轮廓路径，如图6-48所示。

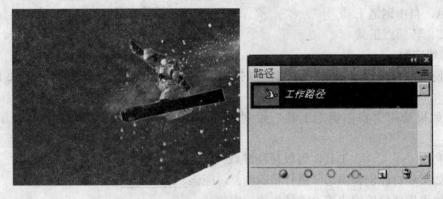

图6-48　制作人物路径

3）清除历史记录：打开"历史记录"面板，如果在制作路径时"新建锚点"的步骤较多，在"历史记录"面板上看不到"打开"步骤，就单击"历史记录"面板右上角的菜单按钮，在弹出的快捷菜单中选择"清除历史记录"命令项，"历史记录"面板清除以前的操作记录，只保留最后的步骤"闭合路径"，如图6-49所示。如果"历史记录"面板上仍保留有"打开"步骤，不用进行此步骤的操作。

图6-49　清除历史记录

4）应用径向模糊滤镜：单击"滤镜"菜单下的"模糊"→"径向模糊"命令，设置模糊"数量"为"45"，"模糊方法"为"缩放"，将"中心模糊"的中心移至右侧稍向上的位置，单击"确定"按钮，如图 6-50 所示。

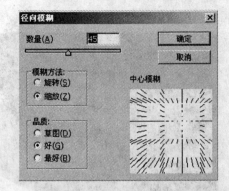

图 6-50　应用径向模糊滤镜

5）创建快照：打开"历史记录"面板，单击面板下方的"创建新快照"按钮 ，对当前径向模糊效果创建一个快照，如图 6-51 所示。在"快照 1"前面方框处单击，将历史记录的源设置为"快照 1"，如图 6-52 所示。

图 6-51　创建快照　　　　　　图 6-52　设置"快照 1"为历史记录的源

6）图像恢复到滤镜前状态：如果未操作过步骤 3），选中"历史记录"面板的步骤"打开"，如果操作过步骤 3），选中"历史记录"面板的步骤"闭合路径"，将图像恢复到滤镜前状态，如图 6-53 所示。

图 6-53　将图像恢复到滤镜前的效果

7）将路径转换为选区：打开"路径"面板，单击面板下方的"将路径转换为选区"按钮 ，将路径转换为选区，如图 6-54 所示。

8）反选选区：单击"选择"→"反向"命令，将人物之外的内容转换为选区，如图 6-55 所示。

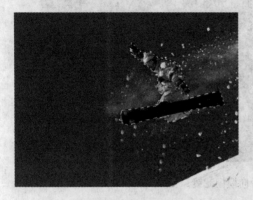

图 6-54　路径转换为选区　　　　　　　　图 6-55　反选选区

9）将选区转换为路径：打开"路径"面板，单击面板下方的"将选区转换为路径"按钮，将人物以外的选区轮廓转换为路径，如图 6-56 所示。

图 6-56　选区转换为路径

10）填充路径：单击"路径"面板右上角的菜单按钮，在弹出的快捷菜单中选择"填充路径"命令项，弹出"填充路径"对话框，在"使用"下拉列表框中选择"历史记录"，"羽化半径"为"3"，如图 6-57 所示。

图 6-57　填充路径

11）创建路径：单击"路径"面板下方的"新建路径"按钮 ，新建路径"路径1"，并且单击"图层"面板下方的"新建图层"按钮 ，在新创建的图层"图层 1"上使用"钢笔工具"绘制 LOGO，如图 6-58 所示。

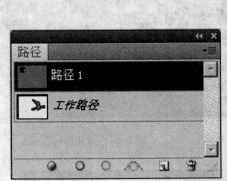

图 6-58　绘制 LOGO 徽标路径

12）填充路径：使用直接"选择工具" 选中徽标的最上端的"环形"封闭路径，设置前景色为红色（R：244，G：18，B：7），单击"路径"面板右上角的菜单按钮 ，在弹出的快捷菜单中选择"填充子路径"命令项，弹出"填充子路径"对话框，在"使用"下拉列表框中选择"前景色"，"羽化半径"为"1"，如图 6-59 所示。

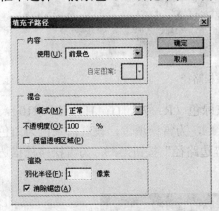

图 6-59　填充路径

13）使用同样的方法分别为其他子路径填充颜色，子路径由上至下，由左至右填充的颜色分别为紫色（R：42，G：23，B：114）、黄色（R：241，G：198，B：4）、桔红色（R：244，G：42，B：6）、紫色（R：42，G：23，B：114）和黄色（R：241，G：198，B：4），如图 6-60 所示。

14）添加图层样式：单击"图层"面板下方的"添加图层样式"按钮 ，按默认值为图层添加"内发光"、"投影"和"斜面与浮雕"效果，如图 6-61 所示。

15）新建雪松路径：单击"路径"面板下方的"新建路径"按钮 ，新建"路径2"，再单击"图层"面板下方的"新建图层"按钮 ，新建"图层 2"，在新创建的图层"图层2"上使用"钢笔工具"绘制雪松路径，如图 6-62 所示。

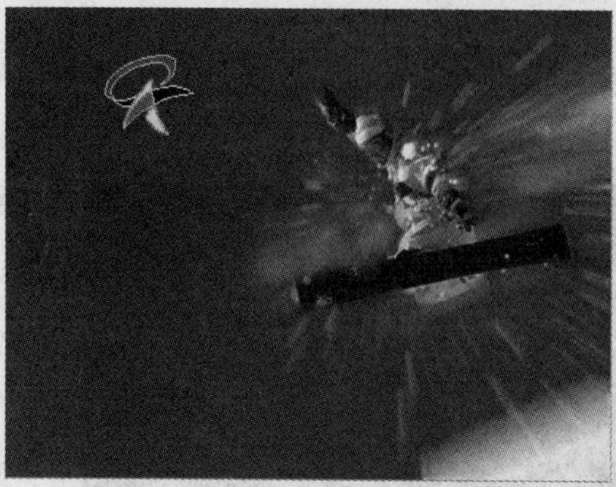

图 6-60　分别填充子路径

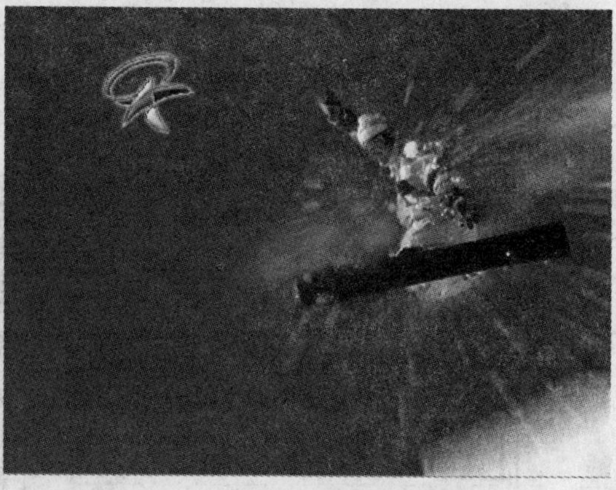

图 6-61　添加图层样式

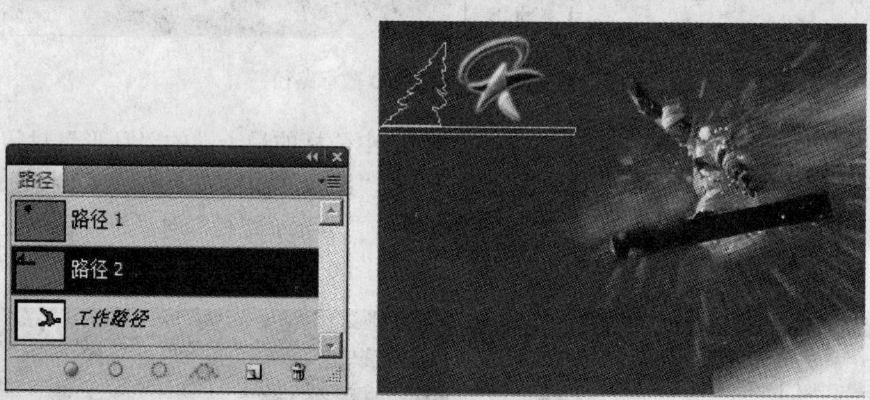

图 6-62　新建雪松路径

16）填充颜色与描边路径：设置前景色为灰绿色（R：72，G：111，B：110），单击“路径”面板下方的“用前景色填充路径”按钮，为雪松填色，设置前景色为白色，画笔大小为 4，单击“路径”面板下方的“用画笔描边路径”按钮，为雪松路径描边，如图 6-63 所示。

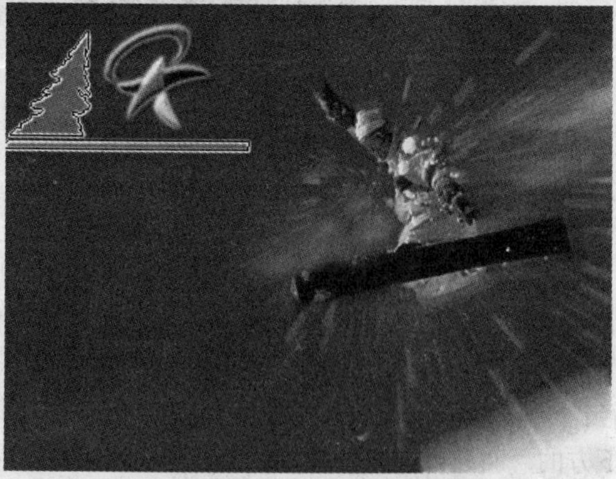

图 6-63　填充路径、描边路径

（二）操作练习

第1题：

操作要求：使用"钢笔工具"替换人物背景，效果如图 6-64 所示。按照如下题目要求完成对图像的操作：

a)   b)

图 6-64　替换背景效果

a) 原图　b) 效果图

1）打开图像文件"boy.jpg"，使用"钢笔工具"沿人物的边缘绘制一条封闭路径，按下"从路径中减去"按钮 ⌐，再在两侧胳膊下方架空处分别绘制一条封闭路径。

2）利用"路径"面板将路径转换为选区。

3）将选区收缩2像素，再羽化2像素。

4）将选区复制粘贴到新背景图像中。

5）调整新图层中图像的大小与位置。

第2题：

操作要求：使用"钢笔工具"绘制一个青苹果，如图 6-65 所示。试按以下操作要求，完成图像的绘制。

图 6-65　绘制一个青苹果效果图

1）新建一个 RGB 图像文件，使用"钢笔工具"绘制一个简单的图形，如图 6-66 所示。

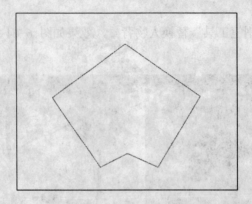

图 6-66　使用"钢笔工具"绘制图形

2）使用"转换点工具"和"直接选择工具"，调节锚点与曲线，如图 6-67 所示。

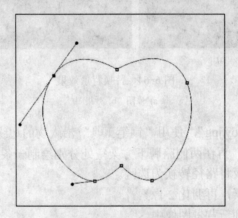

图 6-67　调节锚点与曲线

3）使用同样的方法为苹果加上果柄，并进行调整，如图 6-68 所示。

图 6-68　加上果柄

4）使用"路径"面板将路径转换为选区。

5）设置前景色和背景色，使用"渐变工具"的径向渐变填充选区。

6）使用前景色"绿色"描边路径。

第3题：

操作要求：制作路径文字，效果如图 6-69 所示。按照如下题目要求完成操作，具体要求如下。

图 6-69　制作路径文字效果图

1）打开图像文件"recall.jpg"，使用"钢笔工具"绘制路径，并适当调整，如图 6-70 所示。

图 6-70　绘制曲线路径

2）选择文字工具，设置文字字体与大小，光标放置路径上，光标变为 ⎫ 状，输入文字"我知道我有一双隐形的翅膀"，使用直接选择工具调整文字在路径上的位置，如图 6-71 所示。

3）利用形状工具绘制心形图案，其中绘图模式为"形状图层"，如图 6-72 所示。

图 6-71　输入路径文字

图 6-72　绘制心形图案

4）设置形状图层的混合模式为"变亮"，不透明度为 70%。

5）光标放置心形中，光标变为 $\mathbb{I}$ 状，输入文字"每一次都在徘徊孤单中坚强，每一次就算很受伤也不闪泪光，我知道我一直有双隐形的翅膀，带我飞过绝望。不去想他们拥有美丽的太阳，我看见每天的夕阳也会有变化。我知道我一直有双隐形的翅膀，带我飞给我希望，我终于看到所有梦想都开花，追逐的年轻歌声多嘹亮，我终於翱翔用心凝望不害怕，哪里会有风就飞多远吧"，输入的文字在封闭区域内自动排列。

第7章 蒙版与通道

蒙版是进行图像合成的重要手段，通道是一个保存颜色与选区的场所。蒙版和通道在 Photoshop 图像处理中具有核心地位。

本章学习目标：

- 认识蒙版。
- 了解图层蒙版、矢量蒙版、剪贴蒙版和快速蒙版。
- 学会使用各种蒙版合成图像。
- 认识通道。
- 理解 Alpha 通道，并应用 Alpha 通道编辑图像。
- 理解蒙版与通道的关系。

7.1 认识蒙版

蒙版是一种遮盖工具，它可以分离和保护图像的局部区域。用户如果要对图像的部分区域进行编辑，可以使用蒙版把不需要处理的部分遮盖起来，那么对未遮蔽区域的编辑操作不会影响图像的其他部分。利用蒙版可以创作出非常精彩的图像，它是设计工作中进行图像合成的重要手段。

选择"窗口"→"蒙版"命令，可以打开"蒙版"面板。"蒙版"面板用于调整选定的图层蒙版、矢量蒙版的不透明度和羽化范围等，如图 7-1 所示。

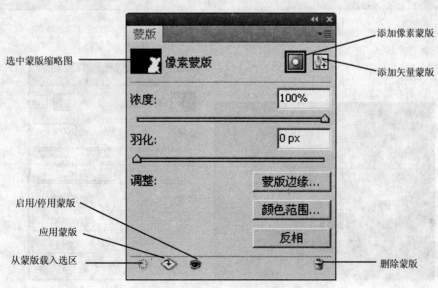

图 7-1 "蒙版"面板

- 选中蒙版缩略图：显示在"图层"面板中选中的蒙版缩略图及其蒙版类型。
- 添加像素蒙版：单击该按钮，可以为当前选中图层添加像素蒙版。
- 添加矢量蒙版：单击该按钮，可以为当前选中图层添加矢量蒙版。
- 浓度：控制蒙版的不透明度，如图 7-2 和图 7-3 所示。
- 羽化：控制蒙版的羽化度，如图 7-4 所示。

图 7-2 "浓度"为"100%"的效果

图 7-3 "浓度"为"50%"的效果

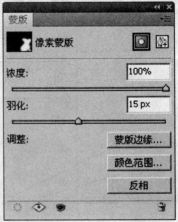

图 7-4 "羽化"为"15px"的效果

- 蒙版边缘：单击该按钮，可以打开"蒙版边缘"对话框，利用对话框中的选项调整蒙版的边缘效果。
- 颜色范围：单击该按钮，可以打开"颜色范围"对话框，在图像中取样可以编辑蒙版的范围。
- 反相：单击该按钮，可以反转蒙版的遮盖区域。
- 从蒙版载入选区：单击该按钮，可以将蒙版显示的区域转换为选区。
- 应用蒙版：单击该按钮，可以将蒙版应用到图像中，删除掉蒙版遮盖区域的内容，并删除蒙版，如图 7-5 所示。

图 7-5 应用蒙版

- 启用/停用蒙版：单击该按钮，可以停用或重新启用蒙版。
- 删除蒙版：单击该按钮，可以删除当前选中的蒙版。

归纳：

蒙版是一种遮盖工具，它可以分离和保护图像的局部区域。用户如果要对图像的部分区域进行编辑，可以使用蒙版把不需要处理的部分遮蔽起来，那么对未遮蔽区域的编辑操作不会影响图像的其他部分。

"蒙版"面板用于调整选定的图层蒙版、矢量蒙版的不透明度和羽化范围等。

蒙版分为图层蒙版、矢量蒙版、剪贴蒙版和快速蒙版 4 种。

7.2　图层蒙版

图层蒙版就是在当前图层上覆盖一层蒙版，蒙版上的黑色部分可以遮盖当前图层的内容，而显示下面图层的内容；蒙版上的白色部分可以显示当前图层的内容，而遮盖下面图层的内容。

7.2.1　创建图层蒙版

1. 添加空白图层蒙版

这种方法是建立图层蒙版最常用的方法。选择需要添加图层蒙版的图层，并确保当前图层没有选区存在，选择"图层"→"图层蒙版"→"显示全部"命令，或单击"图层"面板下方的"添加图层蒙版"按钮 ，即在当前图层右侧添加蒙版，蒙版内部为白色，表示全部显示当前图层的内容，如图 7-6 所示。

图 7-6　图层蒙版显示图层内容

如果执行"图层"→"图层蒙版"→"隐藏全部"命令，或在按住〈Alt〉键的同时单击"图层"面板下方的"添加图层蒙版"按钮 ⬜，即在当前图层右侧添加蒙版，蒙版内部为黑色，表示将当前图层的内容全部隐藏起来，如图 7-7 所示。

图 7-7　图层蒙版隐藏图层内容

选择"画笔工具"，设定"黑色"为前景色，在白色蒙版处将图层中需要隐藏的部分涂抹掉，或设定"白色"为前景色，在黑色蒙版处将图层中需要显示的部分涂抹出来，如图 7-8 所示。

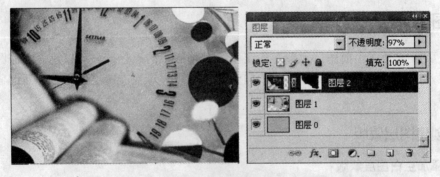

图 7-8　编辑图层蒙版

2．依据选区创建蒙版

在许多情况下，可以先在图层中建立选区，再选择"图层"→"图层蒙版"→"显示选区"命令，基于选区建立蒙版，选区内的图像可见，选区外的图像被蒙版遮盖。如果选择"图层"→"图层蒙版"→"隐藏选区"命令，则选区内的图像被蒙版遮盖，选区外的图像可见。

示例7-1：使用选区创建图层蒙版，操作步骤如下：

1）打开图像文件"sea.jpg"、"bird.jpg"和"whale.jpg"，如图7-9所示。

a)　　　　　　　　　　　b)　　　　　　　　　　c)

图7-9　打开图像文件

a) sea.jpg　b) bird.jpg　c) whale.jpg

2）将图像文件"whale.jpg"复制粘贴到图像文件"sea.jpg"中，形成"图层1"，使用"多边形套索工具"勾画出鲸的边缘，形成选区，选择"图层"→"图层蒙版"→"显示选区"命令，基于选区建立蒙版，选区内的图像可见，选区外的图像被遮盖，然后按下〈Ctrl+T〉组合键调整当前图层中图像的大小，如图7-10所示。

图7-10　图层蒙版显示选区内的内容

3）将图像文件"bird.jpg"复制粘贴到图像文件"sea.jpg"中，形成"图层2"，使用"魔棒工具"在海鸥外围的蓝色天空中单击，蓝色天空为选区，选择"图层"→"图层蒙版"→"隐藏选区"命令，则选区内的天空图像被蒙版遮盖，选区外的海鸥图像可见，然后按下〈Ctrl+T〉调整当前图层中图像的大小，如图7-11所示。

图7-11　图层蒙版隐藏选区内的内容

7.2.2 编辑图层蒙版

当创建图层蒙版后，有些图像还未达到所需效果，所以仍需对图层蒙版进行编辑。编辑图层蒙版的原则就是选用渐变、画笔等绘图工具，使用黑色在图层蒙版上绘图，隐藏当前图层中的图像；使用白色在图层蒙版上绘图，显示当前图层中的图像，如果要使图像具有一定透明效果，可将蒙版中对应位置调为灰色，如图 7-12 所示。

图 7-12　编辑图层蒙版

7.2.3　应用、停用及删除图层蒙版

1. 应用图层蒙版
应用图层蒙版就是将蒙版中黑色对应的图像删除，白色对应的图像保留，灰色对应的图像部分呈现透明效果，将图层蒙版删除，如图 7-13 所示。

图 7-13　应用图层蒙版

应用图层蒙版的方法是选中带有图层蒙版的图层，选择"图层"→"图层蒙版"→"应用"命令即可。

2. 停用图层蒙版
可以将图层蒙版暂时停用，具体的操作方法是：按住〈Shift〉键单击图层蒙版缩略图，缩略图上出现红色的叉，可以停用图层蒙版，如图 7-14 所示。再次按住〈Shift〉键单击图层蒙版缩略图可以重新启用图层蒙版。

停用图层蒙版的另一种操作方法是：选中图层蒙版缩略图，单击右键，在弹出的菜单中选择"停用图层蒙版"命令，也可以停用图层蒙版。直接选择"图层"面板菜单中的"启动图层蒙版"命令，可以恢复蒙版。

图 7-14 停用图层蒙版

3. 删除图层蒙版

如果对所做的图层蒙版不满意，可以将图层蒙版缩略图拖曳到"图层"面板下方的"删除图层"按钮 🗑 上，在弹出的 "要在移去之前将蒙版应用到图层吗？"提示对话框中单击"删除"按钮，或者选择"图层"→"图层蒙版"→"删除"命令，均能将图层蒙版删除，如图 7-15 所示。

图 7-15 删除图层蒙版

归纳：

图层蒙版就是在当前图层上覆盖一层蒙版，蒙版上的黑色部分可以遮盖当前图层的内容，而显示下面图层的内容；蒙版上的白色部分可以显示当前图层的内容，而遮盖下面图层的内容。

创建图层蒙版的常用方法为：

● 先添加空白图层蒙版，再选择"画笔"工具，设置"黑色"为前景色，在白色蒙版处将图层中需要隐藏的部分涂抹掉，或选择"白色"为前景色，在黑色蒙版处将图层中需要显示的部分涂抹出来。

● 先创建选区，然后依据选区创建蒙版。

实践：

练习使用不同的方法创建图层蒙版。

7.3 矢量蒙版

矢量蒙版依靠路径控制图像的显示与隐藏，封闭路径内的部分被显示，路径外部的内容被隐藏。矢量蒙版适合于为图像添加边缘明显、锐利的蒙版效果，但是它不支持绘画等工具对蒙版的编辑。可以将矢量蒙版栅格化为图层蒙版，然后再进行编辑。

7.3.1　创建矢量蒙版

矢量蒙版的创建方法有多种。

1．添加空白矢量蒙版

用户可以在图层中直接添加空白矢量蒙版。选择"图层"→"矢量蒙版"→"显示全部"命令，添加的矢量蒙版为白色蒙版，被添加矢量蒙版的当前图层内容处于显示状态；如果选择"图层"→"矢量蒙版"→"隐藏全部"，添加的矢量蒙版为黑色蒙版，被添加矢量蒙版的当前图层内容处于隐藏状态。添加矢量蒙版后，可以使用"钢笔工具"或其他形状工具在矢量蒙版中绘制路径。

示例7-2：在空白矢量蒙版中创建矢量图形，操作步骤如下：

1）打开图像文件"giraffe.jpg"，如图7-16所示。

图7-16　打开图像文件

2）将"背景"图层拖至"图层"面板下方的"添加新图层"按钮，复制背景图层，创建"背景 副本"图层，如图7-17所示。

图7-17　复制背景图层

3）选中"背景"图层，执行"图像"→"调整"→"反相"命令，将"背景"图层中所有像素的颜色都改为它们的互补色，如图7-18所示。

4）选中"背景 副本"图层，选择"图层"→"矢量蒙版"→"显示全部"命令 ，为"背景 副本"图层添加白色矢量蒙版，如图 7-19 所示。

图 7-18 "背景"图层反相

图 7-19 添加白色矢量蒙版

5）选择工具箱中的"钢笔工具" ，在工具选项栏中选定"路径"绘图模式 ，在图像中沿"长颈鹿"绘制矢量图形蒙版，如图 7-20 所示。

图 7-20 矢量蒙版中绘制矢量图形

2. 依据路径创建蒙版

首先在要创建矢量蒙版的图层中建立路径，再选择"图层"→"矢量蒙版"→"当前路径"命令，基于路径建立蒙版，路径内的图像可见，路径外的图像被蒙版遮盖。

示例 7-3：依据路径创建矢量蒙版，操作步骤如下：

1）打开图像文件"horse.jpg"和"run.jpg"，将"run.jpg"复制粘贴到"horse.jpg"中，如图 7-21 所示。

图 7-21 复制粘贴图像

2）使用"钢笔工具"勾画出人物的轮廓路径，如图 7-22 所示。

图 7-22　使用"钢笔工具"勾画出人物的轮廓路径

3）选择"图层"→"矢量蒙版"→"当前路径"命令，基于路径建立蒙版，路径内的图像可见，路径外的图像被蒙版遮盖，如图 7-23 所示。

图 7-23　基于路径建立矢量蒙版

7.3.2　栅格化矢量蒙版

由于 Photoshop 的许多功能不被矢量图形所支持，但在有些编辑工作中又要采用这些功能，所以要选择"图层"→"栅格化"→"矢量蒙版"命令，将矢量蒙版转换为图层蒙版，如图 7-24 所示。将矢量蒙版转换为图层蒙版，不会影响图像效果。

图 7-24　栅格化矢量蒙版

7.3.3 编辑矢量蒙版

实质上，对矢量蒙版的编辑是对蒙版中路径的编辑。使用工具箱中的"路径选择工具" 、"直接选择工具" 、"转换点工具" 等路径编辑工具可以编辑路径，从而修改图像效果，如图 7-25 所示。

图 7-25　编辑矢量蒙版

停用与删除矢量蒙版的操作，与图层蒙版近似，在此不赘述。

归纳：

矢量蒙版依靠路径控制图像的显示与隐藏，封闭路径内的部分被显示，路径外部的内容被隐藏。

矢量蒙版的创建方法主要有：

● 用户可以先在图层中直接添加空白矢量蒙版，然后使用"钢笔工具"或其他形状工具在矢量蒙版中绘制路径。

● 首先在要创建矢量蒙版的图层中建立路径，然后基于路径建立蒙版，路径内的图像可见，路径外的图像被蒙版遮盖。

矢量蒙版适合于为图像添加边缘明显、锐利的蒙版效果，但是它不支持绘画等工具对蒙版的编辑。可以将矢量蒙版栅格化为图层蒙版，然后再进行编辑。

实践：

练习使用不同的方法创建矢量蒙版。

7.4　剪贴蒙版

剪贴蒙版由多个图层构成，它利用下面的图层限制上面多个相邻图层的显示范围。处于下方的图层叫做基层，处于上方的图层叫做内容图层。基层只有一个，内容图层可以有多个。

7.4.1　建立剪贴蒙版

剪贴蒙版主要有两类，一类是文字剪贴蒙版；另一类是图像剪贴蒙版。

1．建立文字剪贴蒙版

文字剪贴蒙版，即文字作为基层，用文字轮廓控制内容图层的显示。文字剪贴蒙版经常在广告、海报及封面设计中使用。

示例 7-4：创建文字剪贴蒙版，操作步骤如下：

1）打开图像文件"dance.jpg"和"shoes.jpg"，如图 7-26 所示。

a)   b)

图 7-26 打开图像文件

a) dance.jpg   b) shoes.jpg

2）设置前景色为白色，选择工具箱中的"横排文字工具" T，在图像文件"dance.jpg"中输入文字"舞"，文字字体为"华文行楷"，大小为"600"，如图 7-27 所示。

图 7-27 输入文字

3）单击"图层"面板下方的"添加图层样式"按钮 fx，在弹出的菜单中选中"外发光"命令，设置发光效果，如图 7-28 所示。

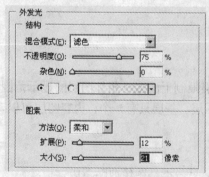

图 7-28 为文字设置发光效果

4）将图像文件"shoes.jpg"复制粘贴到图像文件"dance.jpg"的新图层"图层 1"中，按下快捷键〈Ctrl+T〉，调整"图层 1"图像大小，如图 7-29 所示。

图 7-29　复制粘贴图像文件

5）在按住〈Alt〉键的同时把鼠标移动到"图层 1"和文字图层之间的细线处，鼠标变成两圆相交状态，单击鼠标，两个图层形成剪贴关系，如图 7-30 所示。

图 7-30　建立文字剪贴蒙版

2. 建立图像剪贴蒙版

图像剪贴蒙版，即图像作为基层，用图像轮廓控制内容图层的显示。图像剪贴蒙版在海报等许多设计中都很常见。

示例 7-5：创建图像剪贴蒙版，操作步骤如下：

1）打开图像文件"moon.jpg"和"boy.jpg"，如图 7-31 所示。

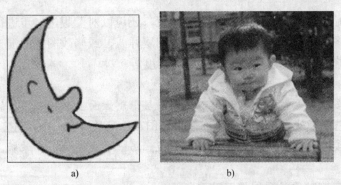

a)　　　　　　　　　　　　b)

图 7-31　打开图像文件

a) moon.jpg　b) boy.jpg

2）将"boy.jpg"复制粘贴到"moon.jpg"中，形成"图层 1"，按下组合键〈Ctrl+T〉，将"图层 1"图像缩小，并稍向右上方移动，如图 7-32 所示。

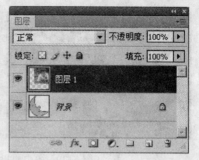

图 7-32 复制粘贴图像文件

3）在"图层 1"下方添加新图层"图层 2"，在按住〈Alt〉键的同时把鼠标移动到"图层 1"和"图层 2"之间的细线处，鼠标变成两圆相交状态，单击鼠标，两个图层形成剪贴关系，然后选择工具箱中的"画笔工具" ，画笔笔尖样式为"枫叶"，大小为"74"，在孩子脸部涂抹得密些，周围涂抹得疏些，"图层 2"中图像轮廓控制"图层 1"内容的显示，如图7-33 所示。

图 7-33 建立图像剪贴蒙版

7.4.2 编辑剪贴蒙版

如果创建剪贴蒙版后，对形成的效果不满意，还可以对蒙版进一步进行编辑，如对基层中的文字、图形图像可以修改，或为基层添加图层样式，或修改图层的混合模式。对于内容图层也可以进行修改，如修改内容图层的不透明度等。

归纳：

剪贴蒙版由多个图层构成，它利用下面的图层限制上面多个相邻图层的显示范围。处于下方的图层叫做基层，处于上方的图层叫做内容图层。基层只有一个，内容图层可以有多个。

剪贴蒙版主要有两类，一类是文字剪贴蒙版；另一类是图像剪贴蒙版。

实践：

练习创建文字剪贴蒙版和图像剪贴蒙版。

7.5 快速蒙版

快速蒙版是 Photoshop 中建立选区的又一种方法，在蒙版上可以使用画笔等绘图工具建立选区，使用"橡皮擦工具"等修改工具修改选区，并且蒙版与选区之间可以快速相互转换，从而获得满意的选区效果。

Photoshop 默认的操作状态是标准模式，双击工具箱中的"以快速蒙版模式编辑"图标 [◯]，打开"快速蒙版选项"对话框，如图 7-34 所示。

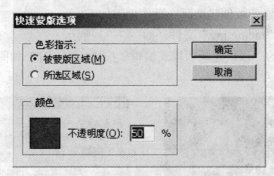

图 7-34 "快速蒙版选项"对话框

● 在"色彩指示"选项组中有两个选项，如果"被蒙版区域"单选按钮被选中，在图像窗口中选区之外的区域被颜色所覆盖，选区区域处于全透明状态；如果"所选区域"单选按钮被选中，在图像窗口中选区区域被颜色所覆盖，选区之外的区域处于全透明状态。在此选项中，"被蒙版区域"是默认设置，如图 7-35 所示。

a)   b)   c)

图 7-35 "色彩指示"选项组中不同选项的蒙版效果

a) 原选区　b) 选择"被蒙版区域"单选按钮　c) 选择"所选区域"单选按钮

● "颜色"块：用于设置蒙版的颜色，默认色为红色，单击色块可以重新设置颜色。
● 不透明度：用于设置蒙版颜色的不透明度，默认为"50%"，为了能看清楚被遮盖区域下面的图像轮廓，一般不要设置过大。

单击"确定"按钮，在"通道"面板自动建立"快速蒙版"通道，如图 7-36 所示。

图 7-36 建立快速蒙版

直接单击工具箱的中的"以快速蒙版模式编辑"按钮 ，不用打开"快速蒙版选项"对话框，系统也能按照默认设置，在"通道"面板自动建立"快速蒙版"通道。

使用画笔和橡皮擦等工具创建和修改好选区后，单击工具箱中的"以标准模式编辑"按钮 ，就可以在标准模式下将蒙版转换成选区。

示例 7-6：利用快速蒙版创建选区，操作步骤如下：

1）打开图像文件"racing.jpg"文件，如图 7-37 所示。

2）双击工具箱中的"以快速蒙版模式编辑"按钮 ，打开如图 7-38 所示的"快速蒙版选项"对话框，设置对话框内容。

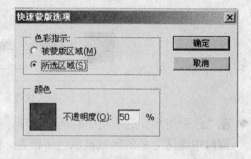

图 7-37 racing.jpg   图 7-38 "快速蒙版选项"对话框

3）上述操作完成之后单击"确定"按钮，可以看到"通道"面板上新增加了一个"快速蒙版"通道，如图 7-39 所示。

图 7-39 "通道"面板

4）将前景色设为黑色，选择"画笔工具" ，先选择较大的画笔，把车与人身上涂上颜色，再选择较小的画笔，将车与人的轮廓细节勾出，如果有涂错的地方，选择"橡皮擦工具"  擦除错误，如图 7-40 所示。

a)   b)

图 7-40 创建蒙版的图像及"通道"面板

a) 将车与人涂上颜色 b) "通道"面板

5）单击工具箱中的"以标准模式编辑"按钮 ，使快速蒙版消失，在图像上得到精确的选区，如图 7-41 所示。

图 7-41 转换为正常模式后得到的选区

归纳：

快速蒙版是 Photoshop 中建立选区的又一种方法，在蒙版上可以使用画笔等绘图工具建立选区，使用橡皮擦等修改工具修改选区，并且蒙版与选区之间可以快速相互转换，从而获得满意的选区效果。

实践： 练习使用快速蒙版建立选区。

7.6 认识通道

通道主要用于存储图像的颜色信息和图层选区等。利用通道中的颜色信息可以调整图像的色彩，利用通道还可以保存选区，以便于对图像进行编辑。

7.6.1 "通道"面板

对通道的创建、管理和保存等操作，绝大部分是通过"通道"面板实现的。选择"窗口"→"通道"命令，打开"通道"面板，如图 7-42 所示。

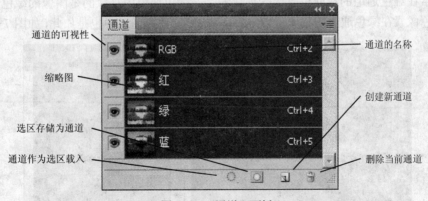

图 7-42 "通道"面板

"通道"面板除了上面指出的各部分，还应该了解每一行是一个通道，每个通道左侧对应一个眼睛图标 ，这就是通道的可视性图标。如果眼睛图标 显示，表示该通道可见；如果眼睛图标不显示，表示该通道处于隐藏状态。"通道"面板的第一行是复合通道，只有它的缩略图是彩色的，其余通道的缩略图均以灰色显示。

单击"通道"面板右上角的菜单按钮 ，可以打开通道控制菜单，这个菜单中包含了对通道的所有操作，如图7-43所示。

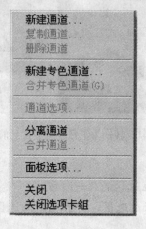

图7-43　通道控制菜单

7.6.2　通道类型

任何一个图像文件，都有与之相应的颜色通道。Photoshop具有3种通道类型：颜色通道、Alpha通道和专色通道。

1．颜色通道

颜色通道主要用于记录图像的颜色信息，不同颜色模式的图像带有不同的颜色通道。

位图模式、灰度模式、双色调模式和索引颜色模式的图像仅有一个通道。

RGB模式的图像有4个通道：一个复合通道，还有红色、绿色和蓝色3个原色通道，每一个原色通道都是一幅256色的灰度图像。在红色通道中存放的是图像的红色信息，图像中的红色像素在红色通道的相应位置中表现比较亮；绿色通道中存放的是图像的绿色信息，图像中的绿色像素在绿色通道的相应位置中表现比较亮；蓝色通道中也是如此，如图7-44所示。

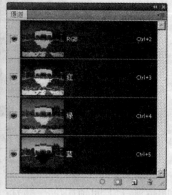

图7-44　RGB模式的图像及其通道

CMYK 模式的图像有 5 个通道：一个复合通道，还有青色、洋红、黄色和黑色 4 个原色通道，在 4 个原色通道中分别存放的是对应通道的颜色信息。与 RGB 模式不同的是，CMYK 模式图像中的某原色像素，在它相应的原色通道中表现比较暗，如图 7-45 所示。

图 7-45　CMYK 模式的图像及其通道

Lab 模式的图像有 4 个通道：一个复合通道，还有 a 通道、b 通道和明度通道，如图 7-46 所示。

图 7-46　Lab 模式的图像及其通道

2．Alpha 通道

Alpha 通道的主要功能就是保存和编辑选区，用户可以将创建好的选区保存到 Alpha 通道中，以后再要使用时，可以很方便地从通道中调出来，能够大大地提高工作效率。通过对 Alpha 通道的编辑，还可以得到其他方法无法得到的选区。

在 Alpha 通道中，白色部分表示选中区域，即选区；黑色部分表示未选中区域；灰色表示选择深度。用白色涂抹可以扩大选区，用黑色涂抹缩小选区，用灰色涂抹修改羽化范围，如图 7-47 所示。

图 7-47　Alpha 通道

3. 专色通道

专色通道指用于存储专色油墨印刷的特殊通道。专色是一种预混油墨，用于替代或补充印刷色（CMYK）油墨。在印刷时每种专色都要求专用的印版。如果要印刷带有专色的图像，则需要创建存储这些颜色的专色通道。

归纳：

通道主要用于存储图像的颜色信息和图层选区等。利用通道中的颜色信息可以调整图像的色彩，利用通道还可以保存选区，便于对图像进行编辑。

通道可分为颜色通道、Alpha 通道和专色通道 3 种。

● 颜色通道：主要用于记录图像的颜色信息，不同颜色模式的图像带有不同的颜色通道。

● Alpha 通道：主要功能是保存和编辑选区。利用 Alpha 通道可以创建和保存各种复杂的选区。

● 专色通道：专色通道指用于存储专色油墨印刷的特殊通道。

实践：打开不同颜色模式的图像，观察其在"通道"面板的通道。

7.7　通道操作

利用"通道"面板和"通道"面板菜单中的命令，可以对通道进行创建、复制、删除、分离、合并及与选区互相转换等操作。

7.7.1　新建通道

建立的通道一般就是 Alpha 通道。单击"通道"面板下方的"创建新通道"按钮 ，可以在"通道"面板中按照系统默认值创建一个新 Alpha 通道。

如果对新建通道有设置需求，就单击"通道"控制面板右上方的菜单按钮 ，在弹出的通道控制菜单中选择"新建通道"命令，或者在按下〈Alt〉键的同时单击"创建新通道"按钮，打开"新建通道"对话框，如图 7-48 所示。

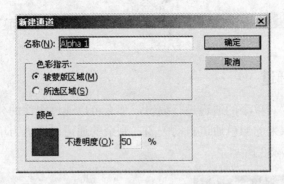

图 7-48 "新建通道"对话框

- 名称：可以定义通道的名称，系统默认的名称按照 Alpha 1，Alpha 2，Alpha 3，…顺序命名。
- 色彩指示：如果选择"被蒙版区域"单选按钮，在新建通道的缩略图中，白色区域表示被选取区域，黑色区域（即图像窗口中的有颜色区域）表示被蒙版遮盖的区域；如果选择"所选区域"单选按钮，在新建的通道中，白色区域表示被蒙版遮盖的区域，黑色区域（即图像窗口中的有颜色区域）表示被选取区域。
- 颜色：颜色块表示蒙版的颜色，双击颜色块，可以打开"拾色器"对话框，重新设置蒙版的颜色，"不透明度"文本框用于设置蒙版颜色的透明度，不透明度的百分比值不要设置过高，不然不利于用户透过蒙版精确选择区域。

执行"创建新通道"命令前、后的"通道"面板如图 7-49 所示。

a)　　　　　　　　　　　　b)

图 7-49　新建 Alpha1 通道

a)　新建前　b)　新建后

7.7.2　复制与删除通道

1. 复制通道

复制通道是为了保存通道，复制后可对通道副本进行编辑，以后还可以和原通道进行对比。

在"通道"面板中，选择要复制的通道，将选中的通道拖到"通道"面板下方的"创建新通道"按钮 ，按照默认值建立通道副本。或者单击"通道"面板右上方的菜单按钮 ，在弹出的通道控制菜单中选择"复制通道"命令，可以为复制的新通道起名。

2. 删除通道

在图像编辑过程中没有使用价值的通道，可以用鼠标把此通道拖到"通道"面板下方的

"删除当前通道"按钮 🗑，直接删除它。也可以选中通道后，在"通道"弹出菜单中选择"删除通道"命令删除。

7.7.3　分离与合并通道

有时候，我们需要对单个的通道进行编辑，那么可以通过图像的分离通道操作来实现。经过分离通道操作，原来的原色通道自动关闭，剩余的通道以通道为单位各自形成灰度图像文件，如图 7-50～图 7-53 所示。

图 7-50　原图

图 7-51　分离出来的红色通道图像

图 7-52　分离出来的绿色通道图像

图 7-53　分离出来的蓝色通道图像

分离通道的操作很简单，只要选择通道控制菜单中的"分离通道"命令即可。

分离通道后的各灰度图像文件经过编辑还可以合并通道，成为原色通道，但在执行"合并通道"命令前，应确保要合并通道的各灰度图像分辨率和图像大小一致。

打开所有要合并通道的灰度图像文件，选择任何一个灰度图像文件，选择"通道"面板的通道控制菜单中的"合并通道"命令，打开"合并通道"对话框，如图 7-54 所示。

"模式"下拉列表框可以设置新图像文件的颜色模式，它有 4 种选择：RGB 颜色模式、CMYK 颜色模式、Lab 颜色模式和多通道颜色模式，如果在图像中加入了新的通道，那就选择多通道颜色模式。

"通道"文本框中的数字与上面的颜色模式相对应，RGB 颜色模式的通道数为 3、CMYK 颜色模式的通道数为 4、Lab 颜色模式的通道数为 3。

单击"合并通道"对话框中"确定"按钮后，将打开"合并通道"对话框，此对话框的内容与"合并通道"选择的颜色模式相对应。以选择了 RGB 颜色模式为例，打开的对话框如图 7-55 所示。在指定通道内容中选择作为红、绿、蓝色通道的图像文件，然后单击"确定"按钮，即可将多幅灰度图像合并成一幅原色图像。

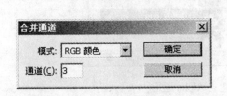

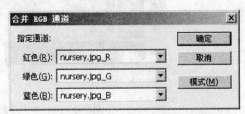

图 7-54 "合并通道"对话框　　　　　图 7-55 "合并 RGB 通道"对话框

7.7.4 Alpha 通道与选区

Alpha 通道可以长久地保存选区，并且可以使用绘画和编辑工具在 Alpha 通道内编辑蒙版。

1. 建立 Alpha 通道

在 Photoshop 中有多种方法可以建立 Alpha 通道，如前面新建通道（第 7.7.1 小节）部分讲解的利用"通道"面板下方的"创建新通道"按钮 ❑ 创建的通道，就是在图像中创建一个全新的 Alpha 通道。

另外，在 Photoshop 中还可以先创建一个选区，然后单击"通道"面板下方的"将选区存储为通道"按钮 ◎ ，将选区保存为新的 Alpha 通道。Alpha 通道中白色部分对应选区区域，黑色部分对应选区外的区域，如图 7-56 所示。

图 7-56 将选区存储为 Alpha 通道

"快速蒙版"适合临时性的操作，因为当选择快速蒙版方式时，在"通道"面板上会出现"快速蒙版"通道，一旦切换回标准模式，"快速蒙版"通道就会消失，因此长久性的、经常要重复使用的选区一般都保存在 Alpha 通道中。将"通道"面板上的"快速蒙版"通道拖至"创建新通道"按钮 ❑ 上，即可将其保存为"快速蒙版 副本"通道，即 Alpha 通道，如图 7-57 所示。当返回"标准模式"后，"快速蒙版"通道消失，"快速蒙版 副本" 通道仍保存在"通道"面板上。

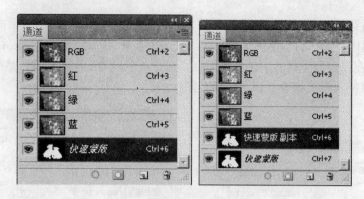

图7-57 由"快速蒙版"建立 Alpha 通道

2. 编辑 Alpha 通道

在 Alpha 通道中可以使用画笔工具、渐变工具、形状工具及橡皮擦工具等进行操作，以创建灵活多样的选区。

示例7-7：利用 Alpha 通道创建选区，操作步骤如下：

1）打开图像文件"volleyball.jpg"文件，如图7-58所示。

2）选择"通道"面板，分别观察"红"、"绿"和"蓝"通道，如图7-59所示，找出一个头发与背景亮度对比度最高的通道，在本例中选出"蓝"通道。

图7-58 打开图像文件

图7-59 通道对比

a)"红"通道　b)"绿"通道　c)"蓝"通道

3）复制"蓝"通道，得到"蓝　副本"通道，按下快捷键〈Ctrl+I〉执行"反相"操作，如图7-60所示。

图 7-60 "蓝 副本"通道反相操作

4）选择"图像"→"调整"→"色阶"命令，打开"色阶"对话框，如图 7-61 所示。在通道中调整图像的对比度和像素的分布。

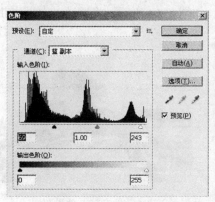

图 7-61 在通道中调整色阶

5）因为在通道中，白色对应于选择区域，黑色对应于非选择区域，所以设置前景色为白色。选择工具箱中的"画笔工具" ，在人物与排球处涂抹，使它们成为白色区域；设置前景色为黑色，在其他区域涂抹，使它们成为黑色区域，如图 7-62 所示。

图 7-62 利用通道制作选区

6）按住〈Ctrl〉键，单击"通道"面板中的"蓝 副本"通道缩略图，得到选区。单击 RGB 通道，使红色、绿色和蓝色通道均可见，并取消"蓝 副本"通道的可视性，选择"图层"面板，就可以看到人物和排球被精细地抠选出来，如图 7-63 所示。

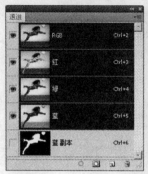

图 7-63　获得选区

7）打开另一幅图像文件"background2.jpg"，如图 7-64 所示。将通过以上操作获得的人与球选区内的图像粘贴过来，如图 7-65 所示。

图 7-64　素材图　　　　　　　　　　　　　　　　图 7-65　效果图

3. 将 Alpha 通道转换为选区

在"通道"面板中选择要转换为选区的通道，单击面板下方的"通道作为选区载入"按钮，或者按住〈Ctrl〉键，单击"通道"面板中要转换为选区的通道缩略图，通道中白色区域作为选区载入，如图 7-66 所示。

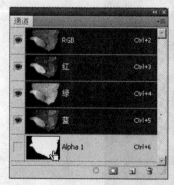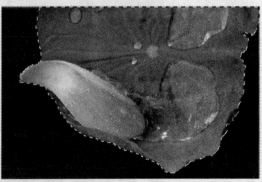

图 7-66　将 Alpha 通道转换为选区

7.7.5 通道计算

可以使用与图层关联的混合效果，将图像内部和图像之间的通道组合成新图像。尽管通过将通道复制到"图层"面板的图层中可以创建通道的新组合，但是采用通道计算的方法来混合通道信息会更迅速。

通道中的每个像素都有一个亮度值，通过"计算"和"应用图像"命令处理这些数值可以生成最终的复合像素。这些命令叠加两个或更多通道中的像素，因此用于计算的图像必须具有相同的像素尺寸。

1．"应用图像"命令

"应用图像"命令用来将一个图像的图层和通道（源）与当前图像（目标）的图层和通道混合。

选择"图像"→"应用图像"命令，可以打开"应用图像"对话框，如图 7-67 所示。

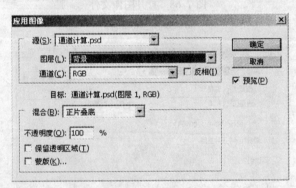

图 7-67 "应用图像"对话框

- 源：参与混合的图像文件。默认情况为当前打开的图像文件，也可以选用其他打开的图像文件，但是此文件的大小和分辨率必须与当前文件一致。
- 图层：如果源图像文件具有多个图层，要使用源图像中的单个图层参与混合，就选择此图层；要使用源图像中的所有图层，就选择"合并图层"。
- 通道：用于选择源图像文件中参与混合效果的通道，如果选中"反相"选项，那么要先将选中的通道进行反相，再进行混合。
- 目标：被混合的对象，为当前图像文件。
- 混合：混合模式。
- 不透明度：控制混合效果的透明程度。
- 保留透明区域：控制混合效果仅在图层的不透明区域有效。
- 蒙版：通过"蒙版"应用混合效果，可选择包含蒙版的图像和图层。对于"通道"，可以选择任何颜色通道或 Alpha 通道作为蒙版。也可使用基于当前选区或选中图层（透明区域）边界的蒙版。

示例 7-8：运用"应用图像"命令，混合两幅图像，操作步骤如下：

1）打开图像文件"stage.jpg"和"art.jpg"，如图 7-68 所示。

2）以图像文件 stage.jpg 为当前文件，执行"图像"→"应用图像"命令，可以打开"应用图像"对话框，如图 7-69 所示设置参与混合的源文件"art.jpg"以及参与混合文件的图层与通道，混合模式为"正片叠底"。

a) b)

图 7-68 打开图像文件

a) stage.jpg b) art.jpg

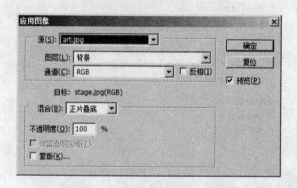

图 7-69 设置"应用图像"对话框

3）单击"确定"按钮，两幅图像按指定图层与通道进行混合，得到的效果图放置在目标文件（即当前文件）中，如图 7-70 所示。

图 7-70 "应用图像"效果图

2. "计算"命令

"计算"命令用于混合两个来自一个或多个源图像的单个通道，然后将结果应用到新图像或新通道，或当前图像的选区。

选择"图像"→"计算"命令，可以打开"计算"对话框，如图7-71所示。

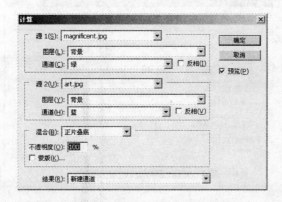

图7-71 "计算"对话框

- 源1、源2：参与计算的图像文件名称。源1、源2可以为同一文件。
- 图层：如果源图像文件具有多个图层，要使用源图像中的单个图层参与计算，就选择此图层；要使用源图像中的所有图层，就选择"合并图层"。
- 通道：用于选择源图像文件中参与计算的具体通道，如果选中"反相"项，那么要先将选中的通道进行反相，再进行混合。
- 混合：混合模式，也就是通道间的计算方式。
- 不透明度：控制混合效果的透明程度。
- 蒙版：通过"蒙版"应用计算效果，可选择包含蒙版的图像和图层。对于"通道"，可以选择任何颜色通道或 Alpha 通道作为蒙版。也可使用基于当前选区或选中图层（透明区域）边界的蒙版。
- 结果：确定通道间的计算结果，"结果"可以是生成的新文件、或是新通道、或是新选区。

示例7-9：运用通道计算创建图像，操作步骤如下：

1）打开图像文件"magnificent.jpg"和"art.jpg"，如图7-72所示。

a)   b)

图7-72 图像文件

a) magnificent.jpg b) art.jpg

2）选择"图像"→"计算"命令，打开"计算"对话框，如图7-73所示设置参与计算的文件、图层与通道，混合模式为"正片叠底"，结果为"新建文档"。

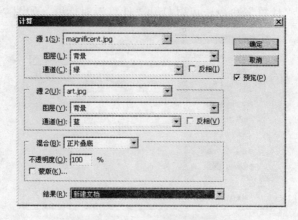

图 7-73　设置"计算"对话框

3）单击"确定"按钮，形成新文件"未标题-1.psd"，如图 7-74 所示。

图 7-74　通道计算后的新文件

归纳：

利用"通道"面板和"通道"面板菜单中的命令，可以对通道进行创建、复制、删除、分离、合并及与选区互相转换等操作。

- 新建立的通道一般就是 Alpha 通道。单击"通道"面板下方的"创建新通道"按钮，可以在"通道"面板中按照系统默认值创建一个新 Alpha 通道。
- 复制通道是为了保存通道，复制后可对通道副本进行编辑，以后还可以和原通道进行对比。
- 在图像编辑过程中可以删除没有使用价值的通道。
- 当需要对单个通道进行编辑时，可以通过图像的"分离通道"命令来实现。分离通道后的各灰度图像文件经过编辑还可以合并通道，成为原色通道，但在执行"合并通道"命令前，应确保要合并通道的各灰度图像分辨率和图像大小一致。

实践：

打开一个图像文件，将它进行通道分离与合并的操作。

222

7.8　本章小结

本章主要介绍了蒙版与通道的功能，"蒙版"面板的使用，图层蒙版、矢量蒙版、剪贴蒙版和快速蒙版的创建与编辑，还介绍了使用各种蒙版合成图像的方法、"通道"面板的使用、Alpha 通道的基本操作和通道的计算。

7.9　练习与提高

一、思考题

1. 蒙版的作用是什么？

2. Photoshop 中有哪几种常用蒙版？

3. 创建图层蒙版可以使用几种方法？

4. Photoshop 具有几种通道类型？

5. Alpha 通道与快速蒙版通道有什么不同？

二、选择题

1. 图层蒙版中的＿＿＿＿＿＿区域，可以完全遮盖图层中图像的内容。

    A．前景色　　　　　B．灰色　　　　　　C．白色　　　　　　　D．黑色

2. 如果在矢量蒙版缩略图上出现红色的叉，表示此蒙版已经被＿＿＿＿＿＿。

    A．删除　　　　　　B．停用　　　　　　C．应用到图层　　D．栅格化

3. 单击"通道"面板下方的"创建新通道"按钮，一般创建的是＿＿＿＿＿＿。

    A．专色通道　　　　B．颜色通道　　　　C．Alpha 通道　　D．快速蒙版通道

4. 以下是关于使用"蒙版"面板可以对蒙版进行的相关操作，错误的是＿＿＿＿＿＿。

    A．浓度　　　　　　B．羽化　　　　　　C．反相　　　　　　D．绘制渐变

5. "计算"命令用于混合两个来自一个或多个源图像的单个＿＿＿＿＿＿，然后将结果应用到新图像或新通道，或当前图像的选区。

    A．图层　　　　　　B．通道　　　　　　C．选区　　　　　　D．蒙版

三、填空题

1. 剪贴蒙版由多个图层构成，它利用下面的图层限制上面多个相邻图层的显示范围。处于下方的图层叫做＿＿＿＿＿＿，处于上方的图层叫做＿＿＿＿＿＿。

2. 由于矢量蒙版不支持绘画等工具对蒙版的编辑，可以将矢量蒙版＿＿＿＿＿＿为图层蒙版，然后再进行编辑。

3. 利用"通道"面板和"通道"面板菜单中的命令，可以对通道进行创建、复制、删除、分离、合并及＿＿＿＿＿＿等操作。

4. 经常要重复使用的选区一般都保存在＿＿＿＿＿＿中。

5. "应用图像"命令用来将一个图像的＿＿＿＿＿＿（源）与当前图像（目标）的＿＿＿＿＿＿混合。

四、操作指导与练习

（一）操作示例

1. 操作要求

利用所给素材图像文件，设计一幅奥运海报。按照如下题目要求完成操作。具体要求如下：

1）将图像文件"goddess.jpg"复制粘贴到图像文件"background3.jpg"中，为"goddess.jpg"图像所在图层建立图层蒙版，隐藏人物外围图像区域。

2）输入文字"Olympic"，并以它为基层，与它上层的图像内容（由图像文件"background4.jpg"复制粘贴过来）形成文字剪贴蒙版。

3）为步骤2）建立的文字图层设置投影、内发光和浮雕效果。

4）打开图像文件"fire.jpg"，使用复制通道，调整"色阶"，利用通道选择选区的方法将火焰从背景图像中抠取出来。

5）将火焰复制粘贴到当前文件，并对它执行变换大小和斜切操作，并移至火焰上方。

6）分别打开图像文件"race.jpg"、"basketball.jpg"、"hurdle.jpg"和"rowing.jpg"，均复制粘贴到当前文件中，并对其各图层建立矢量蒙版，遮盖图层中矢量图形以外的内容。

7）为步骤6）形成的各图层设置"投影"和外发光效果。

2．操作步骤

1）复制粘贴图像文件：打开图像文件"background3.jpg"和"goddess.jpg"，将图像文件"goddess.jpg"复制粘贴到"background3.jpg"，并适当调整"goddess.jpg"的大小，如图7-75所示。

图 7-75　复制粘贴图像文件

2）创建图层蒙版：执行"图层"→"图层蒙版"→"显示全部"命令，创建白色蒙版，选择"画笔工具"，将画笔硬度设为"75%"，在蒙版上用黑色涂抹，将人物之外的部分遮盖掉，如图7-76所示。

图 7-76　创建图层蒙版

3）输入文字：设置前景色为白色，选择工具箱中的"横排文字工具" T ，输入文字"Olympic"，文字字体为"Arial Black"，大小为"100"，如图7-77所示。

图 7-77　输入文字

4）创建剪贴蒙版：打开图像文件"background4.jpg"，复制粘贴到文字图层"Olympic"的上一图层，并调整大小与文字大小相当，然后在按住〈Alt〉键的同时把鼠标移动到"图层2"和文字图层之间的细线处，鼠标变成两圆相交状态，单击鼠标，两个图层形成剪贴关系，并为文字图层设置投影、内发光和浮雕效果，如图 7-78 所示。

图 7-78　创建剪贴蒙版

5）选择通道：打开图像文件 fire.jpg，在"通道"面板选择一个图像内容与背景反差较大的通道，此图像选择"红"通道，如图 7-79 所示。

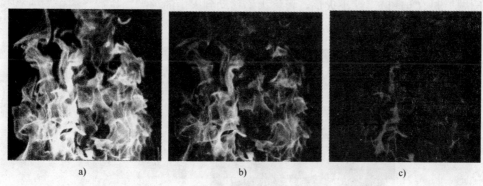

图 7-79　各通道比较

a)"红"通道　b)"绿"通道　c)"蓝"通道

6）复制通道并调整色阶：将"红"通道拖至"通道"面板下方的"新建通道"按钮  上，得到"红 副本"通道，执行"图像"→"调整"→"色阶"命令，调整通道色阶，如图7-80所示。

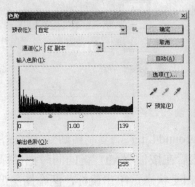

图 7-80　调整通道色阶

7）获得选区：按住〈Ctrl〉键，并单击"红 副本"通道的缩略图，获得火焰的选区，然后选中"RGB"通道，如图 7-81 所示。

图 7-81　获得选区

8）复制粘贴图像：将火焰选区内容复制粘贴到图像文件的新图层，如图 7-82 所示。然后按下快捷键〈Ctrl+T〉，缩小火焰，再将火焰移动到火炬的顶端，执行"编辑"→"变换"→"斜切"命令，调整火炬形状，如图 7-83 所示。

图 7-82　复制粘贴图像

图 7-83　斜切变换图像

9）复制粘贴图像文件：分别打开图像文件"race.jpg"、"basketball.jpg"、"hurdle.jpg"和"rowing.jpg"，均复制粘贴到当前文件中，按下快捷键〈Ctrl+T〉，适当调整图像大小，并放置在如图 7-84 所示的位置。

图 7-84　复制粘贴图像

10）添加矢量蒙版：分别选中"图层 4"～"图层 7"，执行"图层"→"矢量蒙版"→"显示全部"命令，在图层新建的白色蒙版上绘制矩形矢量图形，如图 7-85 所示。为"图层 4"～"图层 7"的图像设置"投影"和"外发光"效果，如图 7-86 所示。

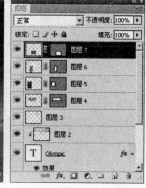

图 7-85　添加矢量蒙版

227

图 7-86 设置"投影"与"外发光"效果

（二）操作练习

第 1 题：

操作要求：打开图像文件"pigeon.jpg"，如图 7-87 所示，按照如下题目要求完成对图像的操作。

1）使用复制通道，调整"色阶"，利用通道选择选区的方法将扇动翅膀的鸽子从图像中抠取出来。

2）将鸽子选区内容复制粘贴到当前文件的文字图层"Olympic"的下方图层中。

3）将鸽子缩小，移动到文字"C"的上方，效果图如图 7-88 所示。

图 7-87 pigeon.jpg

图 7-88 效果图

第 2 题：

操作要求：利用所给素材图像文件，设计一幅保护地球的宣传画。试按以下操作要求，完成图像的设计与制作，最终效果如图 7-89 所示。

图 7-89 宣传画效果图

228

1）将图像文件"earth.jpg"复制粘贴到图像文件 hand.jpg 中，在地球图层创建图层蒙版，制作手捧地球的效果。

2）在当前图像文件地球图层上层新建一空白图层，再将图像文件 land.jpg 复制粘贴到当前图像文件的顶层，空白图层与干涸的土地建立剪贴蒙版关系，在空白图层使用"画笔工具"绘制一片区域，显露出部分干涸的土地。

3）将图像文件"trunk.jpg"复制粘贴到当前图像文件的顶层，使用钢笔工具勾画出树桩的轮廓路径，为此图层依据路径创建矢量蒙版。

4）将图像文件"felling.jpg"复制粘贴到当前图像文件的顶层，为此图层创建图层蒙版，显示部分伐倒的树木，遮盖其余部分。

5）修改当前图层的混合模式为"正片叠底"。

第 3 题：

操作要求：为图像文件"house.jpg"制作烧纸的效果，效果如图 7-90 所示，按照如下题目要求完成操作。

a)   b)

图 7-90　烧纸效果

a) house.jpg　b) 效果图

1）打开图像文件"house.jpg"，复制"背景 副本"图层。

2）使用"套索工具"，在图中"背景 副本"图层制作一个不规则区域。

3）单击工具箱中的"快速蒙版"按钮进入蒙版状态，单击"滤镜"→"像素化"→"晶格化"命令，对图像进行晶体化处理。

4）单击"通道"面板下方的将通道作为选区载入按钮，将快速蒙版层的选区载入。再将选区存储到一个新的通道"Alpha 1"中。

5）用白色填充选区。

6）扩展并羽化选区。

7）载入"Alpha 1"通道并选择"操作"为"从选区中减去"得到两个选区相减得到的环形选区。

8）选择"图像"→"调整"→"色相/饱和度"命令，为选区设置烧纸效果。

9）新建图层 1，将环形选区内的图像复制到图层 1。

10）为"图层 1"设置"投影"效果。

第8章 图像色彩色调的调整

色彩是人类对自然的视觉感应。色调是画面色彩的基调，是指一组配色或者画面的总体色彩倾向，是明度、色相和纯度共同作用的结果。对图像的色调和色彩每一次细微的调整，都将影响最终的视觉效果。Photoshop CS4 提供了丰富的色彩和色调校正工具，只有熟悉并充分运用这些工具，才有可能制作出高品质的图像。本章将对图像色调和色彩的调整方法和原理，对色彩调整工具等内容进行深入详细的介绍。

本章学习目标：

- 学会通过色阶调整图像的色调。
- 掌握曲线调整图像的色调。
- 掌握通过调整色彩平衡、亮度与对比度和色相与饱和度调整图像色彩。
- 了解特殊色调调整：反相、色调均衡、阈门、色调分离等概念，学会运用它们调整图像色调。
- 了解去色、替换颜色、可选颜色、通道混合器、渐变映射、变化等概念，学会使用它们来进行调整色彩。
- 知道照片滤镜和阴影/高光的作用。

8.1 图像色调调整

图像色调的调整主要是指对图像明暗度的调整，包括设置图像高光和暗调或设置白场和黑场，调整中间色调等。只有对色调校正完成后，才可以准确测定图像中色彩的色偏、不饱和与过度饱和的颜色，从而进行色彩的调整。

在进行色彩校正以前，有一点需要注意，就是要保证系统是经过严格的色彩校正的。也就是说，屏幕上显示的颜色应该与另一台显示器、别的视频显示设备或者打印机打印出来的图像颜色完全一致；否则，所有色彩调整工作都是没有意义的。关于显示器色彩的校正，可以使用 Photoshop CS4 提供的 Adobe Gamma 工具。

在 Photoshop CS4 中，大多数的色彩调整命令都在"图像"的"调整"子菜单中，如图 8-1 所示。

图 8-1 图像色彩调整菜单

8.1.1 色调分布

测定图像是否有足够的细节对产生高质量输出是非常重要的。区域里像素数目越多，细节也就越丰富。察看图像的细节状况最好的方式之一就是使用直方图。直方图用图形表示图像的每个亮度色阶处的像素数目，它可以显示图像是否包含足够的细节来进行较好的校正，也提供有图像色调分布状况的快速浏览图。用户通过察看图像的色调分布状况，便可以有效地控制图像的色调。

利用直方图既可以察看整幅图像的色调范围，也可以察看图像的某一层、某一选区或者某一个颜色通道的色调分布。

示例 8-1：使用直方图察看图像的色调分布。操作步骤如下：

1）打开要察看的图像文件"palace.jpg"，如图 8-2 所示。

2）选择"窗口"→"直方图"命令，打开"直方图"面板。单击"直方图"面板右上方的菜单按钮，在弹出的菜单中选择"扩展视图"命令，将扩展"直方图"面板，如图 8-3 所示。

图 8-2　打开图像

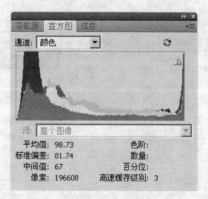

图 8-3　直方图

3）在该"直方图"面板的"通道"下拉列表框中可以选择"亮度"察看所有图像通道的色调；选择"红"、"绿"或者"蓝"察看单一通道的色调分布。

在面板中间的直方图就是图像色调统计图，其中横轴表示从最左边的最暗（0）到最右边的最亮（255）的颜色值；纵轴表示像素数目。

通过直方图可以辨别图像的主色调。如果曲线比较偏向左边，那么图像属于暗调；曲线居中分布，图像属于中间调（或称平调）；曲线比较靠右分布，图像属于高调图像。

在直方图下方是色调分布统计数据。

● 平均值：指图像亮度的平均值。

● 标准偏差：指色调分布的标准偏差。

● 中间值：指像素颜色值的中间值。

● 像素：指像素的总数。

当鼠标在直方图上移动时，在下方还会出现鼠标所在点的一些数据：

● 色阶：指鼠标当前位置的色调值。

● 数量：指当前色阶的像素数目。

● 百分位：指低于当前色阶的像素占总像素的比例值。

● 高速缓存级别：显示图像高速缓存的设置。

8.1.2　色阶

察看了色调分布状况以后，就可以着手进行色调的校正了。下面将学习在色调校正中两个非常有用的工具，那就是"色阶"和"曲线"。

示例 8-2：使用色阶来调整图像的色调。操作步骤如下：

1）打开图像文件"palace.jpg"，如图 8-2 所示。

2）选择"图像"→"调整"→"色阶"命令或按组合键〈Ctrl+L〉可打开如图 8-4 所示的"色阶"对话框。

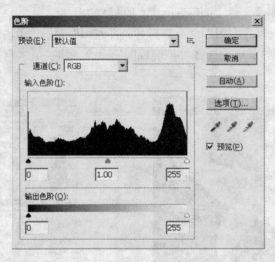

图 8-4 "色阶"对话框

3）如果不想改变图像的原始像素，则选择"图层"→"新建调整图层"→"色阶"命令，弹出"新建图层"对话框，直接选择"确认"或单击"图层"面板下方的按钮，弹出如图 8-5 所示的图层色阶"调整"面板，同时新建一个色阶调整图层，如图 8-6 所示。如果当前图层是色阶调整图层，选择"图层"→"图层内容选项"命令或者在"图层"面板用鼠标双击图层缩略图（见图 8-6），都可以打开"色阶"对话框。使用色阶调整图层，不会改变原图像，这在实际工作中是非常方便的，调整工作都在调整层里进行，具体内容参考第 5 章。

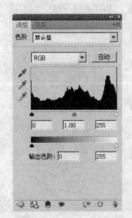

图 8-5 图层色阶的"调整"面板

图 8-6 色阶调整图层

4）打开"色阶"对话框后，就可以对图像的色调进行调整了。

在"色阶"对话框中，如果在"通道"下拉列表框中选择 RGB 主通道，则色阶的调整会对所有通道起作用；如果选择其中的一个通道，则调整会对单一的通道起作用；如果要同时调整一组颜色通道，应该在"色阶"对话框打开以前在"通道"面板中使用〈Shift〉键选中所要调整的这些通道，例如选中"红"和"绿"通道，则在打开的"色阶"对话框中将显示RG通道，如图8-7所示。

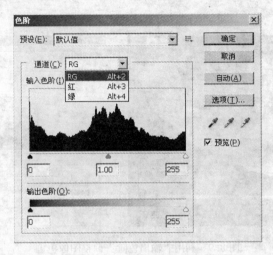

图8-7　调整色阶通道

调整高光、暗调和中间调

在如图8-7所示的"色阶"对话框中有如下各项。

● 输入色阶：既可以在文本框中输入数值，也可以利用滑块调整图像的高光、暗调和中间调来增加图像的对比度。左侧文本框中输入0～253之间的数值可以增加图像暗部的色调，其工作原理是把图像中亮度值小于该数值的所有像素都变成黑色；在中间文本框中输入0.1～9.99之间的数值可以调整图像的中间色调，数值小于1.00时中间色调变暗，数值大于1.00时中间色调变亮；在右侧文本框中输入2～255之间的数值可以增加图像亮部的色调，它会把所有亮度值大于该数值的像素都变成白色。图8-8所示是利用"输入色阶"调整图像色调后的效果。

 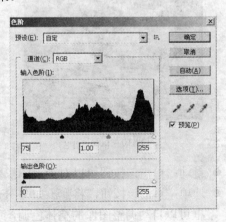

图8-8　利用"输入色阶"调整图像色调

● 输出色阶：主要作用是限定图像输出的亮度范围，它会降低图像的对比度。在左侧文本框中输入 0～255 之间的数值可以调整亮部色调；在右侧文本框中输入 0～255 之间的数值可以调整暗部色调。例如在右侧文本框中输入"200"，则输出图像的最亮像素仅限于 200，其他像素按比例变暗。图 8-9 所示是利用"输出色阶"调整图像色调后的效果。

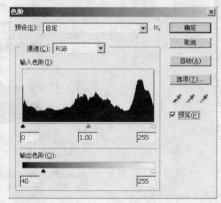

图 8-9　利用"输出色阶"调整图像色调

● 吸管工具：从左到右依次为黑色、灰色和白色吸管。单击其中一个吸管后，把鼠标移到图像区域内，则光标会变成相应的吸管形状。黑色吸管会将图像中所有像素的亮度值减去吸管单击处像素的亮度值，使图像变暗；白色吸管会将图像中所有像素的亮度值加上吸管单击处像素的亮度值，使图像变亮；灰色吸管会用吸管单击处像素的灰度值去重新调整图像的色调分布。图 8-11～图 8-13 分别是对图 8-10 用 3 个吸管工具点选图像中"红叶"的效果（"吸管工具"的"取样大小"设置为 3×3 平均）。

图 8-10　potala.jpg　　　　　　　　　图 8-11　黑色吸管的使用效果

● 自动：单击该按钮可以对当前图像自动调整色阶，使图像亮度分布更加均匀。

● 选项：单击该按钮，将弹出如图 8-14 所示的"自动颜色校正选项"对话框。该对话框可以自动调整图像的整体色调，可以给暗调、中间调和高光指定颜色，并可以定义"剪贴"的黑色和白色像素的百分比（默认值为 0.1%）。

图 8-12　灰色吸管的使用效果　　　　　　　图 8-13　白色吸管的使用效果

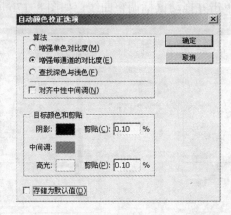

图 8-14　"自动颜色校正选项"对话框

8.1.3　曲线

"曲线"命令和"色阶"命令相似，都可以用于调整图像的色调范围，但"曲线"功能更强。它不但可以调整图像的高光、暗调和中间调，还能对灰阶曲线中的任何一点进行调整。

示例 8-3：使用"曲线"命令调整图像的色调范围。操作步骤如下：

打开图像文件 girl.jpg，如图 8-15 所示。然后选择"图像"→"调整"→"曲线"命令，或者按快捷键〈Ctrl+M〉，将弹出如图 8-16 所示的对话框。

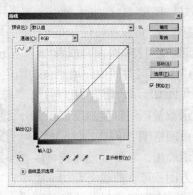

图 8-15　原始图像　　　　　　　　　图 8-16　"曲线"对话框

1．认识曲线

图 8-16 中的直线代表了 RGB 通道的色调值。当前左下角是黑色而右上角是白色，中心垂直虚线格代表了中间色调区域。改变图中的曲线形态就可以改变当前图像的亮度分布。

表格的横坐标代表输入色阶，纵坐标代表输出色阶，其变化范围都是从 0～255，这与色阶图的输入输出相似。

如果在按住〈Alt〉键的同时用鼠标在曲线图内单击，这时虚线格将由默认的一排 4 个变成 10 个，这样便于曲线的精确控制。

当光标在表格中移动时，对应点的坐标值会显示在下面的输入和输出栏中。

选择表格左上方的"曲线工具" ，可以通过拖曳表格中的曲线来改变曲线形态，如图 8-17a 所示；选择"铅笔工具" ，可以在表格中自由绘制亮度曲线；选择"图像调整工具" 后，将鼠标移到画面中单击并拖动鼠标调整曲线，如图 8-17b 所示。

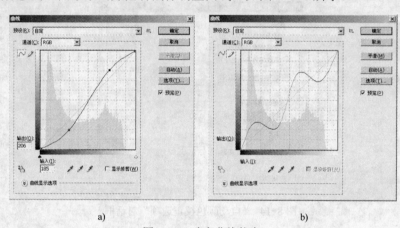

a)   b)

图 8-17　改变曲线状态

a) 使用"曲线工具"　b) 使用"铅笔工具"

当在曲线中选择铅笔工具时，对话框中的"平滑"按钮被激活，该按钮可以用于对铅笔绘制的曲线作平滑处理。

在对话框底部的亮度杆可以改变亮度的变化方向。在默认状态下，输入杆从左至右，输出杆从下到上亮度值逐渐增加。如果单击底部亮度杆，则输入输出亮度杆都会反向，即黑白位置互换，且坐标值变成用百分比表示。

在曲线上单击，会产生小节点，如果用鼠标拖曳这些小节点，则与该点相邻的两节点间的曲线会变弯曲。可以在按住〈Shift〉键的同时单击节点以选中多个节点。如果要删除某节点，可以把节点拖曳到表格外面，或者按住〈Ctrl〉键单击节点，或者选中节点后按〈Del〉键。

"自动"按钮可对图像应用"自动颜色"、"自动对比度"或"自动色调"校正。

选择"曲线显示选项"，可以打开"曲线显示选项"界面，如图 8-18 所示。

● 显示数量：可以使强度值和百分比反转显示。
● 简单网格/详细网格：按下按钮 显示一排 4 个网格；按下按钮 显示一排 10 个网格。
● 通道叠加：各种颜色曲线可以叠加到复合通道曲线上，如图 8-19 所示。
● 直方图：可在曲线上叠加或隐藏直方图。
● 基线：在网格上显示或隐藏基线。

● 交叉线：在调整曲线时，显示水平和垂直线，目的是在拖动曲线时，对应网格将点对齐。

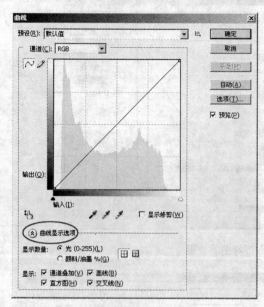

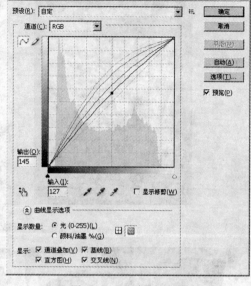

图 8-18　曲线显示选项　　　　　　　　　图 8-19　通道叠加曲线

2. 使用曲线调整颜色

在亮度杆的正常方向下，色阶曲线越向右下凹，图像会越暗，反之则越亮。图 8-20 和 8-21 所示，分别是曲线向左上和右下弯曲的效果。

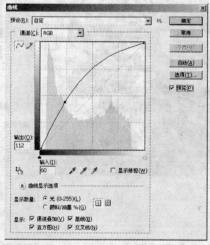

图 8-20　曲线向左上弯曲效果

使用"铅笔工具"任意绘制曲线，可以使图像呈现特殊效果，如图 8-22 所示。

8.1.4　特殊色调调整

在图像调整菜单中，还有一些特殊的调整命令，如"反相"、"色调均化"等。这些功能也能在曲线中实现，但这里提供的命令可以让用户操作起来更加方便快捷。

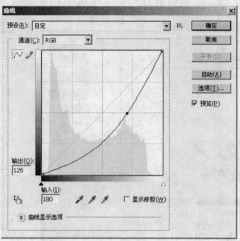

图 8-21　曲线向右下弯曲的效果

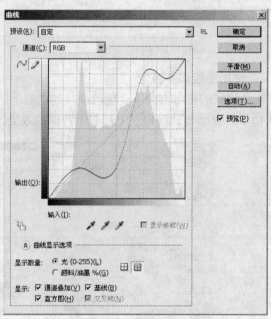

图 8-22　使用"铅笔工具"任意绘制曲线

1．反相

"反相"命令会把图像选择区域中的所有像素的颜色都改为它们的互补色，如白变黑、黑变白等。该命令有一个组合键〈Ctrl+I〉。

图 8-23 所示是运用"反相"前后的效果。

2．色调均化

"色调均化"命令可以使图像色彩分布更平均，提高图像的对比度。其工作原理是：把最亮的像素变成白色，把最暗的像素变成黑色，其余的像素映射到相应的灰度值上，然后生成合成图。

a)   b)

图 8-23　反相效果

a) 原图（fish.jpg）　b) 反相

　　该命令可以针对整个图像处理，也可以针对选区。如果调用"色调均化"命令，将会弹出一个如图 8-24 所示的对话框。

图 8-24　"色调均化"对话框

　　选择第一个单选按钮表示"色调均化"命令仅作用于所选区域；选择第二个单选按钮表示将以选区内的最亮和最暗像素为基准对整个图像的色调进行均化。

　　图 8-25 所示是"色调均化"前后的效果。

a)   b)

图 8-25　色调均化效果

a) shore.jpg　b) 色调均化后

3．阈值

该命令会将图像变成只有白色和黑色两种色调的高对比度的黑白图像，甚至没有灰度。

示例 8-4：使用"阈值"命令察看图像。操作步骤如下：

1）打开图像，复制背景图层，选择图 8-1 所示菜单中的"阈值"命令，将弹出如图 8-26 所示的对话框。

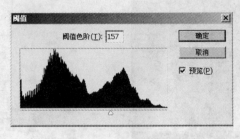

图 8-26 阈值设置

2）可以通过输入 1～255 之间的数值或者拖动滑块来确定黑白像素的分配，在滑块左边的像素将全部变为黑色，而右边的则变为白色。

3）参数设置如图 8-26 所示，运用"阈值"命令前后的效果如图 8-27 所示。

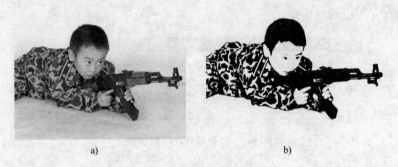

a)   b)

图 8-27 阈值不同时的效果

a) man.jpg   b) 效果图

4．色调分离

该命令的作用和阈值类似，不过它可以指定转变的色阶数，而不像阈值只转变成黑白两种颜色。

示例 8-5：使用"色调分离"命令调整图像的色调范围。操作步骤如下：

1）打开图像，选择"图像"→"调整"→"色调分离"命令，将弹出如图 8-28 所示的对话框。

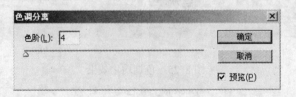

图 8-28 "色调分离"对话框

2）在"色阶"文本框中可以输入 2～255 之间的数值，指定转变的色阶数目。

3）不同色阶数的效果如图 8-29 所示。由效果看出，色阶值越大越接近原图。

a)   b)   c)

图 8-29　色调分离效果

a) paddle.jpg　b) 色阶数为 4　c) 色阶数为 15

归纳：

本节主要讲解了图像的色调调整，它主要是指对图像明暗度的调整。"色阶"和"曲线"都是用来调整图像色调范围的。"反相"、"色调均化"、"阈值"、"色调分离"是特殊的色调调整命令。

- 通过"曲线"和"色阶"可以调整图像的高光、暗调和中间调，"曲线"还能对灰阶曲线中的任何一点进行调整。
- 通过"反相"把图像选择区域中的所有像素的颜色都改为它们的互补色。
- 通过"色调均化"可以使图像色彩分布更平均，提高图像的对比度。
- 通过"阈值"可以将图像变成只有白色和黑色两种色调的高对比度的黑白图像，甚至没有灰度。

实践：

使用"阈值"可以提取图像细节部分。

8.2　图像色彩调整

图像色彩调整主要是调整色彩平衡、亮度/对比度、色相/饱和度等。调整色彩的命令也都包含在图 8-1 所示的"图像"→"调整"菜单里面。

8.2.1　色彩平衡

"色彩平衡"命令可以改变彩色图像中颜色的组成，这个命令虽然没有前面介绍的"曲线"调整精确，但使用起来更加方便。

示例 8-6：使用"色彩平衡"命令调整图像的色调范围。操作步骤如下：

打开一幅图像后，选择"图像"→"调整"→"色彩平衡"命令，或者按快捷键〈Ctrl+B〉，将弹出如图 8-30 所示的"色彩平衡"对话框。

- 色阶：3 个文本框对应下面的 3 个滑块，通过输入或者移动滑块来调整色彩平衡。在输入框中输入–100～100 之间的数值，表示颜色减少或者增加的数值。
- 色调平衡：选择"阴影"、"中间调"或"高光"分别调整相应色调的像素；选择"保持明度"可以在 RGB 模式图像颜色更改时保持色调平衡。

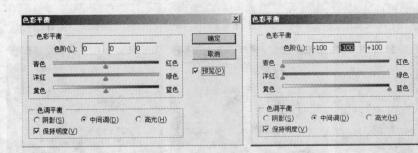

图 8-30 "色彩平衡"对话框

图 8-31 所示是调整前后的效果。

图 8-31 "色彩平衡"调整效果

a) pavilion.jpg b) 效果图

8.2.2 亮度/对比度

"亮度/对比度"命令用于粗略地调整图像的亮度与对比度。该命令将一次调整图像中所有像素（包括高光、阴影和中间调），但对单个通道不起作用，所以不能作精细调整。

示例 8-6：使用"亮度/对比度"命令调整图像。操作步骤如下：

1）打开要调整的图像后，选择"图像"→"调整"→"亮度/对比度"，将弹出如图 8-32 所示的"亮度/对比度"对话框。

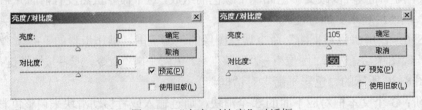

图 8-32 "亮度/对比度"对话框

2）在文本框中输入-100～100 之间的数值，或者移动滑块，就可以完成图像亮度与对比度的调整。

242

图 8-33 所示为调整亮度与对比度前后的效果。

a)   b)

图 8-33 亮度/对比度调整效果

a) shine.jpg b) 效果图

8.2.3 自然饱和度

当图像的颜色已接近最大饱和度时，要调整图像的饱和度，使图像能够最大限度地减少修剪。

示例 8-7：使用"自然饱和度"命令调整图像。操作步骤如下：

打开图像后，选择"图像"→"调整"→"自然饱和度"命令，将弹出"自然饱和度"对话框，如图 8-34 所示。

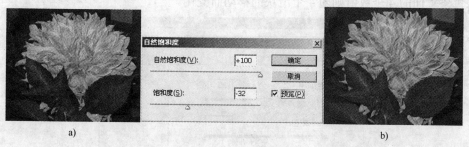

a)   b)

图 8-34 自然饱和度效果

a) flowers.jpg b) 效果图

说明：

● 自然饱和度：改变参数可以调整不饱和的颜色，当颜色接近饱和时避免颜色被减少。

● 饱和度：改变参数可以将相同的饱和度调整量应用在任何颜色中。

8.2.4 色相/饱和度

"色相/饱和度"命令用来调整图像的色相、饱和度和明度。

打开图像后，选择"图像"→"调整"→"色相/饱和度"，或者按快捷键〈Ctrl+U〉，将弹出"色相/饱和度"对话框,如图 8-35 所示。

通过"编辑"下拉列表框可以选择"红色"、"黄色"、"绿色"、"青色"、"蓝色"和"洋红"调整单一颜色或者选择"全图"调整整个图像的色相和饱和度。

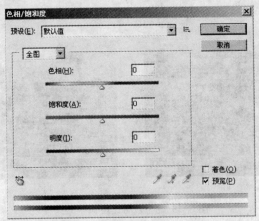

图 8-35 "色相/饱和度"对话框

在"色相"文本框中输入-180~180 之间的数值,在"饱和度"文本框中输入-100~100 之间的数值,在"明度"文本框中输入-100~100 之间的数值就可以调整图像的色相、饱和度和明度。也可以分别拖动对应的 3 个滑块来调整图像色彩。

在对话框底部有两个颜色条,其中上面的一个表示调整前的状态,下面的一个表示调整后的状态。

当在"编辑"下拉列表框中选择单一颜色时(如黄色),如图 8-35 所示的对话框会出现相应的变化,结果如图 8-36 所示。其中 3 个吸管工具会被激活,在两个色条中间会出现 4 个滑标,色条上面的 4 个数值则随 4 个滑块的移动而变化。

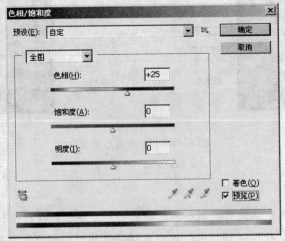

图 8-36 "色相/饱和度"对话框调整后的结果

在两个彩色条中间的灰色块中,深灰色的部分表示要调整的颜色范围,用鼠标可以移动位置,拖动深灰色两边的小滑块可增加或减少深灰色的区域,即改变颜色的范围;深灰色两边浅灰色部分表示颜色衰减的范围,通过拖动两边的滑块可以改变颜色衰减的范围。

"吸管工具"用来确定调整的颜色范围，使用第一个吸管在图像中单击，可选定一种颜色作为色彩调整的范围；使用第二个吸管来增加颜色范围；使用第三个吸管来减少选择的颜色范围。

当选择"着色"复选框时，使整个图像或选区色调趋向于前景色色调。因此，可以将一幅灰色或黑白图像染上单一颜色，或者将彩色图像转变成单色。

示例 8-8：使用"色相/饱和度"命令调整照片人物衣服的色调。操作步骤如下：

1）打开图像后，选择"多边形套索工具"勾选男士衣服，羽化值为"2 像素"。

2）使用"选择"→"修改"→"扩展"扩展量为 2 像素。

3）调整"色相/饱和度"：色相"25"，饱和度"0"，明度"0"。调整"色相/饱和度"效果如图 8-37 所示。

a)   b)

图 8-37   调整"色相/饱和度"效果

a) hotel.jpg   b) 效果图

8.2.5 去色

"去色"命令会将图像中所有颜色的饱和度变成"0"，即将所有颜色转换为灰度值。但该命令与将图像转变成"灰度"图不同，它会保持原来的颜色模式。

图 8-38 所示是去色前后的效果。

a)   b)

图 8-38   去色效果

a) lion.jpg   b) 效果图

8.2.6 黑白

"黑白"命令可以将彩色图像转换为灰度图像，通过选项同时控制各颜色的转换方式。也可以将彩色图像转换为单色图像，可以为灰度图像着色。

示例8-9：使用"黑白"命令调整照片人物衣服的色调。操作步骤如下：

打开图像文件"fourflowers.jpg"，选择"图像"→"调整"→"黑白"命令，将弹出如图8-39所示的"黑白"对话框。在调整前，Photoshop会基于图像中的颜色混合，执行默认的灰度转换。

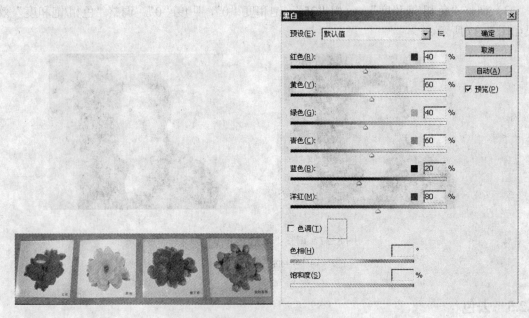

图8-39　"黑白"对话框

预设：使用不同的预设，创建不同的黑白效果；单击右侧的按钮≣，选择"存储预设"进行存储。

颜色滑块：不同的颜色滑块可调整图像中特定颜色的灰色调。例如：拖动黄色滑块向左时，可以使图像中由黄色转换而来的灰色调变暗，如图8-40所示；拖动黄色滑块向右时，可以使图像的灰色调变亮，如图8-41所示。如果要对某个颜色进行更加细致的调整，可以将光标定位在该颜色区域的上方，单击并拖动鼠标。此时该颜色的滑块也一同滑动，使该颜色在图像中变暗（向左）或变亮（向右）。在不同颜色的区域单击鼠标，自动跳转使该颜色的滑块文本框高亮。

图8-40　灰色调变暗

图8-41　灰色调变亮

色调：勾选"色调"可以通过调整"色相"和"饱和度"对灰度应用色调，如图 8-42 所示。

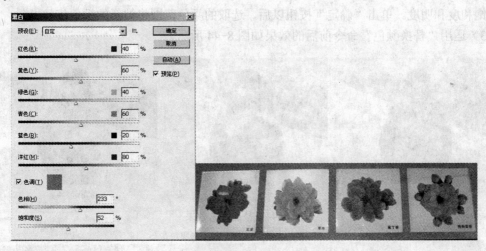

图 8-42　勾选"色调"调整"色相"饱和度

自动：设置基于图像的颜色值的灰度混合，使灰度值分布最大化。

8.2.7　替换颜色

"替换颜色"命令可以改变选定颜色的色相、饱和度和明度。

示例 8-9：使用"替换颜色"命令调整照片中人物衣服的色调。操作步骤如下：

1）打开图像，选择"图像"→"调整"→"替换颜色"命令，将弹出如图 8-43 所示的对话框。

图 8-43　"替换颜色"对话框

2）在如图 8-43 所示的对话框中，首先设定颜色容差，然后用"吸管工具"在图像中取色，可以用带"＋"号的吸管添加颜色，也可以用带"－"号的吸管减少颜色，最后调整色相、饱和度和明度。单击"确定"按钮以后，选取的颜色范围将被新的颜色值替换。

3）运用"替换颜色"命令前后的效果如图 8-44 所示。

图 8-44　替换颜色效果

a) house.jpg　b) 效果图 1　c) 效果图 2

8.2.8　可选颜色

"可选颜色"命令可对 RGB、CMYK 和灰度等色彩模式的图像进行分通道校色。

打开图像后，执行"图像"→"调整"→"可选颜色"命令，将弹出"可选颜色"对话框，如图 8-45 所示。

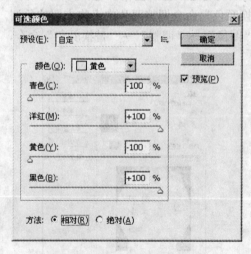

图 8-45　"可选颜色"对话框

在"颜色"列表中选择需要修改的颜色，然后就可以拖动下面 CMYK 4 种颜色的滑块，来改变颜色比重。

- 方法："相对"用于调整现有的 CMYK 值，例如图像中现有 50% 的洋红，如果增加了 10%，那么实际增加的洋红是 5%（50%×10%=5%），最后为 55% 的洋红；"绝对"用于调整颜色的绝对值，例如图像中有 50% 的洋红，如果增加了 10%，则增加后为 60%（50%＋10%=60%）的洋红。

图 8-46 所示为设置可选颜色的效果图。

a)   b)   c)

图 8-46　可选颜色效果

a) flower.jpg　b) 相对（洋红 100，黄色–100）　c) 绝对（洋红 100，黄色–100）

8.2.9　通道混合器

"通道混合器"命令可以改变某一通道中的颜色，并混合到主通道中产生一种图像合成效果。

选择"图像"→"调整"→"通道混合器"命令，将弹出如图 8-47 所示的"通道混合器"对话框。

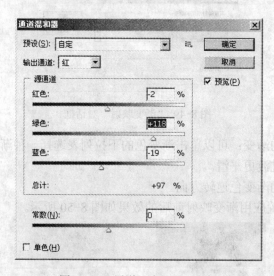

图 8-47　"通道混合器"对话框

- 输出通道：可以选择要调整的通道。
- 源通道：通过输入数值或者拖动滑块来改变颜色。
- 常数：通过输入–200～200 之间的数值来改变当前指定通道的不透明度。
- 单色：制作灰度图像。

图 8-48 是使用"通道混合器"前后的效果。

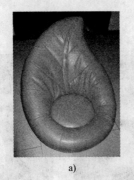

a)   b)

图 8-48　通道混合器效果

a) tree.jpg　b) 效果图

8.2.10　渐变映射

"渐变映射"命令用来将相等的图像灰度范围映射到指定的渐变填充色上。如果指定双色渐变填充，图像中的暗调映射到渐变填充的一个端点颜色；高光映射到另一个端点颜色；中间调映射到两个端点间的层次。

打开将要调整的图像，选择"图像"→"调整"→"渐变映射"命令，将弹出"渐变映射"对话框，如图 8-49 所示。

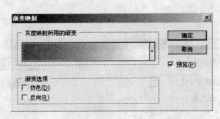

图 8-49　"渐变映射"对话框

● 灰度映射所用的渐变：可以单击渐变色的下拉列表选择一种渐变类型。
● 仿色：使色彩过渡更平滑。
● 反向：使现有的渐变色逆转方向。
套用图 8-49 的设置应用渐变映射前后的效果如图 8-50 所示。

a)   b)

图 8-50　渐变映射效果图

a) bride.jpg　b) 效果图

8.2.11 变化

"变化"命令以非常直观的方式调整图像或选区的色彩平衡、对比度和饱和度。

打开图像文件"bride.jpg"，选择"图像"→"调整"→"变化"命令，将弹出如图 8-51 所示的"变化"对话框。

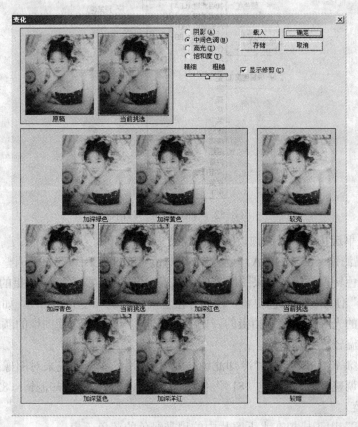

图 8-51 "变化"对话框

- 可以选择"阴影"、"中间调"、"高光"与"饱和度"单选按钮，对图像或选区的色彩进行调整。
- 可以通过拖动"精细粗糙"滑块来确定每次调整的程度，"精细"表示每次作细微的调整，"粗糙"表示调整程度较大。
- 选中"显示修剪"复选框可显示图像中的溢色区域，以防止调整后出现溢色现象。
- 在调整时，按要求单击相应的缩略图即可，单击左上角的"原稿"可以复位到原始状态。例如要在图像中增加洋红，用鼠标单击下面标有"加深洋红"的图样即可。

8.2.12 照片滤镜

"照片滤镜"命令是模拟在相机镜头前面加上彩色滤镜效果，以便调整通过镜头传输的光的色彩平衡和色温。

打开将要调整的图像，选择"图像"→"调整"→"照片滤镜"命令，将弹出"照片滤镜"对话框，如图 8-52 所示。

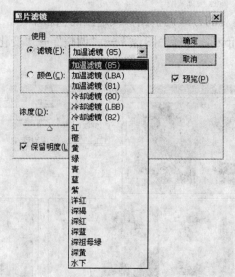

图 8-52 "照片滤镜"对话框

- "滤镜"单选按钮：提供预设的滤镜效果。其中，
  - "加温滤镜（85 和 LBA）"及"冷却滤镜（80 和 LBB）"用于调整图像中的白平衡的颜色转换滤镜。如果图像是使用色温较低的光（微黄色）拍摄的，则"冷却滤镜（80）"使图像的颜色更蓝，以便补偿色温较低的环境光。相反，如果照片是用色温较高的光（微蓝色）拍摄的，则"加温滤镜（85）"会使图像的颜色更暖，以便补偿色温较高的环境光。
  - "加温滤镜（81）"和"冷却滤镜（82）"使用光平衡滤镜来对图像的颜色品质进行细微调整。"加温滤镜（81）"使图像变暖（变黄），"冷却滤镜（82）"使图像变冷（变蓝）。
  - "水下"用于模拟在水下照片中的稍带绿色的蓝色色痕。
- 颜色：单击颜色块，打开"拾色器"对话框，为自定颜色滤镜指定颜色。
- 浓度：调整应用于图像的颜色数量的百分比。"浓度"越高，颜色调整幅度就越大。
- 保留明度：选中此项，则图像不会因为添加颜色滤镜而变暗。

图 8-53 为使用"加温滤镜（85）"前后的效果图以及在"照片滤镜"对话框中的设置。

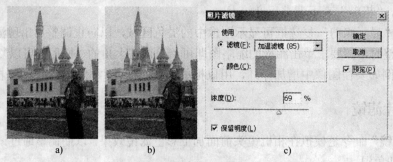

a)   b)   c)

图 8-53 照片滤镜效果图

a) happy.jpg   b) 效果图   c) 对话框设置

8.2.13 "阴影/高光"命令

"阴影/高光"命令用于校正由强逆光而形成剪影的照片，使阴影区域变亮；或者用于校正由于太接近相机闪光灯而有些发白的焦点，使高光区域变暗。在用其他方式采光的图像中，这种调整也可用于使阴影区域变亮。此命令不是简单地使图像变亮或变暗，而是基于阴影或高光中的周围像素（局部相邻像素）增亮或变暗。

打开将要调整的图像，选择"图像"→"调整"→"阴影/高光"命令，将弹出"阴影/高光"对话框，如图 8-54 所示。

选中对话框下方的"显示更多选项"复选框，将弹出"阴影/高光"对话框的全部内容，如图 8-55 所示。

- 数量：通过移动"数量"滑块或者在"阴影"或"高光"的百分比文本框中输入一个值来调整光照校正量。值越大，为阴影提供的增亮程度或者为高光提供的变暗程度越大。既可以调整图像中的阴影，也可以调整图像中的高光。
- 色调宽度：控制阴影或高光中色调的修改范围。较小的值会限制只对较暗区域（较亮区域）进行阴影（高光）校正的调整；反之，会增大调整的范围。

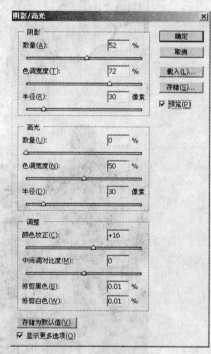

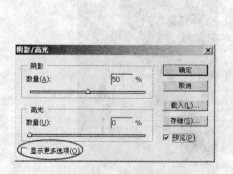

图 8-54 "阴影/高光"对话框　　　　图 8-55 "阴影/高光"对话框的全部内容

- 半径：控制每个像素周围的局部相邻像素的大小。相邻像素用于确定像素是在阴影还是在高光中。最好将半径设置为与图像中所关注主体的大小大致相等，如果"半径"太大，则调整倾向于使整个图像变亮（或变暗），而不是只使主体变亮。"半径"数值的设置，最好以多次试验，比较最佳效果获得。

- 颜色校正：对于正在进行阴影与高光调整的彩色图像，允许在此图像的已调整阴影（或高光）区域中微调颜色。
- 中间调对比度：调整中间调中的对比度。负值会降低对比度，正值会增加对比度。增大中间调对比度会在中间调中产生较强的对比度，同时倾向于使阴影变暗并使高光变亮。
- "修剪黑色"和"修剪白色"：指定在图像中会将多少阴影和高光剪切到新的极端阴影（色阶为"0"）和高光（色阶为"255"）颜色。值越大，生成的图像的对比度越大。剪贴值的设置不必太大，因为这样做会减小阴影或高光的细节。

套用图 8-55 的设置使用"阴影/高光"调整前后的效果如图 8-56 所示。

归纳：

图像色彩调整主要是调整色彩平衡、亮度与对比度、色相与饱和度等。
- 通过"去色"命令可以将所有颜色转换为灰度值。
- 通过"黑白"命令可以将彩色图像转换为灰度图像，可以为灰度图像着色。
- 通过"替换颜色"命令可以改变选定颜色的色相、饱和度和明度。
- 通过"可选颜色"命令可对图像进行分通道校色。

a)   b)

图 8-56 "阴影/高光"效果

a) lovely-gile.jpg b) 效果图

- 通过"通道混合器"命令可以改变某一通道中的颜色，并混合到主通道中产生一种图像合成效果。

● 通过"渐变映射"命令可将相等的图像灰度范围映射到指定的渐变填充色上。

● 通过"变化"命令调整图像或选区的色彩平衡、对比度和饱和度。

● 通过"照片滤镜"命令可以模拟在相机镜头前面加上彩色滤镜，以便调整通过镜头传输的光的色彩平衡和色温。

● 通过"阴影/高光"命令校正由强逆光而形成剪影的照片，使阴影区域变亮；或者校正由于太接近相机闪光灯而有些发白的焦点，使高光区域变暗。

实践：使用"替换颜色"命令、"可选颜色"命令、"通道混合器"命令、"渐变映射"命令、"变化"命令可改变图像颜色。

8.3　本章小结

本章主要借助于色阶、曲线和其它一些命令讲解了色调的调整；借助于色彩平衡、亮亮对比度、色相饱和度等命令介绍了色彩的调整；掌握色彩色调的调整对于处理好图像有很大的作用。

8.4　练习与提高

一、思考题

1. 图像色调调整和图像色彩调整的区别是什么？

2. "曲线"与"色阶"的相同点与不同点是什么？

3. 理解特殊色调调整的概念，如色调均化、阈值、色调分离。

4. 在"色相/饱和度"对话框中，勾选与不勾选"着色"的区别是什么？

5. 如何将如图 8-57 所示的春色图"greengrass.jpg"转换成秋色图？

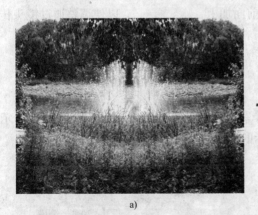 

a)　　　　　　　　　　　　　　　　b)

图 8-57　将春色图转换为秋色图

a) greengrass.jpg）　b) 效果图

二、选择题

1. 图像色彩调整的命令是"＿＿＿＿＿＿"。

　A. 色相/饱和度　　　　B. 曲线　　　C. 色调均化　　　D. 色阶

2. 图像色调调整的命令是"_____"。

　　A. 亮度/对比度　　　　　B. 去色　　　C. 曲线　　　　D. 色彩平衡

3. 关于"阴影/高光"命令叙述错误的是_____。

　　A. "阴影/高光"命令用于校正由强逆光而形成剪影的照片，使阴影区域变亮

　　B. "阴影/高光"命令用于校正因太接近照相机闪光灯而有些发白的焦点，使高光区域变暗

　　C. "阴影/高光"命令使阴影或高光中的周围像素增亮或变暗

　　D. "阴影/高光"命令也可用于其它方式采光的图像中，但不能使阴影区域变亮

4. 关于"通道混合器"命令，下面说法错误的是_____。

　　A. "通道混合器"命令是专门针对通道调整图像的

　　B. "通道混合器"命令能够分别选择单色通道，但不能修改单色通道

　　C. "通道混合器"命令是针对通道而设置的颜色通道

　　D. 在"通道混合器"对话框中"单色"选项是用来创建高品质的灰度图像的

5. 关于色彩的构成，下列说法错误的是_____。

　　A. 红色与绿色混合产生黄色　　　　　B. 红色与蓝色混合产生洋红色

　　C. 绿色与蓝色混合产生青色　　　　　D. A、B、C 都不对

三、填空题

1. "通道混合器"对话框中的"单色"选项是用来_____。这是因为将彩色图像转换为灰度图像的同时，还可以调整颜色信息参数，以设置其对比度。

2. "色相/饱和度"命令用来调整图像的_____、_____和_____。

3. "阈值"命令会将图像变成只有_____和_____两种色调的高对比度的_____图像。

4. "_____"命令会将图像中所有颜色的饱和度变成"0"，即将所有颜色转换为灰度值。但该命令与将图像转变成"灰度"图不同，它会保持原来的颜色模式。

5. "照片滤镜"命令是模拟在照相机镜头前面加上_____，以便调整通过镜头传输的光的色彩平衡和色温。

四、操作指导与练习

（一）操作示例

1. 操作要求

制作旧照片。打开"指定盘\photoshop cs4 素材\Chapter 8"文件夹，将如图 8-58 所示的素材文件"myfamily.jpg"，制成如图 8-59 所示的旧照片。

图 8-58　原图

图 8-59　效果图

2．操作步骤

1）打开图像文件"myfamily.jpg"，如图 8-58 所示。为了保护原文件，复制背景图层，在"背景副本"图层上操作。

2）选择"图像"→"调整"→"曲线"命令，打开"曲线"对话框，增加照片的亮度，如图 8-60 所示。

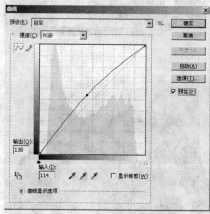

图 8-60　调整图像亮度

3）因为旧照片中有不少白色磨损，需要添加杂色。选择"滤镜"→"杂色"→"添加杂色"命令，打开"添加杂色"对话框，为图像添加杂色，如图 8-61 所示。

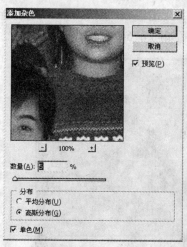

图 8-61　添加杂色

4）单击工具栏中的"默认前景色和背景色"按钮，设置前景色为黑色，背景色为白色，然后选择"图像"→"调整"→"渐变映射"命令，打开"渐变映射"对话框，单击"确定"按钮，图像应用渐变映射效果，彩色照片变为黑白照片，如图 8-62 所示。

5）选择"图像"→"调整"→"色彩平衡"命令，打开"色彩平衡"对话框，调整照片的色彩，使照片发黄，如图 8-63 所示。

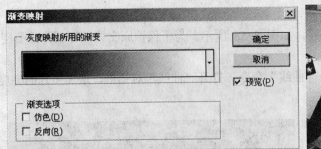

图 8-62　彩色照片变为黑白照片

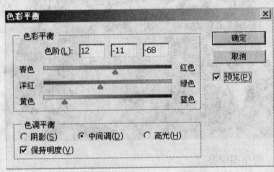

图 8-63　调整照片的色彩

6）接下来制作划痕，单击"图层"面板的"创建新图层"按钮 ，选择"滤镜"→"渲染"→"云彩"命令，用云彩滤镜渲染这一层。然后选择"滤镜"→"纹理"→"龟裂缝"命令，打开"龟裂缝"对话框，在云彩上设置龟裂缝效果，如图 8-64 所示。

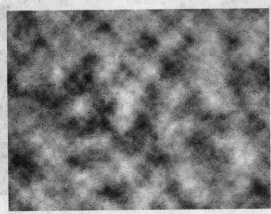

图 8-64　在云彩上设置龟裂缝效果

7）选择"图像"→"调整"→"亮度/对比度"命令，打开"亮度 / 对比度"对话框，将亮度和对比度均设为+100，这样图像中只剩下白色和一些黑色的细小条纹，如图 8-65 所示。

8）选择"选择"→"色彩范围"命令，打开"色彩范围"对话框，从下拉列表中选择"高光"，单击"确定"按钮，所有的黑色区域都被选中，然后选择"选择"→"反向"命令，所有的白色区域都被选中，接着把'背景'图层作为当前图层，按〈Del〉键，清除选区部分，再按〈Ctrl+D〉组合键，取消选区，如图 8-66 所示。

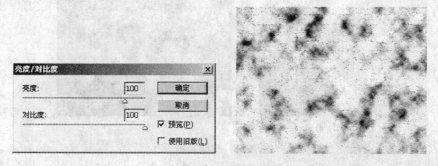

图 8-65　增加亮度与对比度

图 8-66　制作清除选区

9）当发现被删除的区域较多或一些删除的区域还想保留时，利用"选区工具"，如"多边形套索工具"或"矩形或椭圆选框工具"，同时在选项栏中，选择"从选区中删除"命令，把还想保留但已被选取的删除区域释放出来即可，经过修改后的选区形成旧照片效果，如图 8-67 所示。

图 8-67　旧照片效果

（二）操作练习

第 1 题：

操作要求：打开"指定盘\Chapter8\素材"文件夹，将素材文件"wedding-photo.jpg"中的人物提取出来放到另一张背景图上，如图 8-68 所示。

图 8-68　提取人物

a) 原图　b) 合成图

第 2 题：

操作要求：打开"指定盘\Chapter8\素材"文件夹，将一张照片文件"**bride.jpg**"制作出旧照片的效果，如图 8-69 所示。

图 8-69　旧照片效果

a) 原图　b) 效果图

第 3 题：

操作要求：打开"指定盘\Chapter8\素材"文件夹，将一张黑白照片制成彩色照片的效果，如图 8-70 所示。

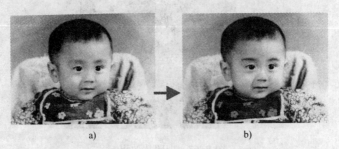

图 8-70　制作彩色照片

a) 原图　b) 效果图

第9章　Photoshop 的滤镜

Photoshop CS4 提供了功能强大的滤镜工具。滤镜可用于对图像进行修饰和变换，强化图像效果，使图像呈现神奇的艺术效果；滤镜也可用于遮盖图像缺陷或对图像进行优化处理。

本章将介绍 Photoshop CS4 中滤镜的基本功能及使用方法，包括 14 个滤镜组、3 种特殊滤镜和具有保护性质的智能滤镜等功能，以及使用各种滤镜渲染图像的方法。

本章学习目标：
- 了解滤镜的分类、作用范围和影响滤镜效果的因素。
- 了解各滤镜的功能和应用技巧。
- 学会智能滤镜的使用。
- 学会特殊滤镜的使用。
- 学会滤镜组的使用。

9.1　认识滤镜

Photoshop CS4 中的滤镜源于摄影中的滤光镜。安装了滤光镜的摄影器材，可以拍摄出模拟特殊光照和纹理效果的图像，还可以模拟自然界中如起风、起波浪时的特殊效果等。Photoshop CS4 中的滤镜具有与滤光镜相似的功能，能够为图像提供素描或印象派绘画外观的特殊艺术效果，还可以使用光照效果、扭曲等为图像创建独特的变换，极大地丰富了图像的处理能力。

Photoshop CS4 中滤镜的操作比较简单，但要真正将其应用得恰到好处，还必须与通道、图层等结合起来，才能得到最佳的艺术效果。

9.1.1　滤镜的分类

Photoshop CS4 中的滤镜分为内建滤镜和外挂滤镜两种。

内建滤镜是指 Photoshop 自带的滤镜。图 9-1 所示的"滤镜"菜单列出了 Photoshop CS4 的所有内建滤镜，包括特殊滤镜及不同类别的滤镜组，共 100 多种滤镜。

外挂滤镜即第三方滤镜，是由第三方厂商开发的程序插件，可作为 Photoshop CS4 的增效工具使用，其安装后会出现在"滤镜"菜单的底部。外挂滤镜功能强大、品种繁多，常见的有 KPT、Eye Candy、Black Box、Knock Out、Mask Pro、Digital Film Tools 55mm、Neat Image 等。由于外挂滤镜品种繁杂，因此本章主要介绍内建滤镜的内容。

9.1.2　滤镜的作用范围

滤镜既可应用于当前的可见图层或选区，也可应用于整个图像。如果图像中有选区，则滤镜只应用于当前选区内的图像；无选区时，如果当前选中的是一个可见图层或者通道，则滤镜只应用于当前图层或通道。

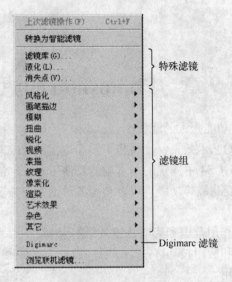

图 9-1 "滤镜"菜单

文字图层、形状图层不能直接应用滤镜，必须将其栅格化为普通图层才能应用。关于图层栅格化的方法见第 5 章的相关内容。

滤镜不能应用于位图模式、索引颜色模式的图像。8 位/通道图像可以应用所有的滤镜，16 位/通道图像可以应用部分滤镜，32 位/通道图像只能应用少数滤镜；有些滤镜只对 RGB 模式图像起作用。

仅"云彩"滤镜可以应用在没有像素的透明区域，其他滤镜必须应用在包含像素的区域。

9.1.3　滤镜效果的影响因素

影响滤镜应用效果的主要因素有图像的像素、分辨率以及滤镜的应用顺序。

滤镜是以像素为单位进行处理的，不同像素的图像应用相同的滤镜和参数设置，产生的效果可能会不同。不同像素的图像应用同一"波浪"滤镜的效果如图 9-2 所示。

a)　　　　　　　　　　　b)

图 9-2　不同像素的图像应用同一"波浪"滤镜的效果

a) 270×250 像素　　b) 500×470 像素

滤镜的应用效果与图像的分辨率有直接关系，不同分辨率的图像应用相同的滤镜和参数设置，产生的效果可能会不同。不同分辨率的图像应用同一"动感模糊"滤镜的效果如图 9-3 所示。

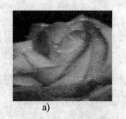
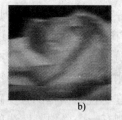

a)   b)

图 9-3   不同分辨率的图像应用同一"动感模糊"滤镜的效果

a) 200 分辨率   b) 72 分辨率

一个图像可以叠加应用多个滤镜，但滤镜的应用顺序不同，产生的效果可能会不同。不同应用顺序的滤镜效果如图 9-4 所示，左侧的 a 是先应用"壁画"滤镜再应用"染色玻璃"滤镜的效果；右侧的 b 是先应用"染色玻璃"滤镜再应用"壁画"滤镜的效果。

a)   b)

图 9-4   不同应用顺序的滤镜应用效果

a) "壁画"滤镜—"染色玻璃"滤镜   b) "染色玻璃"滤镜—"壁画"滤镜

9.1.4 滤镜的使用技巧

1. 使用滤镜

使用滤镜时，可按下列步骤进行操作：

1）指定应用滤镜的图层或选区。

2）选择"滤镜"菜单中的相关滤镜命令。

3）选择了相关的滤镜命令后，如果不出现任何对话框，说明已应用了该滤镜；如果出现滤镜对话框或滤镜库，则要输入滤镜参数数值或选择相应的选项，然后单击"确定"按钮，应用滤镜。

2. 滤镜对话框

大多数的滤镜命令都会弹出对话框，以便用户设置滤镜的参数、预览滤镜应用的效果。"高斯模糊"滤镜对话框如图 9-5 所示。

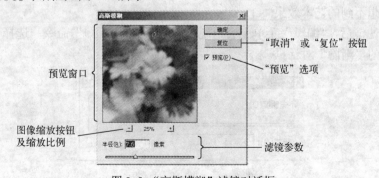

图 9-5   "高斯模糊"滤镜对话框

下面是"高斯模糊"滤镜对话框的说明：

- 对话框的左侧有一个预览窗口，通过该窗口可以预览图像应用滤镜后的效果。当用户将鼠标移到预览窗口时，光标会变成抓手形状，通过抓手移动预览窗口中的图像，可观察滤镜应用的局部效果。当用户将鼠标移动到原图像上时，光标会变成方框，这时单击鼠标会在滤镜对话框的预览窗口中显示该处的图像。

- 预览窗口的右侧有一个"预览"选项。选中"预览"选项，在对话框中的预览窗口和原图像上均可预览滤镜的应用效果。如果不选中"预览"选项，则只能在对话框中的预览窗中预览滤镜的应用效果，但这样可节省滤镜的处理时间。

- 预览窗口的下方是"缩小"按钮 −、"放大"按钮 + 和缩放比例。单击 − 或 + 按钮，可以增大或减小预览窗口中图像的显示比例；按住〈Ctrl〉键或〈Alt〉键并单击预览窗口，也可以增大或减小预览图像的显示比例。

- 对话框的下方是滤镜参数的设置区域，可在其文本框中输入参数数值，或通过拖动滑块的方式设置参数，以得到满意的滤镜效果。

- 在对话框中按住〈Alt〉键，对话框中的"取消"按钮将变成"复位"按钮，单击该按钮可将滤镜的参数设置恢复到刚打开对话框时的状态。

- 单击对话框中的"确定"按钮，可将当前设置的滤镜应用于图像。

3. 重复滤镜

当应用了某滤镜后，在"滤镜"菜单的第一项将出现该滤镜命令。单击该命令或按〈Ctrl+F〉快捷键，可以重复使用该滤镜，而且滤镜的参数设置也相同。在某一个图像上叠加应用了同一滤镜，则滤镜的效果是累加的。

应用滤镜后，如要调整滤镜参数数值或选项，可再次选择"滤镜"菜单中相应的滤镜命令，或者按〈Ctrl+Alt+F〉组合键，或者在单击"滤镜"菜单第一项时按住〈Alt〉键，就可弹出当前滤镜的对话框进行调整。

4. 取消滤镜

应用滤镜后，如果对应用效果不满意，可选择"编辑"→"后退一步"命令取消滤镜的应用，或按〈Ctrl+Z〉快捷键撤销当前的滤镜操作。

当进行了多次滤镜操作，但对处理结果不满意时，可选择"文件"→"恢复"命令将图像恢复到最后一次存盘的状态。

5. 渐隐滤镜

应用滤镜后，可以通过渐隐滤镜来更改滤镜的不透明度、混合模式控制，以减弱滤镜的效果或得到意想不到的艺术效果。

应用了某滤镜后，"编辑"菜单中会出现"渐隐（滤镜名称）"命令。选择该命令会弹出如图 9-6 所示的"渐隐"对话框。

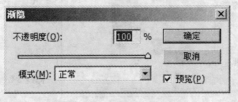

图 9-6 "渐隐"对话框

- 预览：可以选中"渐隐"对话框中的"预览"复选框，以便在原图像上预览渐隐效果。
- 不透明度：可输入不透明度数值或者拖动不透明度的滑块，调整滤镜的不透明度。
- 模式：单击"模式"下拉列表，可从弹出的菜单中选取需要的混合模式。
- 单击"确定"按钮，应用滤镜渐隐。

使用渐隐滤镜时，部分混合模式对某些模式的图像无效，如"颜色减淡"、"颜色加深"、"变亮"、"变暗"、"差值"和"排除"混合模式对 Lab 模式图像无效。

"渐隐"滤镜的应用效果如图 9-7 所示。

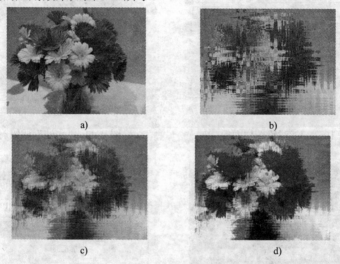

a)   b)

c)   d)

图 9-7   渐隐滤镜的应用效果

a) 原图   b) 应用"波浪"滤镜后的效果   c) "不透明度"设置为"50%"的效果   d) 选择"亮光"混合模式后的效果

6. 使用智能滤镜

通过普通方法叠加应用多个滤镜时，"滤镜"对话框一旦关闭后，除可修改当前应用滤镜的参数外，非当前应用滤镜的参数是无法进行调整的。通过智能滤镜，可以保留图像的原始状态，应用的滤镜也会存储在"图层"面板中，以便以后能够对滤镜参数设置进行调整，或对滤镜应用顺序重新排序，或删除滤镜。

智能滤镜是 Photoshop CS4 中"非破坏性编辑"的方法之一。使用智能滤镜时，必须先将当前图层转换为智能对象图层，然后再应用滤镜。

示例 9-1：下面以图像文件"water1.jpg"为例，说明智能滤镜的使用。

1）打开图像文件"water1.jpg"，如图 9-8 所示。

2）选择"滤镜"→"转换为智能滤镜"命令，弹出确认对话框，如图 9-9 所示。单击"确定"按钮，将要应用滤镜的图像内容创建为"智能对象"。此时，在"图层"面板当前层缩略图的右下角会出现一个"智能对象"图标，如图 9-10 所示。

图 9-8   "water1.jpg"原图

图 9-9   "转换为智能滤镜"的确认对话框

3）选择"滤镜"→"扭曲"→"水波"命令，打开"水波"滤镜对话框，如图 9-11 所示。设置合适的参数并单击"确定"按钮，滤镜应用效果如图 9-12 所示。这时"水波"智能滤镜会出现在图层下面的滤镜列表中，如图 9-13 所示。

图 9-10　智能滤镜图层面板

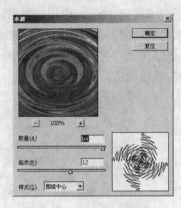

图 9-11　"水波"滤镜对话框

图 9-12　"水波"滤镜的应用效果

图 9-13　应用"水波"智能滤镜后的"图层"面板

4）选择"滤镜"→"渲染"→"镜头光晕"命令，打开"镜头光晕"对话框，如图 9-14 所示。设置合适的参数并单击"确定"按钮，滤镜应用效果如图 9-15 所示。这时"镜头光晕"智能滤镜会出现在图层下面的滤镜列表中，如图 9-16 所示。

图 9-14　"镜头光晕"滤镜对话框

图 9-15　叠加"镜头光晕"滤镜后的效果

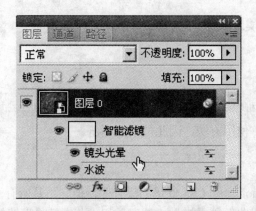

图 9-16　叠加应用"镜头光晕"智能滤镜后的"图层"面板

5）应用智能滤镜之后，可以单击图层中的眼睛图标👁来隐藏或显示某个智能滤镜；或双击智能滤镜进行滤镜参数的调整；或把智能滤镜拖动到🗑按钮上将其删除；或用鼠标拖动改变滤镜的应用顺序；还可以执行图层右键菜单"栅格化图层"命令，取消智能对象并将滤镜永久地应用到图像上。

注意：

● Photoshop 中，除"液化"和"消失点"滤镜外，其他滤镜均可作为智能滤镜应用。

● 智能滤镜不能应用于单个通道上。

7. 提高滤镜的处理性能

部分滤镜的处理可能要占用大量内存，特别是处理高分辨率的图像时。可采取下列措施来提高滤镜的处理性能：

1）可以先在小部分的图像上试验滤镜和参数设置，然后再应用于整个图像。

2）如图像很大且内存不足，可将滤镜应用于单个通道，如应用于 RGB 中的每个通道。

3）在使用滤镜前，先用"编辑"→"清理"命令释放内存。

4）为 Photoshop 分配更多的内存，必要时可退出其他应用程序，以便为 Photoshop 提供更多的可用内存。

5）更改滤镜的设置，以提高占用大量内存的滤镜的速度。例如，可增大"染色玻璃"滤镜的单元格大小；增大"木刻"滤镜的"边缘简化度"或减小"边缘逼真度"，或两者同时更改。

归纳：

● 滤镜能够对图像进行修饰和变换，强化图像效果，使图像呈现特殊的艺术效果；滤镜也可用于遮盖图像缺陷或对图像进行优化处理。

● 不是所有图像模式的图像都能应用滤镜，位图模式和索引颜色模式的图像不能应用。

● 滤镜既可应用于图层、通道或选区，也可应用于整个图像；文字图层必须栅格化后才能应用滤镜。

● 图像的像素、分辨率以及滤镜的应用顺序是影响滤镜应用效果的主要因素。

● 使用"滤镜"菜单中的滤镜命令来应用滤镜。可使用智能滤镜实现滤镜的"非破坏性编辑"。

● 部分滤镜的处理会占用大量内存，可采取措施来提高滤镜的处理性能。

实践：使用"滤镜"菜单中的滤镜命令，打开"滤镜"对话框或"滤镜库"，熟悉滤镜的操作。

9.2 特殊滤镜

Photoshop CS4 中提供了"滤镜库"、"液化"和"消失点"3 种特殊滤镜，它们有各自独特的滤镜对话框及操作、使用方法，因此被单独列出。

9.2.1 滤镜库

"滤镜库"是一个 Photoshop CS4 滤镜的集合库，但它不是所有滤镜的集合，仅包含"风格化"、"画笔描边"、"扭曲"、"素描"、"纹理"和"艺术效果"滤镜组中的部分滤镜。

通过 Photoshop CS4 的"滤镜库"可简化滤镜的操作，避免多次单击"滤镜"菜单、选择不同效果滤镜的繁杂操作。"滤镜库"可以让用户在一个窗口中选择不同的滤镜、预览不同滤镜的应用效果、设置或复位滤镜的选项、更改滤镜的应用顺序，直至对预览效果满意并将其应用于图像。

选择"滤镜"→"滤镜库"命令，会弹出如图 9-17 所示的"滤镜库"对话框。该对话框包括两个部分：图像预览窗口、滤镜及参数区域。

1. 图像预览窗口

"滤镜库"对话框的左侧是图像预览窗口。

● 预览窗口：在预览窗口中，可以预览图像应用滤镜后的效果。当用户将鼠标移动到预览窗口时，光标会变成抓手形状，通过抓手可移动预览窗口中的图像。

● "缩小"按钮、"放大"按钮及"缩放比例"下拉列表：在窗口的底部，单击或按钮，可以增大或减小预览窗口中图像的显示比例；也可按住〈Ctrl〉键或〈Alt〉键并单击预览窗口，增大或减小预览图像的显示比例；单击"缩放比例"下拉列表，会弹出一个缩放菜单，供用户选择预览图像的显示比例。

图 9-17 "滤镜库"对话框

2. 滤镜及参数区域

"滤镜库"对话框的右侧是滤镜及参数区域,如图 9-18 所示。

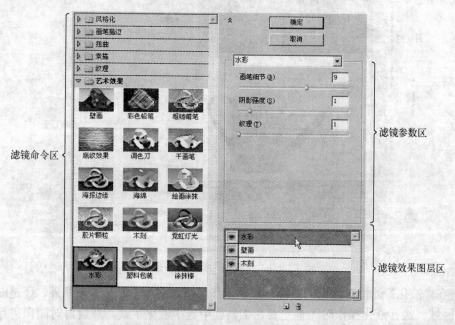

图 9-18 "滤镜库"对话框的滤镜及参数区域

滤镜命令区中的滤镜是分组显示的。每个滤镜组前有一个 ▷ 图标,单击该图标可以展开滤镜组,显示滤镜图标。单击一个滤镜图标就可以为当前图像添加该滤镜。滤镜组的右上方有一个 ≾ 图标,它是隐藏或显示滤镜库的图标。

在滤镜参数区中,可选择滤镜、调整滤镜的参数。参数区的顶部是一个滤镜下拉列表,它列出了滤镜库中的所有滤镜,通过它可快速选择滤镜。参数区的内容随所选择的滤镜而变化。可在参数区的文本框中输入参数数值,或通过拖动滑块的方式设置参数。

滤镜效果图层区是当前已经应用的"滤镜效果图层"列表,其底部有"新建效果图层"按钮 ◨、"删除效果图层"按钮 ◨。单击"新建效果图层"按钮 ◨,可以添加一个效果图层,以便应用更多的滤镜。"滤镜效果图层"的编辑方法与"图层"的相似,如可以选中一个图层进行滤镜更换,或通过单击"眼睛"图标 ● 来隐藏或显示滤镜效果,或用鼠标拖动来改变图层顺序,还可以通过"删除效果图层"图标 ◨ 来删除已应用的滤镜。

单击"确定"按钮,可将选中的滤镜效果应用于图像;单击"取消"按钮,将不应用滤镜而关闭"滤镜库"对话框。

9.2.2 液化

应用"液化"滤镜,可以对图像中的任意区域制作出扭曲、旋转、膨胀、收缩、移位和镜像变形的效果,使图像中的像素看起来像液体一样的流动,呈现特殊的艺术效果。

1. "液化"滤镜对话框

选择"滤镜"→"液化"命令,将弹出如图 9-19 所示的"液化"滤镜对话框。该对话框包括 3 部分:预览操作区、工具栏和选项设置区。

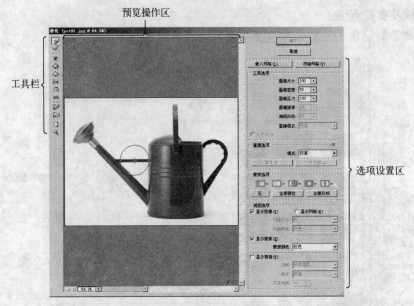

图 9-19 "液化"滤镜对话框

1）在"液化"滤镜对话框的中部是预览操作区域，它除了能预览图像外，还是图像液化操作的区域。进行液化操作时，首先要在工具栏中选中液化工具，然后再对图像进行编辑，完成图像的变形处理。选中了液化工具后，当鼠标移动到预览操作区后，光标会变成带十字的圆圈，它是液化工具的画笔。将画笔放置在要变形的位置，按住或拖动鼠标即可对图像进行变形处理。

2）在"液化"滤镜对话框的左侧是工具栏，它提供了 12 种不同效果的变形及辅助工具，如图 9-20 所示。其中，"重建工具"、"冻结蒙版工具"、"解冻蒙版工具"、"抓手工具"和"缩放工具"为变形辅助工具。

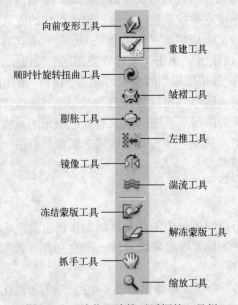

图 9-20 "液化"滤镜对话框的工具栏

270

● "向前变形工具" ：可对图像进行向前或向后推拉的变形，如图 9-21 所示。使用该工具时，只需拖动鼠标即可实现变形，并可多次拖动鼠标，直到达到满意的效果为止。

a)

b)

图 9-21 "液化"滤镜"向前变形工具"的应用效果

a) 原图 b) 应用向前变形工具的效果

● "顺时针旋转扭曲工具" ：可对图像进行顺时针或逆时针变形。使用该工具时，按住鼠标不动或拖动鼠标，可进行顺时针变形；若在按住〈Alt〉键的同时按住鼠标不动或拖动鼠标，则可进行逆时针变形。

● "皱褶工具" 和"膨胀工具" ：分别可以对图像进行收缩和膨胀变形。使用工具时，按住鼠标不动或拖动鼠标即可实现变形。使用"皱褶工具"时，如按住〈Alt〉键，会产生膨胀变形效果；相反，使用"膨胀工具"时，按住〈Alt〉键，会产生收缩变形效果。

● "左推工具" ：可以对图像进行向左或向右推动的变形。使用该工具时，向上拖动鼠标，会产生向左推动的变形；向下拖动鼠标，会产生向右推动的变形。

● "镜像工具" ：可以创建图像的镜像，如图 9-22 所示。使用该工具时，向上拖动鼠标，会产生其左侧图像的镜像；向下拖动鼠标，会产生其右侧图像的镜像；如果拖动鼠标时按住〈Alt〉键，会产生相反的变形效果。

a)

b)

图 9-22 "液化"滤镜镜像工具的应用效果

a) 原图 b) 应用镜像工具的效果

● "湍流工具" ：可以对图像进行类似波纹的紊流变形。使用该工具时，只要按住鼠标不动或拖动鼠标即可。

● "冻结蒙版工具" 和"解冻蒙版工具" ：可以冻结和解冻不需要变形的图像区域。图像区域被冻结后，将不受变形操作的影响。冻结或解冻时，在图像上单击或拖动鼠标，就可创建或解除冻结选区。使用"冻结蒙版工具"时，如按住〈Alt〉键，会产生解冻的效果；相反，使用"解冻蒙版工具"时，按住〈Alt〉键，会产生冻结的效果。

- "抓手工具" 🖐：可在预览操作区不能完全显示图像时移动图像。
- "缩放工具" 🔍：可放大或缩小预览操作区的图像。使用该工具时，单击或拖动鼠标，可放大图像；如按住〈Alt〉键单击或拖动鼠标，可缩小图像。
- "重建工具" ☑：可将经过处理的图像恢复变形前的状态。使用该工具时，单击或拖动鼠标，即可逐步恢复图像的状态。每单击一次鼠标都会设置一个新的变形起点。如果要一次性地将图像恢复到变形前的状态，可将"液化"滤镜对话框中的"取消"按钮变为"复位"按钮，单击该按钮即可。

3）"液化"滤镜对话框的右侧是液化选项设置区，可设置"工具选项"、"重建选项"、"蒙版选项"和"视图选项"的参数。

- "工具选项"，可以设置画笔的多个选项，以及设置"湍流抖动"、"重建模式"和"画笔压力"等选项；
- "重建选项"，可以设置图像的重建模式、进行重建或恢复变形操作。
- "蒙版选项"，可以设置蒙版模式、进行蒙版操作。
- "视图选项"，可设置预览区中图像、辅助网格、蒙版和图像背景的显示选项。
- "存储网格"按钮，可以将当前图像的扭曲变形网格保存起来，以便在其他图像中应用。通过"载入网格"按钮，可将之前存储的网格载入并使用。

2. 使用"液化"滤镜

使用"液化"滤镜对图像进行变形的操作步骤如下：

1）打开要变形的图像文件。

2）选择要变形的图层或图像选区。

3）选择"滤镜"菜单中的"液化"命令，打开"液化"滤镜对话框。

4）如有不想被改变的图像区域，可使用"冻结蒙版工具" ☑进行冻结。

5）选取工具栏中的液化工具，在预览图像上确定变形位置，按住或拖动鼠标对图像变形。

6）如果对图像的变形效果不满意，可使用"重建工具" ☑或其他工具来完全或部分地恢复变形，或者使用新方法对图像进行变形；也可按住〈Alt〉键并单击"复位"按钮，或单击"恢复全部"按钮，恢复对预览图像进行的所有变形，并使所有选项复位到默认设置。

7）单击"确定"按钮，关闭"液化"对话框，将变形应用到当前图层或图像选区；或单击"取消"，关闭"液化"对话框，但不将变形应用到图层或图像选区。

说明：
- 如果要对文字图层或形状图层的图像应用"液化"滤镜，则必须在进行液化处理前先栅格化图层。
- 如果要对没有栅格化的文字图层中的文字进行变形，可使用文字工具的"变形"选项。

9.2.3 消失点

"消失点"滤镜可以对含透视平面（如建筑物侧面、墙壁、地面、矩形对象等）的图像进行透视校正编辑。它可以方便地复制带有规律性透视效果的图像，在编辑图像的同时保留正确的透视效果。

"消失点"滤镜填补了修复工具不能修改透视图像的空白，轻松地实现透视图像的校正、修复或修饰，如地板修复、建筑物加高等。应用"消失点"滤镜对建筑物进行加高的效果如图9-23所示。

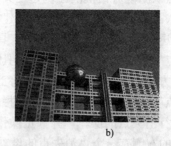

a)　　　　　　　　　　　　　　　b)

图9-23　应用"消失点"滤镜加高建筑物的效果

a) 原图　b) 应用"消失点"滤镜后的效果

应用"消失点"滤镜时，需要首先创建图像的透视对齐平面（以下简称透视平面），然后才能在创建的透视平面中使用绘画、仿制、复制、粘贴以及变换等操作对图像进行编辑，这时所有编辑操作的透视都将自动地与所创建平面的透视效果匹配、对齐。

由于具有透视对齐功能，透视平面的精确度决定了能否在图像中正确地进行编辑、调整操作并确定其透视方向。因此，创建的透视平面必须精确，才能保证校正后图像的透视效果与原图的实际透视效果匹配。

图像中不同平面的透视效果是不同的。因此，"消失点"滤镜以立体方式对图像中的各透视平面进行编辑，使得在修饰、添加或移去图像中的内容时，结果更加准确、逼真。

1. 滤镜对话框

选择"滤镜"→"消失点"命令，将弹出如图9-24所示的"消失点"对话框。该对话框包括3部分：工具栏、工具参数及提示栏、预览操作区。

图9-24　"消失点"滤镜的对话框

- "消失点"滤镜对话框的左侧是工具栏。工具栏中包含了透视平面定义工具、图像编辑工具、测量工具等。其中，"创建平面工具" 和"编辑平面工具" ，用于创建和调整透视平面；其他工具与主工具箱中的对应工具相似。
- "消失点"滤镜对话框的顶部是工具的参数栏，显示当前工具的相关参数；工具参数栏的下方是工具提示栏，显示当前工具的相关使用提示信息。
- "消失点"滤镜对话框的工具提示栏下方是预览操作区，在此可以使用相关的工具对图像进行消失点的操作，并预览操作的效果。
- 工具栏的右侧有一个"消失点的设置和命令"图标 。单击该图标会弹出一个菜单，通过菜单可设置显示或隐藏透视平面、网格、选区，以及绘画方式等。

2. 创建和调整透视平面

应用"消失点"滤镜时，首先要创建透视平面。

示例 9-2：以图像文件"building2.jpg"为例，说明如何在"消失点"滤镜中创建透视平面。

1）打开图像文件"building2.jpg"。

2）选择"滤镜"→"消失点"命令，弹出"消失点"滤镜对话框。

3）选择"创建平面工具" ，然后在预览图像的合适位置上单击鼠标放置 4 个角节点，得到由网格线构成的透视平面，如图 9-25 所示。只有当网格线为蓝色时才是有效的平面，红色和黄色都是无效的平面，无法正确地对齐透视走向。透视平面会带有 4 个角节点和 4 个控制节点，通过它们可调整透视平面的形状和大小。

图 9-25　应用"消失点"滤镜中创建的透视平面

4）要从已有的透视平面上伸展出一个或多个透视平面。伸展透视平面时，在按住〈Ctrl〉键的同时拖动平面的控制节点即可，如图 9-26 所示。伸展出的新平面与原有平面呈 90°，可以通过在按住〈Alt〉键的同时拖动平面的控制节点或在"角度"文本框中输入数值来更改角度。一旦从原有平面伸展了新平面，则原有平面将不能再调整角度。

小技巧：

● 为准确匹配图像的透视效果，创建透视平面时，可使用图像中的矩形对象、平面区域作为参考。

● 创建透视平面时，为准确放置透视平面的角节点，可按住〈X〉键临时放大预览图像。

● 放置角节点时，如对放置位置不满意，可拖动角节点进行调整，或按〈Backspace〉键删除节点。

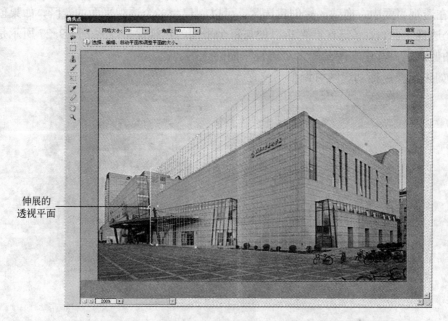

图 9-26 "消失点"滤镜中伸展的透视平面

创建透视平面后，可使用"编辑平面工具" 对其进行调整，方法如下：

1）选择"编辑平面工具" 后，选中要调整的透视平面。

2）拖动平面的角节点，可以调整透视平面的形状（即调整其透视效果）。

3）拖动平面的控制节点，可以缩放平面。

4）如要删除透视平面，按〈Backspace〉键即可。

3. 使用选区复制图像

使用"消失点"滤镜进行透视图像校正、修饰时，可利用图像选区实现透视平面中特定图像内容的仿制或移动，并在仿制、移动图像内容的同时保持透视平面定义的透视效果。

利用选区仿制或移动图像内容时，需要使用"消失点"对话框中的"选框工具" 来创建透视平面内的选区。

● 羽化：用于指定选区边缘的模糊程度。

● 不透明度：用于确定移动的选区像素遮盖下方图像的程度。

● 修复：用于决定移动的选区像素与周围图像的混合方式。修复参数包括"关"、"明亮度"和"开"3 个选项。其中，选择"关"则选区将不会与周围像素的颜色、阴影和纹理混合；选择"明亮度"可将选区与周围像素的光照混合；选择"开"，可将选区与周围像素的颜色、光照和阴影混合。

● 移动模式：用于确定移动选区时的行为。移动模式参数包括"目标"和"源"两个选项。其中，选择"目标"可将选区中的图像复制到目标位置；选择"源"则将用"选择工具" 拖动到的区域的源图像来填充选区。

在"消失点"滤镜中，创建、移动选区的方法如下：

1）创建透视平面。

2）选择"选框工具"，并为该工具设置合适的参数值。

3）在透视平面中，拖动鼠标创建选区。可以创建跨多个透视平面的选区，如果创建的选区跨多个透视平面，则该选区会弯折以便与每个平面的透视保持一致。图 9-27 所示是透视平面中的图像选区，其中右图是跨多个透视平面的选区。

4）如果需要，拖动选区可调整其位置。

a)   b)

图 9-27　透视平面中的不同选区

a) 选区 1　b) 选区 2

小技巧：

● 创建选区时，如果要选择整个透视平面，可双击透视平面。

● 移动选区时，按住〈Shift〉键可限制选区的移动，以使其与透视平面的网格对齐。

● 选区创建后，可单击选区的外部取消选区。

● 按〈Ctrl+Z〉组合键取消上一操作，按〈Ctrl+Shift + Z〉组合键重复上一操作。

创建了选区后，可将选区中的图像内容复制到图像的其他区域，或将其他区域的源图像内容的复制到选区内。

将选区中的图像内容复制到图像的其他区域的方法为：

1）选择"选框工具"，创建选区。

2）将"选框工具"的"移动模式"设置为"目标"。

3）按住〈Alt〉键并拖动选区，将复制选区的图像内容并移动到新的目标位置。选区移动到新的位置后形成一个浮动选区。

4）选择"变换工具"或按〈T〉键来移动、旋转和缩放浮动选区，将浮动选区调整到合适的大小和位置。

5）选择"选框工具"，单击浮动选区的外部即可完成图像内容的复制。将选区中的图像内容复制到其他区域的效果如图 9-28 所示。

a)　　　　　　　　　　　　　　　b)

图 9-28　在"消失点"滤镜对话框中复制选区图像到图像的其他区域

a) 选区　b) 复制选区后的效果

将其他区域的源图像内容复制到选区中的方法为：

1）选择"选框工具"，创建选区。

2）将"选框工具"的"移动模式"设置为"源"。

3）按住〈Ctrl〉键并将鼠标从选区内拖动到要用来填充选区的图像区域，形成浮动选区。

4）如果需要，可选择"变换工具" 来移动、旋转和缩放浮动选区。

5）选择"选框工具"，单击浮动选区的外部即可完成图像内容的复制。图 9-29 所示是将其他区域的源图像内容复制到选区中的效果。

a)　　　　　　　　　　　　　　　b)

图 9-29　在"消失点"滤镜对话框中复制图像其他区域的源图像到选区内

a) 选区　b) 将源图像复制到选区中

4．利用剪贴板粘贴图案

在"消失点"滤镜中，还可利用剪贴板来复制图案或文字到选定的透视平面中，实现对透视图像进行修饰或校正的操作。复制的图案一旦粘贴到"消失点"滤镜中，将会变成一个浮动选区，可以缩放、旋转、移动或仿制该选区。当浮动选区移入选定平面中时，它将与透视平面的透视保持一致。

示例 9-3：以图像文件"building2.jpg"和"pattern1.jpg"为例，说明如何将图案或文字粘贴到选定的透视平面中。

1）打开图像文件"building2.jpg"。

2）选择"滤镜"→"消失点"命令，弹出"消失点"滤镜对话框，在对话框中创建一个或多个透视平面，如图 9-30 所示。单击"确定"按钮，关闭"消失点"滤镜对话框。

3）打开要复制图案的图像文件"pattern1.jpg"，如图 9-31 所示。将要粘贴的图案复制到剪贴板上。如果要复制文字，请选择整个文本图层，然后复制到剪贴板上。

图 9-30　创建透视平面

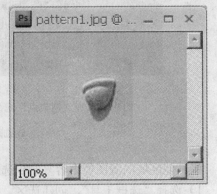

图 9-31　要复制的图案

4）切换回图像文件"building2.jpg"，并再次进入"消失点"滤镜对话框。

5）按组合键〈Ctrl+V〉粘贴剪贴板中的图案。粘贴进来的图案会形成浮动选区并位于预览图像的左上角，同时系统自动选定"选框工具"，如图 9-32 所示。

6）使用"选框工具"，将浮动选区拖到透视平面中要粘贴图案的位置上，该浮动选区会与平面的透视保持一致，如图 9-33 所示。

图 9-32　在"消失点"滤镜对话框中粘贴剪贴板中的图案

图 9-33　透视平面中的浮动选区

7）根据浮动选区中图像的情况，设置"选框工具"的"修复"为"明亮度"或"开"，以便将选区的像素与周围像素的颜色、光照和阴影混合；还可设置"不透明度"，以减少选区像素遮盖下方图像的程度。

8）选择"变换工具"或按"〈T〉键来移动、旋转和缩放浮动选区，将浮动选区调整到合适的大小与位置，如图 9-34 所示。

9）按住〈Ctrl〉键并单击浮动选区，将浮动选区中的图像永久粘贴到图像中并复制一个选区的副本。

10）移动选区副本到合适的位置，单击选区外的任何位置将副本像素永久粘贴到图像中，如图 9-35 所示。

11）单击"确定"按钮，关闭"消失点"滤镜对话框，完成图案或文字的粘贴。

图 9-34　调整浮动选区的大小与位置　　　　图 9-35　移动选区副本到合适的位置并永久粘贴

小技巧：

- 在"消失点"滤镜对话框中粘贴图像后，除了将粘贴的图像拖动到透视平面之外，不要使用选框工具单击图像中的任何位置。单击其他任何位置都会取消选择浮动选区并将像素永久粘贴到图像中。
- 为了保留原始图像，可在选取"消失点"命令之前创建一个新图层，将"消失点"处理的结果放在单独的图层中。
- 如果要将"消失点"的处理限制在图像的特定区域内，可在选取"消失点"命令之前建立一个图像选区或向图像中添加蒙版。

5. 使用绘画修饰图像

使用"消失点"滤镜校正、修饰透视图像时，常利用图章工具 🏭、画笔工具 ✐ 及吸管工具 🖋，采用样本像素或颜色绘画对图像进行处理。

利用"图章工具" 🏭 可进行样本像素绘画，实现图像区域的混合和修饰，或仿制物体的部分表面以去除某些对象，或仿制图像的区域以扩大纹理或图案等。图 9-36 所示是去除建筑物表面文字的效果。

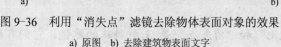

图 9-36　利用"消失点"滤镜去除物体表面对象的效果

a) 原图　b) 去除建筑物表面文字

示例 9-4：下面以图像文件"building2.jpg"为例，说明在"消失点"滤镜中利用"图章工具"去除物体表面对象的方法。

1）打开图像文件"building2.jpg"，并在"消失点"滤镜对话框中创建一个或多个透视平面。

2）选择"图章工具"，设置"直径"（画笔大小）、"硬度"（画笔上消除锯齿的数量）和"不透明度"（绘画遮盖下方图像的程度）参数值。

3）选取合适的"修复"模式，设置绘画的描边与源图像的混合方式。

4）勾选"对齐"选项，确定"图章工具"的取样行为，这样可用连续取样的样本像素进行绘画；否则，只能用初始取样点中的样本像素进行绘画。

5）可打开"消失点"菜单，选择绘画操作的选项。如果要从一个平面到另一个平面连续绘画并自动与每个平面的透视保持一致，可选取"允许多表面操作"；否则，跨平面绘画时，需停止绘画，以切换透视。如果要将绘画限制在透视平面内，可选取"剪切对表面边缘的操作"，否则，可在超出透视平面边界的透视中绘画。

6）将鼠标指针移动到合适的取样位置，然后按住〈Alt〉键并单击鼠标设置取样点，得到样本图案。

7）将样本图案移动到去除对象的位置，对齐纹理。这时，取样点会用绿色十字标注，而样本图案用灰色十字标注，如图9-37所示。

8）按住鼠标左键并拖动鼠标，用连续取样的样本图案遮盖下方图像。

9）单击"确定"按钮，关闭"消失点"滤镜对话框。

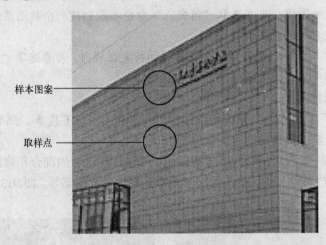

图9-37　取样点和样本图案

小技巧：在图像区域上拖动鼠标并按住〈Shift〉键可拖动符合平面透视的直线；还可使用图章工具单击某一个点，然后按住〈Shift〉键并单击另一个点以在透视图中绘制一条直线。

利用"消失点"滤镜中的画笔工具，采用颜色绘画可对透视图像进行校正和修饰，特别是细微处的校正，其使用方法与图章工具的使用方法相似。

归纳：

● "滤镜库"、"液化"和"消失点"是 3 种特殊的滤镜，它们有独特的滤镜对话框及操作、使用方法。

● "滤镜库"是滤镜组中部分滤镜的集合库，通过它可简化滤镜的操作。可在"滤镜库"对话框中为图像添加多种滤镜效果；通过对话框中的"滤镜效果图层"还可很容易地改变滤镜的应用顺序或删除已应用的滤镜。
- "液化"滤镜可以使图像变形，产生像液体一样的流动效果。它提供了 12 种不同效果的变形工具，可以让图像呈现不同的艺术效果。
- "消失点"滤镜主要用于对含透视平面的图像进行透视校正，它在编辑图像的同时会保留正确的透视效果，填补了修复工具不能修改透视图像的空白。

实践：
- 使用"液化"滤镜，把一个钟的时针变弯曲。
- 使用"消失点"滤镜，为建筑物的外墙添加装饰效果。

9.3 滤镜组

Photoshop CS4 中提供了一系列成组的滤镜来对图像进行修饰或变换处理，以产生特殊的艺术效果。Photoshop CS4 共有 14 个滤镜组，应用不同的滤镜组对图像进行处理，产生的效果是不同的。下面介绍除"视频"、"其他"、"Digimarc"之外的 11 组滤镜。

9.3.1 风格化

"风格化"滤镜组通过置换选区内的像素、提高图像的对比度，来生成一种绘画式或印象派艺术效果。该滤镜组包含 9 种滤镜。

1. 查找边缘

"查找边缘"滤镜用于生成图像的边界。它找出图像中有明显过渡的区域并强调边缘，生成在白色背景上用深色线条勾画出的图像颜色轮廓，如图 9-38 所示。该滤镜没有对话框。

a)   b)

图 9-38   "查找边缘"滤镜的应用效果

a) 原图   b) 应用"查找边缘"滤镜后的效果

2. 等高线

"等高线"滤镜也用于生成图像的边缘。它查找主要亮度区域的过渡，并在每个颜色通道用细线勾画亮度区域的过渡，得到与等高线图相似的结果。该滤镜的应用效果如图 9-39 所示

（"色阶"为"124"、"边缘"为"较高"）。

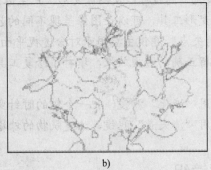

a)　　　　　　　　　　　　　b)

图 9-39　"等高线"滤镜的应用效果

a) 原图　b) 应用"等高线"滤镜后的效果

在"等高线"滤镜对话框中：

● 色阶：用于设置等高线对应像素的颜色范围，取值为 0～255。

● 边缘：用于设置勾画像素的颜色范围。选择"较低"表示勾画颜色值低于指定色阶的
边缘，选择"较高"表示勾画颜色值高于指定色阶的边缘。

3. 风

"风"滤镜用于在图像中添加一些细的水平线条来产生风的效果。该滤镜的应用效果如图
9-40 所示（"方法"为"风"、"方向"为"从左"）。

a)　　　　　　　　　　　　　b)

图 9-40　"风"滤镜的应用效果

a)原图　b) 应用"风"滤镜后的效果

在"风"滤镜对话框中：

● 方法：用于设置风的强度，可以选择风、大风或飓风。

● 方向：用于设置风吹的方向，可以选择从右或从左吹风。

4. 浮雕效果

"浮雕效果"滤镜用于为图像生成浮雕效果。它会将选区的填充色转换为灰色，并用原填

充色勾画选区边缘，使选区凸出或下陷形成浮雕效果。该滤镜的应用效果如图9-41所示（"角度"为"135"、"高度"为"5"、"数量"为"189"）。

a)　　　　　　　　　　　　　　　　　b)

图9-41 "浮雕效果"滤镜的应用效果

a) 原图　b) 应用"浮雕效果"后的效果

在"浮雕效果"滤镜对话框中：

● 角度：用于设置光线照射浮雕的角度。

● 高度：用于设置浮雕效果凸出的程度。取值为1～10，值越大，凸出效果越明显。

● 数量：用于设置浮雕的对比度。取值为1%～500%，值越大，对比度越大，浮雕效果越明显。

5. 扩散

"扩散"滤镜用于搅乱像素，使图像的焦点虚化，产生好像通过磨砂玻璃观看物体时的模糊效果。该滤镜的应用效果如图9-42所示（"模式"为"正常"）。

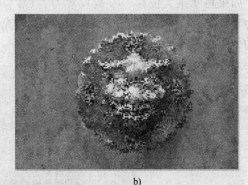

a)　　　　　　　　　　　　　　　　　b)

图9-42 "扩散"滤镜的应用效果

a) 原图　b) 应用"扩散"滤镜后的效果

在"扩散"滤镜对话框可设置扩散的模式：

● 正常：用随机移动图像中的像素点的方法实现扩散效果。

● 变暗优先：用深色像素代替浅色像素的方法实现扩散效果。

● 变亮优先：用浅色像素代替深色像素的方法实现扩散效果。

● 各向异性：用于在颜色变化最小的方向上搅乱像素的方法实现扩散效果。

6. 拼贴

"拼贴"滤镜用于将图像分成一系列大小相同且随机重叠放置的方块。该滤镜的应用效果如图 9-43 所示（"拼贴数"为"10"、"最大位移"为"10"、"填充空白区域"选择"背景色"）。

 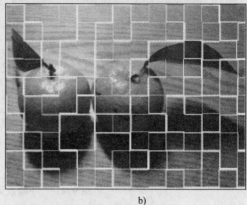

图 9-43 "拼贴"滤镜的应用效果

a) 原图   b) 应用"拼贴"滤镜后的效果

在"拼贴"滤镜对话框中：
● 拼贴数：用于设置每行平铺的方块数目，取值为 1～99。
● 最大位移：用于设置方块原始位置的最大偏移，取值为 1%～100%。
● 填充空白区域：用于设置填充方块空隙处的图像，可以选择"背景色"、"前景色"、"反向图像"或"未改变的图像"。"反向图像"表示方块空隙处将显示原始图像的反相；"未改变图像"表示显示原始图像。

如果将"最大位移"参数设置为"1%"，可产生类似网格的效果。将"最大位移"设置为"1%"、"拼贴数"设置为"20"、"填充空白区域"选择"背景色"所产生的类似网格的效果如图 9-44 所示。

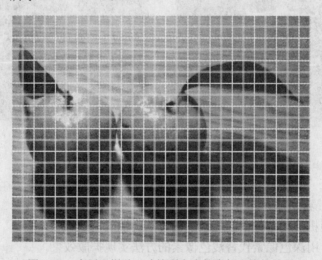

图 9-44 应用"拼贴"滤镜所产生的类似网格的效果

7. 曝光过度

"曝光过度"滤镜用于图像正片与负片混合，产生与摄影中照片过度曝光相似的效果，如图 9-45 所示。该滤镜没有对话框。

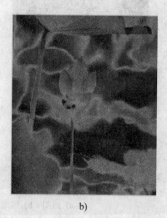

a)   b)

图 9-45 "曝光过度"滤镜的应用效果

a) 原图 b) 应用"曝光过度"滤镜后的效果

8. 凸出

"凸出"滤镜用于产生块状立体或金字塔立体的三维纹理效果。该滤镜的应用效果如图 9-46 所示（"类型"为"块"、"大小"为"20"、"深度"为"40"和"随机"）。

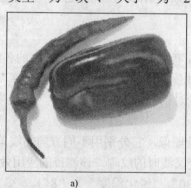

a)   b)

图 9-46 "凸出"滤镜的应用效果

a) 原图 b) 应用"凸出"滤镜后的效果

在"凸出"滤镜对话框中：

- 类型：用于选择凸出类型。"块"表示生成立方体纹理；"金字塔"表示生成锥形纹理。
- 大小：用于设置立方体或锥体的大小，取值为 2～255。
- 深度：用于设置立方体或锥体的高度，取值为 0～255。选取"随机"表示随机产生深度；选取"基于色阶"表示只有图像中高亮区域会变高。
- 立方体正面：表示生成立方体纹理时会用区域中的平均色填充立方体。
- 蒙版不完整块：表示会删除图像中不完整的立方体或锥体。

9. 照亮边缘

"照亮边缘"滤镜用于制作类似霓虹灯管的效果，它的作用与"查找边缘"滤镜的作用类似，只是在执行"查找边缘"的同时将边缘照亮。该滤镜的应用效果如图 9-47 所示（"边缘宽度"为"4"、"边缘亮度"为"6"、"平滑度"为"5"）。

a)   b)

图 9-47 "照亮边缘"滤镜的应用效果

a) 原图　b) 应用"照亮边缘"滤镜后的效果

该滤镜被集成到了"滤镜库"中，因此选择"照亮边缘"滤镜时会弹出"滤镜库"对话框。其中：

- 边缘宽度：用于设置发光轮廓线的宽度，取值为 1～14。
- 边缘亮度：用于设置发光轮廓线的发光强度，取值为 0～20。
- 平滑度：用于设置发光轮廓线的柔和度，取值为 1～15。值越大，边缘越柔和。

9.3.2 画笔描边

"画笔描边"滤镜组通过利用不同的油墨和画笔描绘图像，来模拟绘画时的各种笔触技法，产生不同的绘画艺术效果。该滤镜组中的 8 种滤镜全部都被集成到了"滤镜库"中，因此，选择"画笔描边"中的滤镜后会弹出"滤镜库"对话框。

1. 成角的线条

"成角的线条"滤镜使用 45°对角线来描绘图像，它分别用不同方向的线条绘制较亮和较暗的区域，以模拟在画布上用油画颜料绘制交叉线时的纹理。该滤镜的应用效果如图 9-48 所示（"方向平衡"为"50"、"描边长度"为"30"、"锐化程度"为"8"）。

a)   b)

图 9-48 "成角的线条"滤镜的应用效果

a) 原图　b) 应用"成角的线条"滤镜后的效果

在"成角的线条"滤镜对话框中：

- 方向平衡：用于设置两个方向线条数量的比例，取值为 0～100。取值为"0"时，全部线条从左上方向右下方倾斜；取值为"100"时，全部线条从右上方向左下方倾斜；取值为"50"时，两个方向的线条数量相等。
- 描边长度：用于设置绘画线条的长度，取值为 3～50。
- 锐化程度：用于设置绘画线条的清晰程度，取值为 0～10。值越大，线条越明显。

2. 墨水轮廓

"墨水轮廓"滤镜使用纤细的线条在原细节上重绘图像，模拟钢笔画的绘画风格并强调图像轮廓。该滤镜的应用效果如图 9-49 所示（"描边长度"为"4"、"深色强度"为"3"、"光线强度"为"24"）。

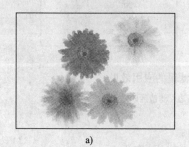
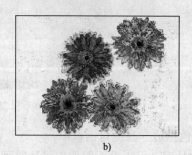

a)   b)

图 9-49 "墨水轮廓"滤镜的应用效果

a) 原图 b) 应用"墨水轮廓"滤镜后的效果

在"墨水轮廓"滤镜对话框中：

- 描边长度：用于设置绘画线条的长度，取值为 1～50。
- 深色强度：用于设置图像中暗区部分的强度，取值为 0～50。
- 光线强度：用于设置图像中亮区部分的强度，取值为 0～50。

3. 喷溅

"喷溅"滤镜用于模拟喷枪的喷溅，产生液体颜料喷溅在画布上的绘画效果。该滤镜的应用效果如图 9-50 所示（"喷色半径"为"25"、"平滑度"为"3"）。

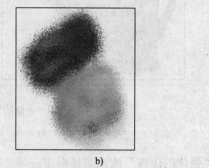

a)   b)

图 9-50 "喷溅"滤镜的应用效果

a) 原图 b) 应用"喷溅"滤镜后的效果

在"喷溅"滤镜对话框中：

- 喷色半径：用于设置喷溅的尺寸范围，取值 0～25，值越大，图像被碎化就越严重。

● 平滑度：用于设置喷溅的平滑度，取值为 1～15。取值越小，喷溅点越小。

4. 喷色描边

"喷色描边"滤镜用带方向的喷溅颜色线条重新绘画图像。该滤镜的应用效果如图 9-51 所示（"描边长度"为"19"、"喷色半径"为"25"、"描边方向"为"右对角线"）。

a)

b)

图 9-51 "喷色描边"滤镜的应用效果

a) 原图 b) 应用"喷色描边"滤镜后的效果

在"喷色描边"滤镜对话框中：

● 描边长度：用于设置图像中描边笔画的长度，取值为 0～20。
● 喷色半径：与"喷溅"滤镜的"喷色半径"作用相同。
● 描边方向：设置喷溅颜色线条的方向，包括"右对角线"、"水平"、"左对角线"和"垂直"4 种。

5. 强化的边缘

"强化的边缘"滤镜用于对图像中不同颜色间的边缘进行强化，并为图像赋予材质。该滤镜的应用效果如图 9-52 所示（"边缘宽度"为"3"、"边缘亮度"为"0"、"平滑度"为"2"）。

a)

b)

图 9-52 "强化的边缘"滤镜的应用效果

a) 原图 b) 应用"强化的边缘"滤镜后的效果

在"强化的边缘"滤镜对话框中：

● 边缘宽度：用于设置被强化边缘的宽度，取值为 1～14。
● 边缘亮度：用于设置被强化边缘的亮度，取值为 0～50。亮度值高时，强化的效果类似白色粉笔画；亮度值低时，强化的效果类似黑色油墨画。
● 平滑度：用于设置边缘的平滑度，取值为 1～15。取值越小，边缘的数量越少，但边缘越平滑。

6. 深色线条

"深色线条"滤镜使用交叉线条重新绘画图像，用黑色短线条绘制图像中的深色区域，用白色长线条绘制图像中浅色的区域，以产生强烈的对比效果。该滤镜的应用效果如图 9-53 所示（"平衡"为"5"、"黑色强度"为"6"、白色强度为"2"）。

a) b)

图 9-53 "深色线条"滤镜的应用效果

a）原图 b）应用"深色线条"滤镜后的效果

在"深色线条"滤镜对话框中：

● 平衡：用于设置线条的方向，取值为 0～10。取值为"0"时，线条从左上方向右下方倾斜；取值为"10"时，线条从右上方向左下方倾斜；取值为"5"时，两个方向的线条数量相等。

● 黑色强度：用于设置黑色线条的颜色深度，取值为 0～10。

● 白色强度：用于设置白色线条的颜色深度，取值为 0～10。

7. 烟灰墨

"烟灰墨"滤镜以日本画的风格绘画图像，模拟用蘸满油墨的画笔在宣纸上绘画并用非常黑的油墨来创建柔和的模糊边缘的效果。该滤镜的应用效果如图 9-54 所示（"描边宽度"为"10"、"描边压力"为"5"、"对比度"为"16"）。

 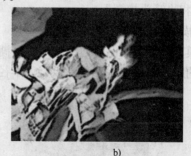

a) b)

图 9-54 "烟灰墨"滤镜的应用效果

a）原图 b）应用"烟灰墨"滤镜后的效果

在"烟灰墨"滤镜对话框中：

● 描边宽度：用于设置画笔的宽度，取值为 3～15。

● 描边压力：用于设置画笔绘画时的压力，取值为 0～15。压力值越大，边缘越黑。

● 对比度：用于设置图像中浅色与深色区域间的对比度，取值为 0～40。取值越大，浅色区域越亮。

8. 阴影线

"阴影线"滤镜在保留原始图像的细节和特征的基础上，用模拟的铅笔阴影线添加纹理并使彩色区域的边缘变粗糙，让笔画产生交叉网状线条的效果。该滤镜的应用效果如图 9-55 所示（"描边长度"为"16"、"锐化程度"为"12"、"强度"为"2"）。

a)   b)

图 9-55 "阴影线"滤镜的应用效果

a) 原图 b) 应用"阴影线"滤镜后的效果

在"阴影线"滤镜对话框中：

- 描边长度：用于设置图像中描边线条的长度，取值为 3～50。
- 锐化程度：用于设置描边线条的清晰度，取值为 0～20。
- 强度：用于设置图像中生成阴影线的数量，取值为 1～3。

9.3.3 模糊

"模糊"滤镜组通过削弱相邻像素之间的对比度，平滑对比度过于强烈的区域或过于清晰的边缘，产生降低图像清晰度、柔化图像、增加修饰的效果。

该滤镜组对修饰图像十分有用，常被用于模糊图像背景、突出前景对象，或创建柔和的阴影效果。该滤镜组共包含 11 种滤镜，下面重点介绍"表面模糊"、"动感模糊"、"高斯模糊"、"径向模糊"和"镜头模糊"。

1. 表面模糊

"表面模糊"滤镜在保留边缘的同时模糊图像，可用来创建特殊效果并消除杂色或颗粒度。该滤镜的应用效果如图 9-56 所示（"半径"为"5"、"阈值"为"130"）。

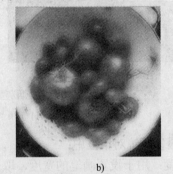

a)   b)

图 9-56 "表面模糊"滤镜的应用效果

a) 原图 b) 应用"表面模糊"滤镜后的效果

290

在"表面模糊"滤镜对话框中：

● 半径：用于设置模糊取样区域的大小，取值为 1～100。

● 阈值：用于控制相邻像素色调值与中心像素值相差多大时才能成为模糊的一部分，色调值差小于阈值的像素不进行模糊处理。取值为 2～255。

2. 动感模糊

"动感模糊"滤镜对图像像素进行位移处理，产生沿指定方向运动的模糊效果。该滤镜模拟拍摄运动中物体的结果，使图像看上去处于运动的状态。图 9-57 所示是该滤镜的应用效果（"角度"为"–14"、"距离"为"35"）。

a)   b)

图 9-57 "动感模糊"滤镜的应用效果

a) 原图　b) 应用"动感模糊"滤镜后的效果

在"动感模糊"滤镜对话框中：

● 角度：用于设置动态模糊的方向，取值为 –360～360。

● 距离：用于设置像素位移的距离，取值为 1～999。位移值越大，模糊效果越明显。

3. 高斯模糊

"高斯模糊"滤镜利用高斯曲线的分布模式，有选择地模糊图像。该滤镜的应用效果如图 9-58 所示（"半径"为"20"）。

"高斯模糊"滤镜对话框中只有一个"半径"参数，通过它可控制图像的模糊程度。

a)   b)

图 9-58 "高斯模糊"滤镜的应用效果

a) 原图　b) 应用"高斯模糊"滤镜后的效果

4. 径向模糊

"径向模糊"滤镜可以产生旋转或发散式的模糊效果，如图 9-59 所示。

a)   b)

图 9-59 "径向模糊"滤镜的应用效果

a) "模糊方法"为"旋转"（"数量"为"15"）   b) "模糊方法"为"缩放"（"数量"为"45"）

在"径向模糊"滤镜对话框中：

- 数量：用于设置模糊的力度，取值为 1~100，数值越大，模糊效果越明显。
- 模糊方法：可以选择旋转或缩放两种方法，缩放模糊方法产生放射状的模糊效果。
- 品质：可以选择草图、好或者最好。品质越好色彩也较平滑，但在小的选区内，品质的区别不明显。

5. 镜头模糊

"镜头模糊"滤镜可向图像中添加模糊以产生更窄的景深效果，使图像中的一些对象变清晰，而另一些对象变模糊。可以使用图像选区来确定哪些区域变模糊，如图 9-60 所示。

a)   b)

图 9-60 "镜头模糊"滤镜的应用效果

a) 原图及图像选区   b) 应用"镜头模糊"滤镜后的效果

"镜头模糊"滤镜对话框如图 9-61 所示。其中：

- 预览：用于设置是否在预览窗口中显示图像的模糊效果。选中"预览"复选框后，可选取"更快"和"更加准确"两种显示方式。选取"更快"可提高预览速度；选取"更加准确"可查看图像的最终版本，但需要的生成时间较长。
- 深度映射：用于设置模糊的深度效果。其中，"源"用于确定拟模糊的像素在图像中的位置，可以选择"无"、"透明度"和"图层蒙版"3 种选项；"模糊焦距"用于设置模糊焦距范围的大小；"反相"用于互换模糊与清晰区域。

- 光圈：用于设置镜头的光圈。其中，"形状"决定模糊的显示方式，其光圈形状由它们所包含的叶片的数量来确定；"半径"可以控制镜头模糊程度；通过"叶片弯度"对光圈边缘进行平滑；或拖动"旋转"滑块来更改"叶片"的角度。
- 镜面高光：用于设置镜头的高光。其中，"亮度"控制模糊后图像的亮度；"阈值"控制模糊后图像的层次，它是一个亮度截止点，比该截止点值亮的所有像素都被视为镜面高光。
- 杂色：用于控制向图像中添加的杂色。其中，"数量"控制添加杂色的数量；"分布"控制添加杂色的方式；"单色"是在不影响颜色的情况下添加杂色。

图 9-61 "镜头模糊"滤镜对话框

9.3.4 扭曲

"扭曲"滤镜组通过对图像进行各种几何变形，创建平面或三维的波浪、波纹、挤压、旋转等变形效果。本组滤镜将对颜色进行复杂的移位和插值处理，因此比较耗时和耗内存。

1. 波浪

"波浪"滤镜使用不同的波长和波幅，产生不同形状的波动效果，如图 9-62 所示。

a)

b)

图 9-62 "波浪"滤镜的应用效果

a) 原图　b) 应用"波浪"滤镜后的效果

"波浪"滤镜对话框如图9-63所示。其中：

- 生成器数：用于控制波浪生成的数量，取值为1～999。
- 波长：用于设置相邻波峰之间的距离，可设置最小和最大值波长，最大值可达999，最小值不能超过最大值。
- 波幅：用于设置波浪的高度，可设置最小和最大波幅，最大值可达999，最小值不能超过最大值。
- 比例：用于设置水平和垂直方向波动幅度的缩放比例，取值范围为0%～100%。
- 类型：用于设置波的形状，可选择"正弦"、"三角形"或"方形"。
- 随机化：单击该按钮，可以在参数值不变的情况下改变波浪的效果。
- 未定义区域：用于设置图像波动后边缘空缺的处理方法。"折回"表示将超出边缘的图像在另一侧折回；"重复边缘像素"表示边缘空缺用边缘的像素填充。

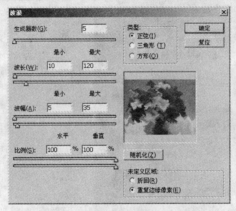

图9-63 "波浪"滤镜对话框

2. 波纹

"波纹"滤镜在图像上创建波纹，模拟风吹过水面产生水纹涟漪的效果。该滤镜的应用效果如图9-64所示（"数量"为"600"、"大小"为"中"）。

       a)   b)

图9-64 "波纹"滤镜的应用效果

a) 原图 b) 应用"波纹"滤镜后的效果

在"波纹"滤镜对话框中：

- 数量：用于设置生成波纹的数量，取值为-999～999。

● 大小：用于设置波纹大小，可以选择"大"、"中"或"小"。

3. 玻璃

"玻璃"滤镜使用预置或自建的玻璃表面为图像增加纹理，模拟透过不同种类玻璃观察图像的效果。该滤镜不同纹理的应用效果如图 9-65 所示（"扭曲度"为"5"、"平滑度"为"3"、"缩放"为"80"）。

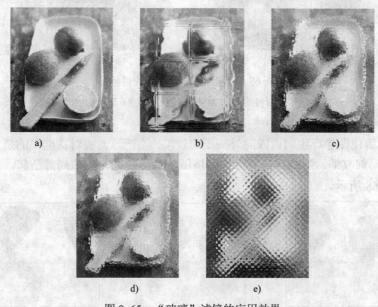

图 9-65　"玻璃"滤镜的应用效果

a) 原图　b) 块状纹理　c) 画布纹理　d) 磨砂纹理　e) 小镜头纹理

在"玻璃"滤镜对话框中：

● 扭曲度：用于设置图像的扭曲程度，取值为 0～20。
● 平滑度：用于设置图像的平滑长度，取值为 1～15，取值越大，图像越平滑。
● 纹理：用于选择添加的纹理，包括"块状"、"画布"、"磨砂"和"小镜头"4 种纹理。
　在纹理参数区有一个三角形按钮 ，单击该按钮可载入".psd"格式的图片作为纹理。
● 缩放：可设置纹理的大小，取值为 50～200。
● 反相：可以翻转纹理的凹、凸面。

4. 海洋波纹

"海洋波纹"滤镜为图像增加随机间隔的波纹，使图像看起来好像是在水中一样。该滤镜的应用效果如图 9-66 所示（"波纹大小"为"11"，"波纹幅度"为"17"）。

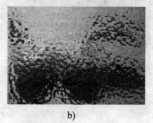

图 9-66　"海洋波纹"滤镜的应用效果

a) 原图　b) 应用"海洋波纹"滤镜后的效果

5. 极坐标

该滤镜将图像在平面坐标和极坐标之间转换，以生成扭曲图像的效果，如图9-67所示。

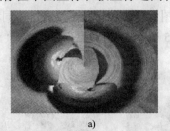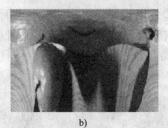

a)   b)

图9-67   "极坐标"滤镜的应用效果

a) 应用"平面坐标到极坐标"效果   b) 应用"极坐标到平面坐标"效果

6. 挤压

"挤压"滤镜使图像产生向内或向外挤压的效果。当把该滤镜对话框中的挤压数量设置为正数时，图像局部收缩，形成捏挤效果；当挤压数量为负时，图像局部凸起，形成鱼眼镜头效果，如图9-68所示。

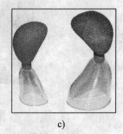

a)   b)   c)

图9-68   "挤压"滤镜的应用效果

a) 原图   b) 向内挤压（"数量"为"100"）   c) 向外挤压（"数量"为"-100"）

7. 镜头校正

"镜头校正"滤镜可修复常见的镜头瑕疵，如桶形或枕形失真、晕影和色差；还可以旋转图像，修复由于垂直或水平倾斜而导致的图像透视现象，如图9-69所示。

图9-69   "镜头校正"滤镜的应用效果

原图   b) 校正晕影（"数量"为"100"，"中点"为"0"）   c) 原图   d) 校正倾斜（"垂直透视"为"-45"，"角度"为"59"，"边缘"为"边缘扩展"，"比例"为"150"）

在"镜头校正"滤镜对话框中：

● 移去扭曲：可校正桶形或枕形失真。

● 色差：可校正色差。通常在照片中的逆光部分，如果背景亮度高于前景，边缘处可能会出现红/青或蓝/黄的杂边，则可通过"色差"校正进行修复。

● 晕影：可校正晕影。如果产生晕影的图像边缘（尤其是角落）会比图像中心暗，则可通过"晕影"校正进行修复。

● 变换：可校正倾斜、桶形或枕形失真并可用边缘扩展或背景色来填充校正后的边缘空缺。

8. 扩散亮光

"扩散亮光"滤镜可产生一种类似于照相时使用柔和的漫射滤镜的效果。它会使图像较亮的区域有一种辉光照射的效果，其他区域则被一层小颗粒遮盖。该滤镜的应用效果如图 9-70 所示（"颗粒"为"6"、"发光量"为"16"、"清除数量"为"15"）。

 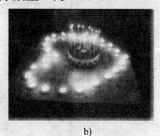

a)   b)

图 9-70   "扩散亮光"滤镜的应用效果

a) 原图   b) 应用"扩散亮光"滤镜后的效果

在"扩散亮光"滤镜对话框中：

● 颗粒：用于设置光亮中颗粒的密度。取值为 0～100，值越大，颗粒效果越明显。

● 发光量：用于设置光亮的强度。取值为 0～20，值越大，光芒越强烈。

● 清除数量：用于设置图像中受亮光影响的范围，取值为 0～20，值越大，受影响的范围越小，图像越清晰。

9. 切变

"切变"滤镜使图像在垂直方向产生随曲线弯曲的效果，如图 9-71 所示。

a)   b)

图 9-71   "切变"滤镜的应用效果

a) 原图   b) 应用"切变"滤镜后的效果

"切变"滤镜对话框如图 9-72 所示。其中：

● 切变控制区：用于控制图像的扭曲变形。在该区的控制曲线上或方格位置单击鼠标，可添加控制点。拖动控制点可改变弯曲形态，预览窗口的图像也会随之弯曲。

● 未定义区域：用于设置图像扭曲后的边缘空缺。选择"折回"，表示将超出边缘位置的图像在另一侧折回；选择"重复边缘像素"，表示将边缘空缺用边缘像素填充。

● "默认"按钮：能够将曲线恢复成垂直直线状态。

图 9-72 "切变"滤镜对话框

10. 球面化

"球面化"滤镜可产生将图像包裹在球形或柱面物体上的效果，使图像中间的一部分凸起或凹下形成三维变化。该滤镜的应用效果如图 9-73 所示（"数量"为"100"，"模式"为"正常"）。

a)   b)

图 9-73 "球面化"滤镜的应用效果

a) 原图 b) 应用"球面化"滤镜后的效果

在"球面化"滤镜对话框中：

● 数量：用于控制球面化的变形程度。数量取正值时，图像向外凸起；数量取负值时，图像向内凹下。

● 模式：用于控制图像的变形方式。选择"正常"模式，图像将产生球面化的效果；选择"水平优先"或"垂直优先"，则图像将产生柱面化的效果。

11. 水波

"水波"滤镜用于使图像产生波纹和旋转等曲折效果。该滤镜的应用效果如图9-74所示。（"数量"为"-100"、"起伏"为"16"、"样式"为"水池波纹"）

a)   b)

图9-74 "水波"滤镜的应用效果

a) 原图及选区 b) 应用"水波"滤镜后的效果

在"水波"滤镜对话框中：

- 数量：用于控制水波纹的强度，取值为-100～100。取值为负时，图像中心是波峰；取值为正时，图像中心是波谷。
- 起伏：用于控制水波纹的数量，取值为0～20。
- 样式：用于设置波纹的样式，可选择"围绕中心"、"从中心向外"和"水池波纹"。

12. 旋转扭曲

"旋转扭曲"滤镜使图像产生旋转式的扭曲。旋转角度为正时，按顺时针方向旋转；为负时，按逆时针方向旋转；角度绝对值越大旋转圈数越多，如图9-75所示。

a)   b)   c)

图9-75 "旋转扭曲"滤镜的应用效果

a) 原图 b) 180° c) -120°

13. 置换

"置换"滤镜会以另外一幅图为模板，使用模板的颜色、形状和纹理来确定当前图像的扭曲方式，然后将扭曲后的图像与原图像交错组合在一起，产生移位扭曲效果。充当模板的图像被称为"置换图"，且必须是PSD格式。

"置换"滤镜的应用效果如图 9-76 所示（"水平比例"为"50"、"垂直比例"为"50"、"置换图"选择"伸展以适合"、"未定义区域"选择"重复边缘像素"）。

a)　　　　　　　　　　　　b)　　　　　　　　　　　　c)

图 9-76　　"置换"滤镜的应用效果

a) 原图　b) 置换图　c) 置换后的效果

　　在"置换"滤镜对话框中：

- 水平比例：用于设置在水平方向移动像素的程度，取值为 0～100。
- 垂直比例：用于设置在垂直方向移动像素的程度，取值为 0～100。
- 置换图：当置换图与当前图像区域大小不同时，将用到这个选项。"伸展以适合"表示用拉伸置换图的方式适应当前图像的大小；"拼贴"表示保持置换图大小，用重复拼贴置换图的方式适应当前图像的大小。
- 未定义区域：用于设置图像位移扭曲后边缘空缺的处理方法。
- "确定"按钮：单击该按钮会弹出"选择一个置换图"对话框，提示选择置换图。

9.3.5　锐化

　　"锐化"滤镜组通过增加相邻像素的对比度来聚焦模糊的图像，使图像变得更加清晰。该滤镜组共包含 5 种滤镜。

1. USM 锐化

USM 指 Unsharp Mask（非锐化蒙版），是一种锐化图像边缘的复合技巧。

　　"USM 锐化"滤镜可以用来校正照相、扫描、重定像素或打印过程中产生的模糊。该滤镜的应用效果如图 9-77 所示（"数量"为"285"、"半径"为"15"、"阈值"为"0"）。

a)　　　　　　　　　　　　　　　　b)

图 9-77　"USM 锐化"滤镜的应用效果

a) 原图　b) 应用"USM 锐化"滤镜后的效果

在"USM 锐化"滤镜对话框中：
- 数量：用于设置图像的对比强度，取值为 1～500。
- 半径：用于设置边缘两侧锐化影响的像素数目，取值为 0.1～250.0。
- 阈值：用于设置锐化像素与周边区域亮度的差值，取值为 0～255。

2. 锐化边缘

"锐化边缘"滤镜能够自动辨别图像的颜色边缘，提高颜色边缘的反差、强调颜色边缘，而且保持图像整体的平滑效果。

该滤镜对图像的作用不是很明显，可多次使用以得到良好的锐化效果。使用两次"锐化边缘"滤镜后的效果如图 9-78 所示。

a) b)

图 9-78 "锐化边缘"滤镜的应用效果

a) 原图 b) 应用两次"锐化边缘"滤镜后的效果

3. 智能锐化

"智能锐化"滤镜通过指定的锐化算法或控制阴影和高光中的锐化量来锐化图像，它比"USM 锐化"有更多的锐化控制功能。该滤镜的应用效果如图 9-79 所示（"数量"为"250"、"半径"为"15"、"移去"选择"高斯模糊"）。

a) b)

图 9-79 "智能锐化"滤镜的应用效果

a) 原图 b) 应用"智能锐化"滤镜后的效果

在"智能锐化"滤镜对话框中，选择"高级"选项，可出现 3 个选项卡。
- "锐化"选项卡，可指定锐化算法。
- ➢ 数量：用于设置锐化的程度，取值为 1～500。
- ➢ 半径：用于设置边缘两侧锐化影响的像素数目，取值为 0.1～64.0。
- ➢ 移去：用于设置锐化的方式。选择"高斯模糊"，将采用"USM 锐化"滤镜的锐化方式；选择"镜头模糊"，将更精细地锐化图像中的边缘和细节；选择"动感模糊"将减少用于相机或主体移动而导致的模糊。选择"动感模糊"后,可通过"角度"参数,设置动感模糊的角度。

- "阴影"选项卡,可用来设置图像中较暗和较亮区域的锐化参数。其中:
  - ➢ 渐隐量:用于设置图像中高光和阴影区域的锐化程度,取值为0～100。
  - ➢ 色调宽度:用于控制阴影或高光区域中色调的修改范围,较小的值会限制只对较暗区域调整。取值为0～100。
  - ➢ 半径:用于设置每个像素周围的区域大小,决定像素在阴影还是在高光中,取值为1～100。
- "高光"选项卡,其参数与"阴影"选项卡的相似。

4. 锐化/进一步锐化

"锐化/进一步锐化"滤镜用于聚焦选区并提高其清晰度。"进一步锐化"的效果比"锐化"强3～4倍。

9.3.6 素描

"素描"滤镜组主要用来模拟素描、速写等艺术效果,为图像制作有质感变化的纹理,创建美术或手绘外观。它们常利用当前的前景色和背景色来替代图像中的颜色,最终得到的往往是一幅单色图像。该滤镜组共包含14种滤镜。

1. 半调图案

"半调图案"滤镜使用当前的前景色和背景色对图像进行处理,产生带圆形、网点或直线图案的纹理,模拟印刷时使用的半调网屏效果。该滤镜的应用效果如图9-80所示("大小"为"5"、"对比度"为"16"、"图案类型"为"网点")。

a)   b)

图9-80 "半调图案"滤镜的应用效果

a) 原图 b) 应用"半调图案"滤镜后的效果

在"半调图案"滤镜对话框中:

- 大小:用于设置图案的大小,取值为1～12,值越大,图案密度越小,图案纹理越明显。
- 对比度:用于设置前景色与背景色的对比度,取值为0～50。值越大,层次感越强。
- 图案类型:用于选择圆形、网点或直线。

2. 便条纸

"便条纸"滤镜使图像产生类似在便条纸上压印出凹陷暗纹的效果。该滤镜的应用效果如

图 9-81 所示（"图像平衡"为"25"、"粒度"为"12"、"凸现"为"10"）。

a)   b)

图 9-81   "便条纸"滤镜的应用效果

a) 原图   b) 应用"便条纸"滤镜后的效果

在"便条纸"滤镜对话框中：

● 图像平衡：用于设置前景色与背景色间的平衡程度，取值为 0～50，值越大，前景色越突出。

● 粒度：用于设置颗粒状纹理的密度，取值为 0～20，值越大，颗粒越多。

● 凸现：用于设置凹陷效果的起伏程度，取值为 0～25。

3. 粉笔和炭笔

"粉笔和炭笔"滤镜模拟用粉笔和炭笔混合绘画的效果。它使用前景色并以笔画较明显的炭笔绘制图像的暗调区域，使用背景色以粗糙的粉笔绘制图像中的高光区域。该滤镜的应用效果如图 9-82 所示（"炭笔区"为"4"、"粉笔区"为"10"、"描边压力"为"3"）。

a)   b)

图 9-82   "粉笔和炭笔"滤镜的应用效果

a) 原图   b) 应用"粉笔和炭笔"滤镜后的效果

在"粉笔和炭笔"滤镜对话框中：

● 炭笔区：用于设置炭笔效果作用的区域，取值为 0～20，值越大，炭笔特征越明显。

● 粉笔区：用于设置粉笔效果作用的区域，取值为 0～20。

● 描边压力：用于设置笔画的压力，取值为 0～5。

4. 铬黄

"铬黄"滤镜产生一种表面镀铬的光滑金属质感，模拟擦亮的铬黄表面效果。该滤镜的应用效果如图 9-83 所示（"细节"为"7"、"平滑度"为"7"）。

a)

b)

图 9-83　"铬黄"滤镜的应用效果

a) 原图　b) 应用"铬黄"滤镜后的效果

在"铬黄"滤镜对话框中：

● 细节：用于设置图像细节的保留程度，取值为 0～10，值越大，图像细节越清楚。

● 平滑度：用于设置图像表面的光滑程度，取值为 0～10。

5. 绘图笔

"绘图笔"滤镜模拟铅笔素描效果，使用细的线状油墨描绘图像的细节，并使用前景色作为油墨、背景色作为纸张进行描绘。该滤镜的应用效果如图 9-84 所示（"描边长度"为"15"、"明/暗平衡"为"58"、"描边方向"为"右对角线"）。

a)

b)

图 9-84　"绘图笔"滤镜的应用效果

a) 原图　b) 应用"绘图笔"滤镜后的效果

在"绘图笔"滤镜对话框中：

● 描边长度：用于设置笔画线条的长度，取值为 1～15，取值为"1"时，笔画由线条变为点。

● 明/暗平衡：用于设置图像中前景色和背景色的平衡程度，取值为 0～100，值越大，前景色越多。

● 描边方向：用于设置笔画的描绘方向，可选择"右对角线"、"水平"、"左对角线"和"垂直"4 个方向。

6. 基底凸现

"基底凸现"滤镜根据图像的轮廓生成凹凸起伏的浮雕效果，并突出光照下变化各异的图像表面。生成浮雕效果时，图像较暗区域使用前景色，较亮区域使用背景色。该滤镜的应用效果如图 9-85 所示（"细节"为"13"、"平滑度"为"3"、"光照"为"下"）。

在"基底凸现"滤镜对话框中：

● 细节：用于设置图像细节的保留程度，取值为 1～15。

● 平滑度：用于设置图像表面的光滑程度，取值为 1～15。

● 光照：用于设置光源的照射方向，可选择"上"、"下"、"左"、"右"、"左上"、"左下"、"右上"、"右下" 8 个方向。

a)   b)

图 9-85　"基底凸现"滤镜的应用效果

a) 原图　b) 应用"基底凸现"滤镜后的效果

7. 水彩画纸

"水彩画纸"滤镜模拟用水彩作画，颜色沿画纸的纤维渗透的效果。该滤镜的应用效果如图 9-86 所示（"纤维长度"为"25"、"亮度"为"65"、"对比度"为"80"）。

a)   b)

图 9-86　"水彩画纸"滤镜的应用效果

a) 原图　b) 应用"水彩画纸"滤镜后的效果

在"水彩画纸"滤镜对话框中：

● 纤维长度：用于设置颜色渗透的程度，取值为 3～50，数值越大，渗透越大。

● 亮度：用于设置图像的亮度，取值为 0～100。

● 对比度：用于设置图像暗区和亮区的对比度，取值为 0～100。

8. 撕边

"撕边"滤镜使用前景色和背景色为图像上色，并用粗糙的颜色边缘模拟碎纸片的毛边效果。该滤镜的应用效果如图 9-87 所示（"图像平衡"为"25"、"平滑度"为"15"、"对比度"为"15"）。

a)   b)

图 9-87   "撕边"滤镜的应用效果

a) 原图   b) 应用"撕边"滤镜后的效果

在"撕边"滤镜对话框中：

● 图像平衡：用于设置前景色和背景色之间的平衡程度，取值为 0～50，值越大，颜色差异越大。
● 平滑度：用于设置前景色和背景色之间的过渡程度，取值为 1～15，值越大，过渡效果越平滑。
● 对比度：用于设置前景色和背景色之间的对比度，取值为 1～25。

9. 塑料效果

"塑料效果"滤镜使用前景色和背景色为图像着色，产生暗区凸出、亮区凹陷的三维效果，模拟在塑料材质上的压凸效果。该滤镜的应用效果如图 9-88 所示（"图像平衡"为"28"、"平滑度"为"1"、"光照"为"上"）。

a)   b)

图 9-88   "塑料效果"滤镜的应用效果

a) 原图   b) 应用"塑料效果"滤镜后的效果

在"塑料效果"滤镜对话框中：

● 图像平衡：用于设置前景色和背景色之间的平衡程度，取值为 0～50。
● 平滑度：用于设置图像凸出部分和平面部分的过度程度，取值为 1～15。

● 光照：用于设置光照方向，可选择"上"、"下"、"左"、"右"、"左上"、"左下"、"右上"、"右下"8个方向。

10. 炭笔

"炭笔"滤镜模拟用炭笔绘制素描作品的效果。它以前景色作为炭笔颜色、背景色作为纸张颜色，图像中的主要边缘以粗线条绘制，中间色调用对角线描绘。该滤镜的应用效果如图9-89所示（"炭笔粗细"为"2"、"细节"为"5"、"明/暗平衡"为"30"）。

a)   b)

图9-89 "炭笔"滤镜的应用效果

a) 原图 b) 应用"炭笔"滤镜后的效果

在"炭笔"滤镜对话框中：
● 炭笔粗细：用于设置炭笔笔触的大小，取值为1～7；。
● 细节：用于设置炭笔效果的细腻程度，取值为0～5。
● 明/暗平衡：用于设置图像中前景色与背景色的对比程度，取值为0～100。

11. 炭精笔

"炭精笔"滤镜模拟浓黑和纯白的炭精笔纹理，使用前景色绘制暗区、背景色绘制亮区。该滤镜的应用效果如图9-90所示。

a)   b)

图9-90 "炭精笔"滤镜的应用效果

a) 原图 b) 应用"炭精笔"滤镜后的效果

"炭精笔"滤镜对话框如图9-91所示。其中：
● 前景色阶：用于设置前景色的范围，取值在1～15之间，值越大，前景色越突出。
● 背景色阶：用于设置背景色阶，同前景色的设置。
● 纹理：可以选择砖形、粗麻布、画布和砂岩纹理，或者单击三角形按钮 ≡ 载入PSD文件作为纹理。
- 缩放：用于设置纹理的大小，取值为 50～200，值越大，纹理越粗糙。
- 凸现：用于设置纹理的起伏程度，取值为 0～50，值越大，纹理越突出。
- 光照：用于设置光线的照射方向，共 8 个方向。
- 反相：用于翻转纹理的凹凸面。

图 9-91 "炭精笔"滤镜对话框

12. 图章

"图章"滤镜使用图像的轮廓制作成图章印戳的效果，并用前景色作为图章颜色。该滤镜的应用效果如图 9-92 所示（"明/暗平衡"为"25"、"平滑度"为"5"）。

在"图章"滤镜对话框中：
- 明/暗平衡：用于设置前景色与背景色的平衡程度，取值为 0～50。
- 平滑度：用于设置图像边缘的平滑程度，取值为 1～50。

a)

b)

图 9-92 "图章"滤镜的应用效果

a) 原图 b) 应用"图章"滤镜后的效果

13. 网状

"网状"滤镜模仿胶片感光乳剂的受控收缩和扭曲，使图像的暗色区域好像被结块，高光好像被轻微颗粒化一样，产生不规则的网状效果。该滤镜的应用效果如图9-93所示（"浓度"为"18"、"前景色阶"为"25"、"背景色阶"为"9"）。

a)   b)

图9-93 "网状"滤镜的应用效果

a) 原图 b) 应用"网状"滤镜后的效果

在"网状"滤镜对话框中：

- 浓度：用于设置网格的密度，取值为0～50。
- 前景色阶：用于设置前景色所占的比例，取值为0～50。
- 背景色阶：用于设置背景色所占的比例，取值为0～50。

14. 影印

"影印"滤镜使用前景色勾画图像的主要轮廓、背景色绘制其余部分来模拟影印图像的效果。该滤镜的应用效果如图9-94所示（"细节"为"20"、"暗度"为"45"）。

a)   b)

图9-94 "影印"滤镜的应用效果

a) 原图 b) 应用"影印"滤镜后的效果

在"影印"滤镜对话框中：

- 细节：用于设置图像中细节的保留程度，取值为1～24。
- 暗度：用于设置图像中暗区的颜色深度，取值为1～50，数值越大，图像越暗。

9.3.7 纹理

"纹理"滤镜组通过为图像加上各种纹路的变化，模拟在各种材质上绘画时的质感变化效果；也可以利用"纹理"滤镜在空白的图像上制作纹理图。该滤镜组共包含6种滤镜。

1. 龟裂缝

"龟裂缝"滤镜使图像产生凹凸不平的类似乌龟壳裂纹的效果。该滤镜的应用效果如图

9-95 所示（"裂缝间距"为"20"、"裂缝深度"为"10"、"裂缝亮度"为"9"）。

a) b)

图 9-95 "龟裂缝"滤镜的应用效果

a) 原图 b) 应用"龟裂缝"滤镜后的效果

在"龟裂缝"滤镜对话框中：

● 裂缝间距：用于设置裂纹之间的间距，取值为 2～100。

● 裂缝深度：用于设置裂纹的深度，取值为 0～10，值越大，裂纹深度越深。

● 裂缝亮度：用于设置裂纹的亮度，取值为 0～10。

2. 颗粒

"颗粒"滤镜在图像中生成不同种类的颗粒变化来增加图像的纹理效果。该滤镜的应用效果如图 9-96 所示（"强度"为"85"、"对比度"为"55"、"颗粒类型"为"常规"）。

a) b)

图 9-96 "颗粒"滤镜的应用效果

a) 原图 b) 应用"颗粒"滤镜后的效果

在"颗粒"滤镜对话框中：

● 强度：用于设置图像中产生颗粒的数量，取值为 0～100。

● 对比度：用于设置颗粒的对比度，取值为 0～100，值越大，颗粒效果越明显。

● 颗粒类型：用于设置生成颗粒的类型，可选择"常规"、"柔和"、"喷洒"、"结块"、"强反差"、"扩大"、"点刻"、"水平"、"垂直"和"斑点"10 种类型。

3. 马赛克拼贴

"马赛克拼贴"滤镜产生分布均匀但形状不规则的马赛克效果，模拟马赛克瓷砖拼贴。该滤镜的应用效果如图 9-97 所示（"拼贴大小"为"12"、"缝隙宽度"为"3"、"加亮缝隙"为"9"）。

a)

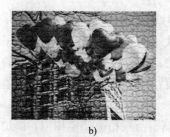
b)

图 9-97 "马赛克拼贴"滤镜的应用效果

a) 原图 b) 应用"马赛克拼贴"滤镜后的效果

在"马赛克拼贴"滤镜对话框中：

- 拼贴大小：用于设置马赛克块的大小，取值为 2～100。
- 缝隙宽度：用于设置马赛克间裂缝的宽度，取值为 1～15。
- 加亮缝隙：用于设置马赛克间裂缝的亮度，取值为 0～10。

4. 拼缀图

"拼缀图"滤镜使用正方形来拼贴图像，并随机减小或增大拼贴的深度。该滤镜的应用效果如图 9-98 所示（"方形大小"为"4"、"凸现"为"8"）。

a)

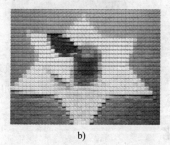
b)

图 9-98 "拼缀图"滤镜的应用效果

a) 原图 b) 应用"拼缀图"滤镜后的效果

在"拼缀图"滤镜对话框中：

- 方形大小：用于设置拼贴正方形的大小，取值为 0～10。
- 凸现：用于设置拼贴正方形的凸现程度，取值为 0～25。

5. 染色玻璃

"染色玻璃"滤镜模拟彩色玻璃拼贴画的效果。该滤镜的应用效果如图 9-99 所示（"单元格大小"为"25"、"边框粗细"为"9"、"光照强度"为"5"）。

a)

b)

图 9-99 "染色玻璃"滤镜的应用效果

a) 原图 b) 应用"染色玻璃"滤镜后的效果

在"染色玻璃"滤镜对话框中：

- 单元格大小：用于设置彩色玻璃格子的大小，取值为2～50。
- 边框粗细：用于设置玻璃格子边缘的宽度，取值为1～20。
- 光照强度：用于设置光照程度，取值为0～10。

6. 纹理化

"纹理化"滤镜与炭精笔滤镜相似，都是为图像添加纹理效果，其对话框参数设置方法也类似。该滤镜的应用效果如图9-100所示（"纹理"选择"粗麻布"、"缩放"为"150"、"凸现"为"10"、"光照"选择"上"）。

a)   b)

图9-100 "纹理化"滤镜的应用效果

a) 原图   b) 应用"纹理化"滤镜后的效果

9.3.8 像素化

"像素化"滤镜组通过将单元格中颜色值相近的像素结成多个小块，并将这些小块重新组合或有机分布，形成像素组合的效果。该滤镜组共包含7种滤镜。

1. 彩块化

"彩块化"滤镜将纯色或相似颜色的像素结块形成彩色像素块，使图像看起来像手绘的效果。该滤镜无对话框，其应用效果如图9-101所示。

a)   b)

图9-101 "彩块化"滤镜的应用效果

a) 原图   b) 应用"彩块化"滤镜后的效果

2. 彩色半调

"彩色半调"滤镜模拟对图像的每个通道都使用放大的由网点组成的半调网屏效果。该滤镜的应用效果如图 9-102 所示("最大半径"为"5"、"网角"分别为"108"、"162"、"90"、"45")。

 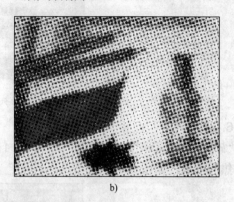

a)　　　　　　　　　　　　　　　　　　b)

图 9-102　"彩色半调"滤镜的应用效果

a) 原图　b) 应用"彩色半调"滤镜后的效果

在"彩色半调"滤镜对话框中：
- 最大半径：用于设置半调网点的最大半径，取值为 4～127。
- 网角：用于设置每个通道的网点与实际水平线的夹角。不同的图像模式使用的通道数不同，灰度图像使用通道 1；RGB 图像使用通道 1、2 和 3，分别对映红、绿和蓝；CMYK 图像使用所有 4 个通道，对应青、洋红、黄和黑。

3. 点状化

"点状化"滤镜模拟绘画中的点彩效果，将图像中的颜色分散为随机分布的网点，网点之间的空白区域由当前的背景色填充。该滤镜的应用效果如图 9-103 所示("单元格大小"为"9")。

"点状化"滤镜对话框中的"单元格大小"用于设置网点的大小，取值为 3～300 像素。

4. 晶格化

"晶格化"滤镜使图像结块为许多不规则形状的小平面，这些小平面拼接成结晶般的块状。该滤镜的应用效果如图 9-104 所示("单元格大小"为"12")。

图 9-103　"点状化"滤镜的应用效果　　　　图 9-104　"晶格化"滤镜的应用效果

5. 马赛克

"马赛克"滤镜生成以小方块拼接而成的图像效果，如图 9-105 所示("单元格大小"为"10")。

图 9-105　"马赛克"滤镜的应用效果

6. 碎片

"碎片"滤镜会把图像中相关像素复制 4 份，然后进行平均并使它们互相偏移，形成一种未聚焦的效果，如图 9-106 所示。

图 9-106　"碎片"滤镜的应用效果

7. 铜版雕刻

"铜版雕刻"滤镜模拟金属版印刷所得到的效果，它将图像转换为黑白或全饱和色的随机点状、短线、长线或长边图案，并由这些图案的变化重新构建整幅图像。该滤镜的应用效果如图 9-107 所示（"类型"选择"中等线"）。

图 9-107　"铜版雕刻"滤镜的应用效果

9.3.9　渲染

"渲染"滤镜组可以在图像中模拟光的反射，或创建云彩、折射图案以及各种表面材质效果。该滤镜组共包含 5 种滤镜。

1. 分层云彩/云彩

"分层云彩"滤镜使用前景色和背景色间的变化随机生成柔和的云彩图案，并将生成的云彩和原图像按"差值"模式进行颜色混合，覆盖原图像内容。

该滤镜没有对话框。第 1 次应用该滤镜时，图像的某些部分被反相为云彩图案；多次应用后，会产生大理石般的纹理图案。前景色为红色、背景色白色时的"分层云彩"应用效果如图 9-108 所示。

图 9-108　"分层云彩"滤镜的应用效果

a) 原图　b) 第 1 次应用　c) 第 4 次应用

"云彩"滤镜使用前景色和背景色间的变化随机生成柔和的云彩图案，并用生成的图案覆盖原图像中的全部内容。"云彩"滤镜可以应用在没有像素的透明区域。

2. 光照效果

"光照效果"滤镜是一个设置复杂、功能强大的滤镜，它可模拟不同的灯光，产生立体的光照效果。该滤镜通过光照、光色选择、聚焦及物体反射特性等属性来生成特定的效果。它包括 17 种光照样式、3 种光照类型和 4 套光照属性。"光照效果"滤镜的应用效果如图 9-109 所示。

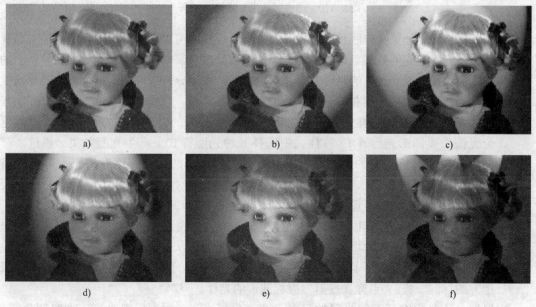

图 9-109　"光照效果"滤镜的应用效果

a) 原图　b) 两点钟方向光照　c) 向下交叉光　d) 喷涌光　e) 柔和全光源　f) 三处点光

"光照效果"滤镜对话框如图 9-110 所示。该对话框包括预览操作区和参数设置区两个区域。预览操作区可预览滤镜的应用效果，设置光照方向和照射范围等；参数设置区给出了光照"样式"、"光照类型"、光照"属性"和"纹理通道"4 组参数。

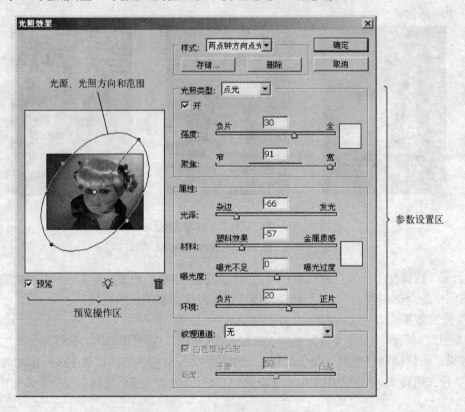

图 9-110 "光照效果"滤镜对话框

- 预览操作区：预览操作区和现实生活中的舞台一样，可以在舞台周围合适的地方布置灯光，查看灯光的效果。该区中的一个椭圆形导轨代表一个灯光光源。拖动导轨上的 4 个手柄可以改变光源的照射方向和照射范围；拖动导轨中心的原点可以移动导轨位置从而改变光源的照射位置。
- 样式：通过光照的"样式"下拉列表，可以从预置的"两点钟方向光照"、"蓝色全光源"、"圆形光"等 17 种样式中选择一种光照样式来产生光照效果。通过"存储"按钮，可将当前的光照设置保存为新的样式。通过"删除"按钮，可删除当前选择的光照样式。
- 光照类型：该参数组可设置光照的类型、光照的强度和聚焦。该选项区只有在选中了"开"复选框后才起作用。通过"光照类型"下拉列表设置光照的类型。光照类型包括"平行光"、"全光源"和"点光"3 种。"平行光"从远处照射光，光照角度不会发生变化，就像太阳光一样；"全光源"从图像的正上方向各个方向照射，就像一张纸上方的灯泡一样；"点光"投射一束椭圆形的光柱。
- 属性：该参数组可设置光照的反射效果，包括光泽、材料、曝光度、光照颜色等。
- 纹理通道：通过该参数组向图像中加入纹理，产生浮雕效果。

3. 镜头光晕

"镜头光晕"滤镜模拟照相机由于亮点而产生的镜头光斑效果。该滤镜的应用效果如图9-111所示("亮度"为"160","镜头类型"为"电影镜头")。

a)　　　　　　　　　　　　　　　　　　　b)

图9-111　"镜头光晕"滤镜的应用效果

a) 原图　b) 应用"镜头光晕"滤镜后的效果

在"镜头光晕"滤镜对话框中：

- 十字：它是光晕的标记。在预览图像上单击鼠标或拖动十字，可改变光晕位置。
- 亮度：用于设置光晕的亮度，取值为10～300，值越大，光晕的亮度越强。
- 镜头类型：用于设置镜头的类型。不同的镜头产生的光晕效果不同。

4. 纤维

"纤维"滤镜使用前景色和背景色创建编织纤维的效果。使用"纤维"滤镜时，当前图层上的图像将被纤维图案替换。

在"纤维"滤镜对话框中：

- 差异：用于设置纤维细节变化的差异程度，取值为1.0～64.0，值越大，纤维条纹越长且差异越大，图像越粗糙；反之，纤维条纹越短且差异越小。
- 强度：用于设置每根纤维的外观，取值为1.0～64.0。值越大，纤维条纹对比度越大，纹理越清楚。
- "随机化"按钮：单击该按钮可在参数设置不变的情况下随机产生不同的纤维效果，以更改图案的外观。可多次单击该按钮，以挑选满意的图案。

9.3.10　艺术效果

"艺术效果"滤镜组可将摄影图像改变为传统的绘画效果，使图像看上去是具有不同画派、不同绘画技法的艺术作品。该滤镜组共包含15种滤镜。

1. 壁画

"壁画"滤镜使用短圆的、粗略涂抹的小块颜料绘制图像来模拟壁画效果，绘制的图像风格粗犷、颜色较深且没有光泽度。该滤镜的应用效果如图9-112所示("画笔大小"为"5"、"画笔细节"为"8"、"纹理"为"2")。

a)

b)

图 9-112　"壁画"滤镜的应用效果

a) 原图　b) 应用"壁画"滤镜后的效果

在"壁画"滤镜对话框中：

● 画笔大小：用于设置画笔笔画的大小，取值为 0～10，值越大，图像越清晰。

● 画笔细节：用于设置图像细节的保留程度，取值为 0～10。值越大，细节保留越多。

● 纹理：用于设置颜色过渡区所产生的纹理的清晰度，取值为 1～3，值越大，纹理越清晰。

2. 彩色铅笔

"彩色铅笔"滤镜模拟彩色铅笔在纯色背景上绘画的效果，并保留图像中重要的颜色边缘。该滤镜的应用效果如图 9-113 所示（"铅笔宽度"为"16"、"描边压力"为"10"、"纸张亮度"为"37"）。

在"彩色铅笔"滤镜对话框中：

● 铅笔宽度：用于设置铅笔笔触的宽度，取值为 1～24，值越大，绘制的线条越粗。

● 描边压力：用于设置铅笔压力的大小，取值为 0～15，值越大，绘制出来的颜色越明显。

● 纸张亮度：用于设置纯色背景的亮度，取值为 0～50。

3. 粗糙蜡笔

"粗糙蜡笔"滤镜模拟用蜡笔在有纹理的背景上绘画的效果。该滤镜的参数及设置方法与"炭精笔"滤镜的类似。该滤镜的应用效果如图 9-114 所示（"描边长度"为"21"、"描边细节"为"4"、"纹理"选择"画布"、"缩放"为"100"、"凸现"为"20"、"光照"选择"下"）

图 9-113　"彩色铅笔"滤镜的应用效果

图 9-114　"粗糙蜡笔"滤镜的应用效果

4. 底纹效果

"底纹效果"滤镜模拟绘画时的底彩效果，类似在正式绘画前先在画布上铺一层底色，然后再在上面作画一样。该滤镜对话框的参数及设置方法与"炭精笔"滤镜的类似。

该滤镜的应用效果如图 9-115 所示是（"画笔大小"为"6"、"纹理覆盖"为"16"、"纹理"选择"画布"、"缩放"为"100"、"凸现"为"19"、"光照"选择"上"）。

5. 调色刀

"调色刀"滤镜模拟使用调色刀绘画，使图像中颜色相近的像素点相互融合，产生类似中国水墨山水画中大写意的效果。该滤镜的应用效果如图 9-116 所示（"描边大小"为"25"、"描边细节"为"3"、"软化度"为"0"）。

图 9-115 "底纹效果"滤镜的应用效果

图 9-116 "调色刀"滤镜的应用效果

在"调色刀"滤镜对话框中：

- 描边大小：用于设置绘画笔触的粗细，取值为 1～50。
- 描边细节：用于设置笔画细节的相近程度，取值为 1～3，值越大，颜色越相近。
- 软化度：用于设置笔画边缘的柔和程度，取值为 0～10，值越大，边缘越柔和。

6. 干画笔

"干画笔"滤镜模拟使用光秃的毛笔或颜料已经干燥的毛笔绘画时产生的效果，所画的颜色变化介于油画与水彩画之间。该滤镜的应用效果如图 9-117 所示（"画笔大小"为"5"、"画笔细节"为"8"、"纹理"为"2"）。

在"干画笔"滤镜对话框中：

- 画笔大小：用于设置画笔笔触的大小，取值为 0～10。
- 画笔细节：用于设置画笔的细腻程度，取值为 0～10。
- 纹理：用于设置图像纹理的清晰度，取值为 1～3。

7. 海报边缘

"海报边缘"滤镜能够使图像产生一种海报招贴画的风格。该滤镜的应用效果如图 9-118 所示（"边缘厚度"为"8"、"边缘强度"为"5"、"海报化"为"3"）。

在"海报边缘"滤镜对话框中：

- 边缘厚度：用于设置图像中边缘的宽度，取值为 0～10，值越大，边缘越宽。
- 边缘强度：用于设置边缘的清晰度，取值为 0～10。

● 海报化：用于设置海报化的程度，取值为 0～5，值越大，海报渲染效果越明显。

图 9-117 "干画笔"滤镜的应用效果　　　　　图 9-118 "海报边缘"滤镜的应用效果

8. 海绵

"海绵"滤镜使用颜色对比强烈、纹理较重的区域创建图像，产生一种用海绵绘画的效果。该滤镜的应用效果如图 9-119 所示（"画笔大小"为"2"、"清晰度"为"12"、"平滑度"为"8"）。

在"海绵"滤镜对话框中：
● 画笔大小：用于设置画笔的尺寸，取值为 0～10。
● 清晰度：用于设置海绵吸收或铺盖颜色的深浅，取值为 0～25，值越大，颜色越深。
● 平滑度：用于设置颜色过渡的平滑程度，取值为 1～15，值越大，颜色过渡越平滑。

9. 绘画涂抹

"绘画涂抹"滤镜能产生一种类似水粉画中的平涂效果。该滤镜的应用效果如图 9-120 所示（"画笔大小"为"16"、"锐化程度"为"22"、"画笔类型"选择"简单"）。

图 9-119 "海绵"滤镜的应用效果　　　　　图 9-120 "绘画涂抹"滤镜的应用效果

在"绘画涂抹"滤镜对话框中：
● 画笔大小：用于设置画笔的尺寸，取值为 1～50。
● 锐化程度：用于设置涂抹时笔画的清晰程度，取值为 0～40。
● 画笔类型：可选择"简单"、"未处理光照"、"未处理深色"、"宽锐化"、"宽模糊"和"火花"5 种类型。

10. 胶片颗粒

"胶片颗粒"滤镜使用一些细小的颜色颗粒在图像的暗调和中间调区域添加一些类似噪音

点的效果。该滤镜的应用效果如图 9-121 所示（"颗粒"为"16"、"高光区域"为"5"、"强度"为"10"）。

在"胶片颗粒"滤镜对话框中：

- 颗粒：用于设置颗粒的密度，取值为 0～20。
- 高光区域：用于设置高亮区域范围的大小，取值为 0～20。
- 强度：用于设置颗粒的清晰度，取值为 0～10，值越小，颗粒越明显。

11. 木刻

"木刻"滤镜模拟版画和雕刻，将图像处理成由粗糙剪切彩纸组成的高对比度的图像，产生木刻的效果。该滤镜的应用效果如图 9-122 所示（"色阶数"为"4"、"边缘简化度"为"4"、"边缘逼真度"为"2"）。

图 9-121　"胶片颗粒"滤镜的应用效果　　　　图 9-122　"木刻"滤镜的应用效果

在"木刻"滤镜对话框中：

- 色阶数：用于设置图像的色彩层次，取值为 2～8，值越大，颜色层次越多。
- 边缘简化度：用于设置图像边缘的简化程度，取值为 0～10，取值最大时，边缘将消失。
- 边缘逼真度：用于设置边缘痕迹的精确程度，取值为 1～3，值越大，边缘越清晰、真实。

12. 霓虹灯光

"霓虹灯光"滤镜模拟霓虹灯光的辉光效果，它使用前景色填充阴影区域，使用背景色填充高亮区域。该滤镜的应用效果如图 9-123 所示（"发光大小"为"5"、"发光亮度"为"15"、"发光颜色"选择"蓝色"）。

在"霓虹灯光"滤镜对话框中：

- 发光大小：用于设置霓虹灯的照射范围，取值为-24～24。正值时为外发光，负值时为内发光。
- 发光亮度：用于设置霓虹灯的亮度，取值 0～50。
- 发光颜色：用于设置霓虹灯光的颜色。单击色块，会弹出"拾色器"对话框，选择新的发光颜色。

13. 水彩

"水彩"滤镜使图像产生水彩画的效果。该滤镜的应用效果如图 9-124 所示（"画笔细节"

为"9"、"阴影强度"为"1"、"纹理"为"1")。

图 9-123 "霓虹灯光"滤镜的应用效果

图 9-124 "水彩"滤镜的应用效果

在"水彩"滤镜对话框中：

- 画笔细节：用于设置画笔的细腻程度，取值为 1～14，值越大，表现的细节越多。
- 阴影强度：用于设置水彩效果阴影的强度，取值为 0～10，值越大，暗区越暗。
- 纹理：用于设置水彩效果的纹理，取值为 1～3。

14. 塑料包装

"塑料包装"滤镜能够产生类似于塑料包装的效果，在图像表面生成一些不规则的塑料反光。该滤镜的应用效果如图 9-125 所示（"高光强度"为"18"、"细节"为"11"、"平滑度"为"9"）。

在"塑料包装"滤镜对话框中：

- 高光强度：用于设置图像中高光区的亮度，取值为 0～20。
- 细节：用于设置图像高光区的复杂程度，取值为 1～15，值越大，高光区域越多。
- 平滑度：用于设置图像中塑料包装的光滑程度，取值为 1～15，值越大，越光滑。

15. 涂抹棒

"涂抹棒"滤镜模拟炭棒的绘画效果。该滤镜的应用效果如图 9-126 所示（"描边长度"为"8"、"高光区域"为"5"、"强度"为"10"）。

图 9-125 "塑料包装"滤镜的应用效果

图 9-126 "涂抹棒"滤镜的应用效果

在"涂抹棒"滤镜对话框中：

- 描边长度：用于设置涂抹笔画的长度，取值为 0～10，值越大，笔画越长，同时图像中暗调部分会变亮。

- 高光区域：用于设置高亮区的大小，取值为 0～20。
- 强度：用于设置涂抹的强度，取值为 0～10，值越大，涂抹效果越明显。

9.3.11　杂色

所谓"杂色"实际上是一些颜色随机分布的像素点。图像中杂色可能会以两种形式出现：一种是明亮度（灰度）杂色，这些杂色使图像看起来斑斑点点；另一种是颜色杂色，这些杂色通常看起来像是图像中的彩色伪像。

"杂色"滤镜组是用于添加或去掉杂色像素点的，该滤镜组共包含 5 种滤镜。

1．减少杂色

"减少杂色"滤镜根据设置，在保留边缘细节的同时对整个图像或各个通道减少杂色，如图 9-127 所示。

图 9-127　"减少杂色"滤镜的应用效果

a) 原图　b) 应用"减少杂色"滤镜后的效果

"减少杂色"滤镜对话框如图 9-128 所示。在该对话框中，可选择"基本"选项，也可以选择"高级"选项。

图 9-128　"减少杂色"滤镜对话框

"减少杂色"滤镜对话框有 5 个基本参数设置。

- 强度：用于设置减少杂色的强度，取值为 0～10。值越大，去除杂色的能力就越大。
- 保留细节：用于设置保留边缘和图像细节，取值为 0～100，值越大，图像细节保留越多，但减少杂色的能力越小。
- 减少杂色：用于设置减少随机的颜色杂色像素，取值为 0～100，值越大，减少的颜色杂色越多。
- 锐化细节：用于设置对图像细节锐化的程度，取值为 0～100，值越大，细节锐化越明显，但杂色也越明显。
- 移去 JPEG 不自然感：选中该复选框，将减少由于使用低 JPEG 品质设置存储图像而导致的伪像或光晕。

通过"高级"选项设置参数时，可从"通道"下拉列表中选取颜色通道，并可设置"强度"和"保留细节"选项来减少该通道中的杂色。

2. 蒙尘与划痕

"蒙尘与划痕"滤镜用于去除图像中没有规律的杂点，以达到去除蒙尘与划痕的效果。该滤镜的应用效果如图 9-129 所示（"半径"为"75"，"阈值"为"100"）。

a)   b)

图 9-129　"蒙尘与划痕"滤镜的应用效果

a) 原图　b) 应用"蒙尘与划痕"滤镜后的效果

在"蒙尘与划痕"滤镜对话框中：

- 半径：用于设置去除缺陷的搜索范围，取值为 1～100，值越大，图像越模糊。
- 阈值：用于设置被去除的像素与其他像素的差异程度，取值为 0～128，值越大，去除杂色的能力越弱。

3. 去斑

"去斑"滤镜去除图像中有规律的杂点，同时保持图像的细节不受损失。该滤镜没有对话框，运行一次即完成一次"去斑"操作，可以多次运行。

4. 添加杂色

"添加杂色"滤镜可在图像中添加随机分布的杂点。常用来减少羽化选区和渐变填充的色带，或者使过度修饰的区域显得更为真实。该滤镜的应用效果如图 9-130 所示（"数量"为"60"、"分布"选择"平均分布"、勾选"单色"）。

a)

b)

图 9-130 "添加杂色"滤镜的应用效果

a) 原图　b) 应用"添加杂色"滤镜后的效果

在"添加杂色"滤镜对话框中：

- 数量：用于设置图像中生成杂色的数量，取值为 0.10～400.00，值越大，生成的杂色越多，但图像越模糊。
- 分布：用于设置杂色分布的方式，包括"平均分布"和"高斯分布"两种方式。
- 单色：选择此项，将产生单色的杂色点。

5. 中间值

"中间值"滤镜通过混合图像中像素的亮度来减少图像的杂色。它通过搜索指定半径内像素的亮度值，计算中间亮度来替换图像的原有像素，扔掉与相邻像素差异过大的像素，以消除或减少图像的动态效果。该滤镜的应用效果如图 9-131 所示（"半径"为"23"）。

a)

b)

图 9-131 "中间值"滤镜的应用效果

a) 原图　b) 应用"中间值"滤镜后的效果

在"中间值"滤镜对话框中，"半径"用于设置相邻像素亮度的分析范围，取值为 1～100 像素。

归纳：

- Photoshop CS4 提供了 14 个滤镜组以对图像进行修饰或变换处理。每个滤镜组都有特定的功能，如"艺术效果"滤镜组可使图像产生传统的绘画效果；"模糊"滤镜组可柔化选区或整个图像，对修饰图像非常有用；"画笔描边"滤镜组可使图像产生使用不同的画笔和油墨进行绘画的效果；"扭曲"滤镜组可使图像产生几何扭曲效果；"渲染"滤镜组可为图像添加更多的视觉效果。

● 有些滤镜可以为图像添加纹理，如"粗糙蜡笔"滤镜、"底纹效果"滤镜、"玻璃"滤镜、"炭精笔"滤镜和"纹理化"滤镜都包含纹理化选项，可生成纹理。

实践：

● 使用"镜头模糊"滤镜，制作一个前景清晰、背景模糊的效果。

● 设置不同的前景色，使用"云彩"滤镜，制作各种神奇的大理石纹理。

9.4 本章小结

滤镜是 Photoshop 中一种神奇的工具，使用滤镜能轻松地制作出许多奇妙的图像效果。滤镜既可以应用于整个图像，也可以应用于某一选区、图层或通道。

本章介绍了 Photoshop CS4 内建滤镜的基本功能及使用方法，包括 14 个滤镜组、3 种特殊滤镜和具有保护性质的智能滤镜等的功能和使用方法。通过学习，应该了解各滤镜的基本功能、参数设置方法和操作要领，学会使用各种滤镜制作及渲染图像。

滤镜的操作比较简单，它与通道、图层等结合起来使用，才能得到最佳的艺术效果。绝大多数滤镜都有对话框，供用户设置滤镜的参数，但也有少数滤镜没有对话框。"滤镜库"、"液化"和"消失点"是 3 种特殊的滤镜，它们有特殊的对话框和使用方法。每个滤镜各有不同的应用效果。可以在一个图像上应用多个滤镜，得到的效果是多个滤镜效果的叠加；也可以应用"渐隐滤镜"命令，减弱滤镜的效果。

9.5 练习与提高

一、思考题

1. 什么是滤镜？滤镜的作用范围有哪些？

2. 影响滤镜效果的因素有哪些？

3. 说明智能滤镜的功能。

4. 说明如何提高滤镜的处理性能。

5. 怎样重复应用一个滤镜？

6. 如何在 Photoshop 中使用第三方厂商的滤镜产品？

二、选择题

1. 当图像是＿＿＿＿＿＿＿＿模式时，所有的滤镜都不可以使用。

A. CMYK   B. 灰度   C. 多通道   D. 索引颜色

2. "＿＿＿＿＿＿＿＿"滤镜可以应用在没有像素的透明区域。

A. 彩色铅笔   B. 云彩   C. 喷溅   D. 染色玻璃

3. "＿＿＿＿＿＿＿＿"滤镜可以制作出液体一样的流动效果。

A. 液化   B. 扩散   C. 彩块化   D. 海绵

4. 如果要对含透视平面的图像进行透视校正编辑，可使用"_____"滤镜。

A. 晶格化   B. 阴影线   C. 消失点   D. 极坐标

5. "_____"滤镜组可用来降低图像清晰度。

A. 视频   B. 消失点   C. 模糊   D. Digimarc

6. "_____"滤镜可用于修复图像的垂直或水平倾斜。

A. 镜头校正   B. 切变   C. 置换   D. 旋转扭曲

7. 可用于生成波浪、波纹效果的滤镜组是"_____"滤镜组。

A. 画笔描边   B. 素描   C. 纹理   D. 扭曲

8. 如果图像不够清晰，可用下列哪组滤镜弥补"_____"滤镜组。

A. 风格化   B. 锐化   C. 艺术效果   D. 像素化

9. 除"浮雕效果"滤镜外，"_____"滤镜也可以产生浮雕效果。

A. 铬黄   B. 凸出   C. 木刻   D. 基底凸现

10. 以下关于滤镜的说法，错误的是_____。

A. 特殊滤镜具有各自独特的滤镜对话框及操作、使用方法。

B. "滤镜库"是一个滤镜的集合库，但它不是所有滤镜的集合。

C. 所有的滤镜都有对话框。

D. Photoshop 中的滤镜分为内建和外挂两种。

三、填空题

1. 滤镜应该与_____、_____等结合起来使用，才能得到最佳的艺术效果。

2. 应用滤镜后，可以通过_____方法来减弱滤镜的效果。

3. _____图层需要先将其栅格化为普通图层，才能应用滤镜。

4. 使用智能滤镜时，必须先使用_____命令将图层或选区等转换为智能对象，然后再执行其他的滤镜命令。

5. 可以模拟不同的灯光，产生立体的光照效果的滤镜是_____。

6. 能产生表面镀铬的光滑金属质感的滤镜是_____。

7. 利用_____滤镜可以移去木地板上的物品。

8. _____滤镜可模拟照相机镜头产生的光斑效果。

9. 能为图像添加纹理的滤镜有：_____。

10. 按组合键_____可重复应用滤镜，按组合键_____可撤销当前的滤镜操作。

11. 在滤镜对话框中，可按住_____键将"取消"按钮变为"复位"按钮，将滤镜的参数设置恢复到刚打开对话框时的状态。

四、操作指导与练习

（一）操作示例

1. 操作要求

利用滤镜等工具制作巧克力图的示例，如图 9-132 所示。

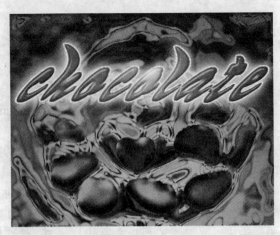

图 9-132　巧克力图

通过该示例，可以更清楚地了解滤镜的实际应用效果。示例中将要应用到"云彩"、"径向模糊"、"基底凸现"、"铬黄"、"高斯模糊"、"切变"、"镜头光晕"、"光照效果"等滤镜，也会涉及图像选区、色相/饱和度、色阶、横排文字工具、图层样式等的应用。

2．操作步骤

1）打开图像文件"chocolate.jpg"。

2）按下〈D〉键，将前景色和背景色设为默认值（前景色为黑色，背景色为白色）。单击工具栏中的"切换前景色和背景色"按钮 ，将前景色切换为白色。

3）选择工具栏中的"魔棒工具" ，单击任意一个白色的巧克力形状，选中所有的巧克力形状，然后选择"选择"菜单的"反向"命令创建选区，该选区将作为巧克力图的背景。

4）选择工具栏中的"油漆桶工具" ，将黑色区域填充为前景色（白色）。

5）选择"滤镜"→"渲染"→"云彩"，为选区产生由黑色与白色随机变化的云彩图案，如图 9-133 所示。

6）选择"滤镜"→"模糊"→"径向模糊"，弹出"径向模糊"对话框，设置"数量"为"65"，其余设置如图 9-134 所示。单击"确定"按钮，得到如图 9-135 的效果。

图 9-133　"云彩"的效果

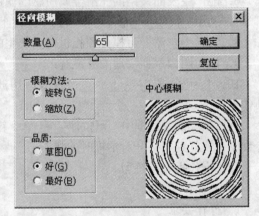

图 9-134　"径向模糊"参数设置

7）选择"滤镜"→"素描"→"基底凸现"，弹出"基底凸现"对话框。设置"细节"为"13"、"平滑度"为"5"、"光照"选择"上"，如图 9-136 所示。

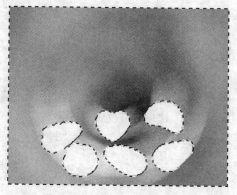

图 9-135 "径向模糊"的效果

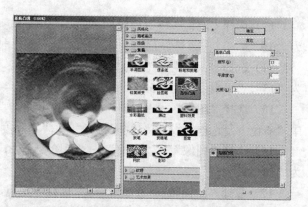

图 9-136 "基底凸现"参数设置

8）选择"滤镜"→"素描"→"铬黄"，弹出"铬黄渐变"对话框。设置"细节"为"4"、"平滑度"为"7"，如图 9-137 所示。

9）选择"图像"→"调整"→"色相/饱和度"命令，弹出"色相/饱和度"对话框。选中"着色"复选框，设置"色相"为"0"、"饱和度"为"30"、"明度"为"−1"，如图 9-138 所示。

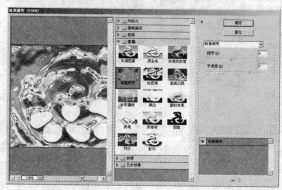

图 9-137 "铬黄"参数设置

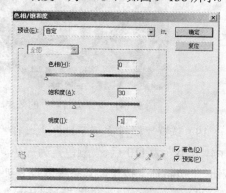

图 9-138 "色相/饱和度"参数设置

10）选择"图像"→"调整"→"色阶"命令，弹出"色阶"对话框。设置"输入色阶"为"40、1、255"，如图 9-139 所示。单击"确定"按钮，完成背景的创建，如图 9-140 所示。

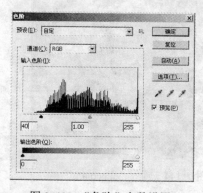

图 9-139 "色阶"参数设置

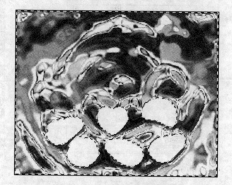

图 9-140 创建好的背景

11）选择"选择"→"反向"命令，选中所有巧克力形状，准备制作巧克力块。

12）选择"滤镜"→"渲染"→"分层云彩"，得到如图 9-141 所示的效果。

13）选择"滤镜"→"模糊"→"高斯模糊"，弹出"高斯模糊"对话框，设置"半径"为"6.3"。

14）选择"滤镜"→"素描"→"基底凸现"，弹出"基底凸现"对话框。设置"细节"为"13"、"平滑度"为"5"、"光照"选择"上"。

15）选择"图像"→"调整"→"色相/饱和度"命令，弹出"色相/饱和度"对话框。选中"着色"复选框，设置"色相"为"0"、"饱和度"为"25"、"明度"为"-1"。

16）选择"图像"→"调整"→"色阶"命令，弹出"色阶"对话框。设置"输入色阶"为"20、1、255"。

17）选择"滤镜"→"纹理"→"颗粒"滤镜，弹出"颗粒"对话框。设置"强度"为"15"、"对比度"为"50"、"颗粒类型"选择"柔和"。

18）按〈Ctrl+D〉组合键，取消选区，完成巧克力块的制作，如图9-142所示。

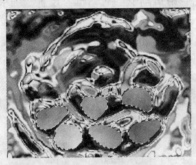
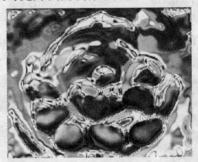

图9-141　"分层云彩"的效果　　　　　　图9-142　制作好的巧克力块

19）选择"横排文字工具"T.，在"字体"面板中，设置"字体"为"Brush Script Std"、"字体大小"为110点、"颜色"为绿色（C：89，M：49，Y：100，K：14）、选中"仿粗体"按钮、"仿斜体"按钮，其余参数设置如图9-143所示。

20）在画布上输入文字"chocolate"，按数字键盘上的〈Enter〉键确认。选择"移动工具"，将文字移动到合适的位置，如图9-144所示。输入文字后，"图层"面板中会出现一个文字图层。

图9-143　"字体"参数设置　　　　　　图9-144　输入"chocolate"

21）单击"图层"面板底部的"添加图层样式"按钮 fx.，从弹出的菜单中选择"外发光"命令，打开"图层样式"对话框。设置"发光颜色"为白色、"扩展"为"7"、"大小"为"22"，其余的参数设置如图9-145所示。

22）在"图层样式"对话框中勾选并单击"内发光"选项。设置"混合模式"为正片叠底、"发光颜色"为黄色（C：10，M：0，Y：95，K：0）、"阻塞"为"0"、"大小"为"2"，其余的参数设置为默认值。

23）继续在"图层样式"对话框中勾选并单击"斜面和浮雕"选项。设置"深度"为"150"、"高度"为"70"；单击"高光模式"右侧的颜色块，将高亮颜色设置为黄绿色（C：16，M：2，Y：48，K：0），其余的参数设置为默认值，如图9-146所示。

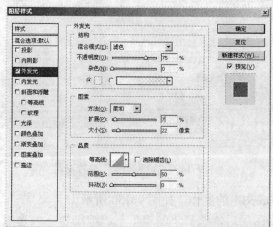

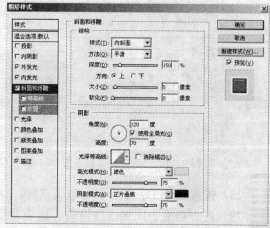

图9-145 "图层样式"的"外发光"参数设置　　　图9-146 "斜面和浮雕"参数设置

24）继续在"图层样式"对话框中勾选"描边"选项。设置"大小"为"2"、"颜色"为白色。单击"确定"按钮，完成图层样式设置，如图9-147所示。

图9-147　图层样式设置后的效果

25）选择"图层"→"栅格化"→"文字"命令，将文字栅格化，以便使用滤镜。选择"椭圆选框工具" 〇，选中整个文字。

26）选择"滤镜"→"扭曲"→"切变"命令，弹出"切变"对话框。调整曲线形状，如图9-148所示。

27）选择"滤镜"→"渲染"→"镜头光晕"命令，弹出"镜头光晕"对话框。调整光晕位置及参数，如图9-149所示。

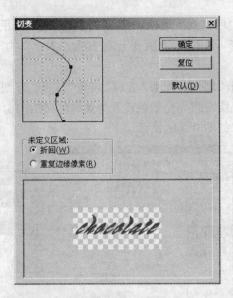

图 9-148 "切变"参数设置

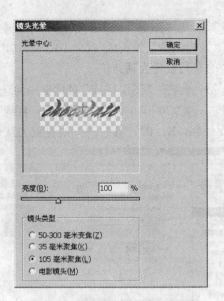

图 9-149 "镜头光晕"参数设置

28）按〈Ctrl＋D〉组合键，取消选区，完成文字的制作，如图 9-150 所示。

29）再为巧克力图加一些渲染。选中背景图层后，选择"滤镜"→"渲染"→"光照效果"，弹出"光照效果"对话框。选择"样式"为"手电筒"、"光照类型"为"全光源"、"强度"颜色为紫色（C：20，M：47，Y：0，K：0），调整好光源位置和大小，其他参数如图 9-151 所示。单击"确定"按钮，完成巧克力图的制作。

图 9-150 完成文字的制作

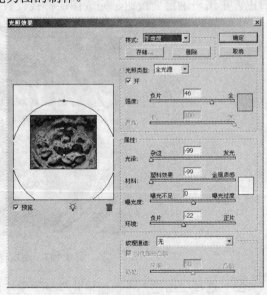

图 9-151 "光照效果"参数设置

（二）操作练习

第 1 题：

操作要求：打开图像文件"child2.jpg"，利用"液化"滤镜，按照如下题目要求完成对图 9-152 中人物发髻线的调整并添加微笑的操作。

a)   b)

图 9-152　添加微笑

a) 原图　b) 效果图

1）打开图像文件"child2.jpg"。

2）选择"滤镜"→"液化"，打开"液化"对话框。

3）选择"向前变形工具"，将"工具选项"的"画笔大小"参数设置为100。

4）将画笔放置在人物发髻线的位置，按住鼠标并向下拖动少许。

5）重复步骤4）的操作，直到将所有的发髻线调整到合适的位置为止。

6）将"工具选项"的"画笔大小"参数设置为50。

7）将画笔放置在人物嘴角的位置，按住鼠标并向上拖动少许，产生人物微笑的样子。

第2题：

操作要求：打开文件"迷彩字练习.psd"，利用"添加杂色"、"晶格化"和"中间值"滤镜，按照如下题目要求制作如图9-153所示的迷彩字。

图 9-153　迷彩字

1）打开文件"迷彩字练习.psd"。该文件是通过3个步骤生成的：

a、选择"文件"→"新建"。在弹出的对话框中，设置"宽度"为400像素、"高度"为200像素、"分辨率"为72像素/英寸、"颜色模式"为RGB（8位）、"背景内容"为白色。

b、选择"横排文字工具"。在"字体"面板中，设置"字体"为楷体_GB2312、"字体大小"为150点、"颜色"为黄色（C：85，M：46，Y：100，K：9）、仿粗体、仿斜体，其余参数保持默认值。

c、在画布上输入文字"迷彩"。选择"移动工具"，将文字移动到合适的位置。

2）选择"图层"→"栅格化"→"文字"命令，将文字栅格化。

3）选择"滤镜"→"杂色"→"添加杂色"滤镜，设置"数量"为50、"分布"为均匀分布，勾选"单色"选项。

4）选择"滤镜"→"像素化"→"晶格化"滤镜，设置"单元格大小"为33。

5）选择"滤镜"→"杂色"→"中间值"滤镜，设置"半径"为3。

第 3 题：

操作要求：打开文件"消失点操作练习.psd"，使用"消失点"滤镜，按照如下题目要求去除图 9-154 左图小狗左侧地板上的电线和刷子，最终效果如右图。

a)   b)

图 9-154   消失点效果图

a) 原图   b) 效果图

1）打开文件"消失点操作练习.psd"。

2）选择"滤镜"→"消失点"。

3）选择"创建平面工具"，顺着地板的纹理创建一个透视平面将整个图像包含进去。

4）选择"选框工具"，在电线和刷子之间创建一个选区，选区不要包含电线和刷子的任何像素，且大小要超过电线所占的面积。将"修复"选项设置为开、"移动模式"选项设置为目标。

5）按住〈Alt〉键并单击所创建的选区，形成浮动选区。将浮动选区移动到电线位置处，覆盖电线并对齐地板纹理，然后单击选区外的位置。

6）用"选框工具"选中刷子，创建另一个选区。将"修复"选项设置为开、"移动模式"选项设置为源。

7）按住〈Ctrl〉键并将鼠标向原电线位置方向拖动，直至刷子被完全覆盖为止。

8）对齐地板纹理，然后单击选区外的位置。

第10章　Photoshop 的动作

Photoshop 的动作是一系列命令的集合，是任务自动化的一种方法。使用动作可以减少用户重复操作的时间和步骤，并确保多种操作结果的一致性。本章将介绍 Photoshop CS4 中动作的建立、执行和管理，Photoshop CS4 内建动作的使用，以及 Photoshop CS4 的自动功能。

本章学习目标：

- 了解 Photoshop 的任务自动化。
- 了解动作的作用。
- 学会动作的建立、执行和管理。
- 学会内建动作的使用。
- 学会自动功能的应用。

10.1　认识任务自动化和动作

Photoshop 的任务自动化就是自动地执行各种命令、操作和动作，以简化重复操作的工作过程，减少操作的环节、时间和误差等。Photoshop CS4 中提供了多种方法来实现自动执行任务，包括使用动作、"批处理"命令、快捷批处理、脚本、模板、变量以及数据组等。

Photoshop 的动作是指在单个或一批文件上执行的一系列任务，如使用菜单命令、选择面板选项、使用工具等任务。动作实质上是一系列的命令及相应执行步骤和控制的记录。因此，可以使用动作来完成命令的自动重复执行或进行批量处理等。

Photoshop 中预定义了一些动作来帮助执行常见的任务，用户可以按原样使用这些预定义的动作。用户也可以根据自己的需要，建立新的动作。一个新动作需要经历创建动作以及记录相应的操作才能建立起来，之后才能用它来自动执行任务。

动作的创建、记录、执行、组织管理等都要通过"动作"面板来进行；也可以通过"动作"面板将动作存储为动作文件以便以后使用，或载入已有的动作文件。选择"窗口"菜单的"动作"命令，或者按快捷键〈F9〉都会显示"动作"面板，如图 10-1 所示。

在"动作"面板中，可按"列表模式"和"按钮模式"两种方式显示动作。按"列表模式"显示时，"动作"面板的右侧是动作显示区，左侧是项目和对话框开关切换区，下部是按钮区；在动作显示区，动作是按动作组并采用折叠方式显示的，动作组被展开后显示动作，动作被展开后显示命令，命令被展开后显示记录的参数值，形成一种树结构的层次关系。按"按钮模式"显示时，只显示动作的名称，不显示动作组、动作的命令和按钮，如图 10-2 所示。

单击面板右上角的三角形图标，可以弹出"动作"菜单。通过该菜单，可以变换动作的显示模式，可以进行载入、新建或删除、执行、管理动作等操作。"动作"菜单中的大部分命令能在面板中的按钮区找到。

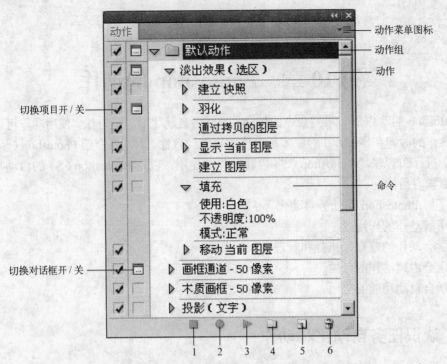

动作
默认动作
淡出效果（选区）
建立快照
羽化
通过拷贝的图层
显示当前图层
建立图层
填充
使用:白色
不透明度:100%
模式:正常
移动当前图层
画框通道 - 50 像素
木质画框 - 50 像素
投影（文字）
动作菜单图标
动作组
动作
命令
切换项目开 / 关
切换对话框开 / 关
1
2
3
4
5
6

1—停止播放/记录　2—开始记录　3—播放选定的动作　4—创建新组　5—创建新动作　6—删除

图 10-1 “动作”面板

动作
淡出效果（选区）
画框通道 - 50 像素
木质画框 - 50 像素
投影（文字）
水中倒影（文字）
自定义 RGB 到灰度
熔化的铅块
制作剪贴路径（...
棕褐色调（图层）
四分颜色
存储为 Photoshop ...
渐变映射

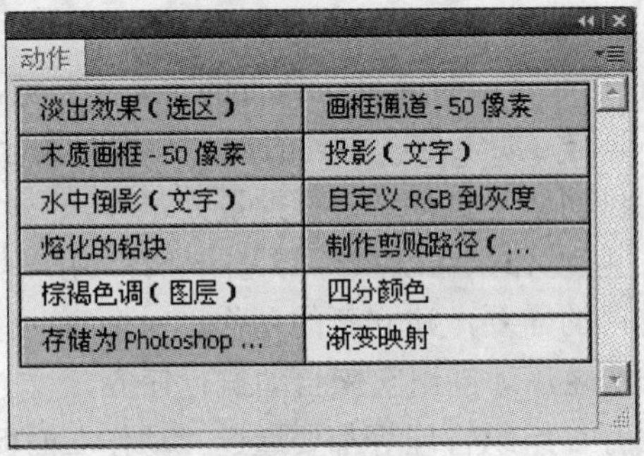

图 10-2 按“按钮模式”显示的“动作”面板

归纳：

- 动作是一系列命令、操作的集合，它是一种自动执行命令、操作等各种任务的方法。
- Photoshop 中有预定义的动作，可以帮助执行常见的任务；也可以建立用户自己的动作以执行用户特殊的任务。
- 动作的创建、操作记录、动作的执行和组织管理等都要在“动作”面板中完成。

实践：选择“窗口”菜单中的“动作”命令，打开“动作”面板，熟悉面板的操作。

10.2 建立动作

为了要自动地执行各种命令、操作，首先需要创建和记录动作。

1. 创建和记录动作

用户可以创建动作来记录用户每一步的操作所使用的命令、工具以及它们对应的参数值。

用户创建的动作可以放在系统的"默认动作"组中，但是为了便于组织管理动作，也可以新建动作组来放置用户建立的动作。

创建动作的方法如下：

1）打开一个图像文件，选择"窗口"→"动作"，打开"动作"面板。

2）如果需要创建新的动作组来放置动作，可单击面板中的"创建新组"按钮 ，弹出"新建组"对话框。在该对话框的"名称"文本框中输入动作组名称，如图 10-3 所示。单击"确定"按钮，就创建了一个新的动作组并在"动作"面板中显示出来。

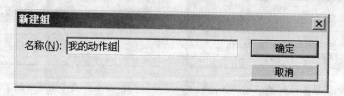

图 10-3 "新建组"对话框

3）单击"创建新动作"按钮 ，创建一个新的动作。单击按钮后，会弹出"新建动作"对话框，如图 10-4 所示。在该对话框中，设置动作的相关信息。

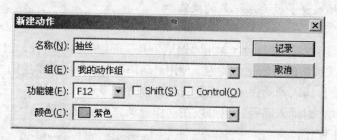

图 10-4 "新建动作"对话框

- 在"名称"文本框中，输入新动作的名称。
- 从"组"下拉列表中，选择放置动作的动作组。
- 从"功能键"下拉列表中为该动作选择一个快捷键。可以选择〈F2〉键～〈F12〉键之间的功能键，也可以选择功能键与〈Shift〉键或/和〈Ctrl〉键的组合。
- 从"颜色"下拉列表中，选择在"按钮模式"显示时该动作对应的按钮颜色。
- 单击"记录"按钮，开始记录用户的操作。此时，"动作"面板中的"开始记录"按钮 会自动按下并变为红色显示，如图 10-5 所示。

4）执行要记录的操作和命令，所执行的命令和工具都会被记录下来，并添加到"动作"面板的动作下，直到停止记录为止。

5）单击"停止记录"按钮 ，将停止记录动作，完成动作的创建。图 10-6 所示是创建好动作后的"动作"面板。

6）停止记录后，如要向动作中添加操作的记录，可先选择好记录的放置位置，单击"开始记录"按钮 继续记录操作。

7）动作创建好后，如果想要把这个动作组存储起来以便将来使用，可先在"动作"面板中，选中该动作组，然后从"动作"面板弹出的菜单中选择"存储动作"命令即可。

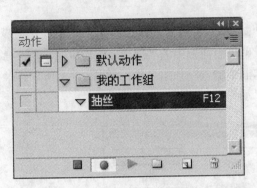

图 10-5　开始记录操作时的"动作"面板

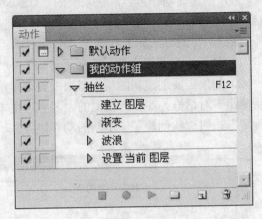

图 10-6　动作创建好后的"动作"面板

说明：
- 如果指定给动作的快捷键与命令相同，快捷键将适用于动作而不是命令。
- 并不是用户执行的所有操作都可以被自动记录下来，但可以用"动作"面板弹出菜单中的命令插入大多数无法记录的操作。

2. 插入路径

Photoshop 不能自动记录路径（如用"钢笔工具"创建的复杂路径）的创建，但可以使用"插入路径"命令来解决路径的记录问题。使用"动作"面板弹出菜单中的"插入路径"命令，可以将路径创建操作插入到动作中，使之成为动作的一部分。

可以在记录动作时插入路径，也可以在动作记录完毕后插入路径。插入路径的方法较简单，只需进行如下操作：

1）在"动作"面板中选择插入的位置。如果选择的是动作，则路径将插入到该动作的最后；如果选择的是命令，则路径将插入到该命令的后面。

2）从"路径"面板中选择要插入的路径。

3）从"动作"面板的弹出菜单中选择"插入路径"即可。

说明：播放插入复杂路径的动作可能需要大量的内存。如果播放时遇到问题，可增加Photoshop 的可用内存量。

3. 插入菜单项目

Photoshop 无法自动记录绘画、色调工具、工具选项、"视图"命令和"窗口"命令等。但可以通过"插入菜单项目"命令，将大多数不能被记录的操作插入到动作中。

向动作中插入菜单项目的方法如下：

1）在"动作"面板中选择插入的位置。如果选择的是动作，则菜单项目将插入到该动作的最后；如果选择的是命令，则菜单项目将插入到该命令的后面。

2）选择"动作"面板弹出菜单中的"插入菜单项目"命令，将弹出"插入菜单项目"对话框，如图 10-7 所示；保持该对话框不关闭。

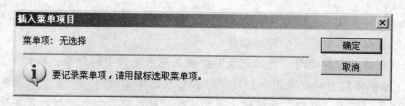

图 10-7 "插入菜单项目"对话框

3）从菜单中选择要插入的菜单命令，选择后在"插入菜单项目"对话框中"菜单项："的后面将会出现该命令的名称。

4）单击"插入菜单项目"对话框中的"确定"按钮，就可以将菜单项目插入到动作中。

插入到动作中的菜单命令直到播放动作时才执行。因此，菜单命令的任何值都不能记录到动作中。如果选择的菜单命令会打开一个对话框，则在动作播放期间将显示该对话框，并且暂停动作执行，直到单击菜单命令对话框中的"确定"或"取消"按钮为止。

4．插入停止

可以在动作中插入停止（即断点），使动作执行时暂时中断，以便执行不能被记录的操作，操作完后单击"执行"按钮 ▶ 继续执行被中断的动作。

向动作中插入停止的方法如下：

1）在"动作"面板中选择要插入停止的位置。如果选择了某个动作，则将在该动作最后插入；如果选择了某个命令，则在该命令的后面插入。

2）从"动作"面板弹出菜单中选择"插入停止"命令，弹出"记录停止"对话框，如图10-8 所示。其中：

● 在"信息"文本框中，输入简短的信息来提示用户在继续执行动作之前所要进行的操作。当动作执行到该点时，将弹出消息框显示该信息。

● 选中"允许继续"复选框，可以在执行动作时，让系统弹出的消息框中出现一个"继续"按钮，单击该按钮可继续执行动作。

3）单击"确定"按钮，就可以将停止插入到动作中，如图10-9 所示。

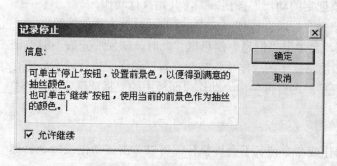
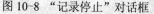

图 10-8 "记录停止"对话框

图 10-9 插入"停止"的动作面板

归纳：

● 用户可以根据自己的需要建立新的动作。新建的动作可以放置到已有的动作组中；也可以新建一个动作组来放置新建的动作，以便于动作的组织和管理。

- 在"动作"面板中，使用"创建新组"按钮可以创建一个新的动作组；使用"创建新动作"按钮可以创建一个新的动作。
- 新动作创建后需要使用"开始记录"按钮来记录动作中的命令、操作等。
- Photoshop 不能自动记录用户创建"路径"或选择"视图"、"窗口"菜单命令等的操作，但可以使用"动作"面板弹出菜单中的"插入路径"或"插入菜单项目"命令，将路径或菜单命令插入到动作中。
- 可以使用"动作"面板弹出菜单中的"插入停止"命令，使动作执行时暂时中断，以便执行不能被记录的操作。

实践：在"动作"面板中，创建一个新的动作组，然后创建一个新的动作放置到新的动作组中并记录动作的操作，操作中必须至少有一个带对话框的命令、一个用前景色填充选区的命令。停止记录操作后，在填充命令前插入一个"停止"，提示用户选择前景色。

10.3 执行动作

建立好动作后，就可以执行动作（即播放动作），让它来自动地完成各种操作。

在"动作"面板中可以控制动作的执行属性，包括：控制每个动作或命令是否执行，是否弹出命令的对话框更改参数设置以及动作的执行速度等。

1. 执行动作

执行动作时，可以选择执行动作组或动作或命令。执行时，Photoshop 会依据建立动作时所记录的命令顺序依次执行动作中的所有命令，但也可以从任意一个命令开始执行，或者只执行单一命令。如果用户打开了"切换对话开/关" ⬚，还可以在执行命令过程中对该命令重新设置参数。

执行动作的方法如下：

1）打开要执行动作的图像文件。

2）在"动作"面板中，选择要执行的动作，如果要执行一个动作序列就选择动作组；如果要执行动作就选择动作；如果要从某个命令开始执行动作，就选择该命令。

3）单击"动作"面板中的"播放选定的动作"按钮 ▶，开始执行动作。

4）如果只执行单一命令，选择该命令后，在按住〈Ctrl〉键的同时单击播放按钮。

执行动作时，若遇到插入的停止，会弹出"信息"消息框。此时，如果要完成不能被记录的操作（如选择前景色等），可单击消息框中的"停止"按钮，暂停动作的执行，然后进行相关的操作（如打开拾色器选择前景色），之后再单击"动作"面板中的"播放选定的动作"按钮 ▶ 继续执行动作即可。

2. 排除命令

如果要在动作执行时排除某个动作或命令使其不会被执行，可以单击该动作或命令名称左侧的"切换项目开/关"标记 ✔，让该标记消失即可。

3. 执行时更改参数

默认情况下，执行动作时会使用最初记录动作时指定命令的参数值来完成动作。但如果打开了某个命令的"切换对话开/关" ⬚，则当动作执行到该命令时，将会暂停执行动作而弹出命令的对话框，这样用户就可以在对话框中修改命令的参数及设置，直至用户按〈Enter〉

键或〈Return〉键，动作才将继续执行。

4. 回放选项

如果要调整动作的执行速度，或将其暂停以便对动作进行调试，可以使用"回放选项"命令来实现。其方法如下：

1）在"动作"面板中选择要改变执行速度的动作组、动作或命令。

2）从"动作"面板弹出菜单中选择"回放选项"命令，弹出"回放选项"对话框，如图10-10所示。其中，性能的选项有3种：

● "加速"：表示以正常速度执行动作。

● "逐步"：表示执行每个命令时都重绘图像，然后再执行动作中的下一个命令。

● "暂停"：用于设置执行每个命令之间应暂停的时间量。

3）单击"确定"按钮，执行动作时就会按照新的速度进行。

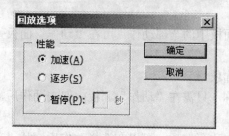

图10-10 "回放选项"对话框

当选择"加速"播放动作时，屏幕可能不会在动作执行的过程中更新，例如可能不在屏幕上出现打开、修改、存储和关闭文件操作，从而更加快速地执行动作。如果要在动作执行的过程中查看屏幕上的操作，可将性能指定为"逐步"。

归纳：

● 用户可以在当前文件中执行动作，也可以通过打开其他文件来执行动作。

● 可以在"动作"面板中取消"切换项目开/关"选项，将某个动作或命令排除掉，以便在执行动作时不被执行到。

● 可以在"动作"面板中选中"切换对话开/关"选项，以便在动作执行过程中弹出命令的对话框，并可在对话框中修改命令的参数及设置。

● 可以使用"动作"面板弹出菜单中的"回放选项"命令设置动作执行的性能，调整动作的执行速度，或将其暂停以便对动作进行调试。

实践：执行10.2节建立的动作。然后将执行性能指定为"逐步"后再重新执行动作；将动作的"切换对话开/关"选项选中后再重新执行动作。

10.4 管理动作和动作组

可以在"动作"面板中管理动作、动作组，以使其更加符合要求、更具条理性。

1. 管理动作

可以通过移动、复制、删除、重命名动作或更改动作的选项，实现对动作的管理。这些管理工作可以通过"动作"面板或面板弹出菜单来完成。

（1）移动动作

如果要将某一动作移动到另一个动作组中，只需选中要移动的动作，并用鼠标拖曳到目标组中即可；如果要更改动作中命令的记录顺序，只需在动作面板中用鼠标拖曳命令到相应位置即可。

（2）复制动作

复制动作或命令时，可按住〈Alt〉键并将某动作或命令拖动到新的位置，当突出显示行出现在所需位置时，松开鼠标按钮即可；也可以在选中某动作或命令后，使用"动作"面板弹出菜单中的"复制"命令来复制；还可以将动作或命令拖动到"动作"面板底部的"创建新动作"按钮上。

（3）删除动作

如果要删除某动作或命令，只需把要删除的项目用鼠标拖曳到"动作"面板底部的垃圾桶图标 上即可。

如果要删除"动作"面板中的全部动作，可在"动作"面板弹出菜单中选择"清除所有动作"命令。

（4）更改动作名称和选项

如果仅更改动作的名称，只需在"动作"面板中双击动作后，直接在面板中输入新名称即可。

如果要更改某动作的名称、选项，可以在选择动作后，从"动作"面板弹出菜单中选择"动作选项"命令，弹出"动作选项"对话框，如图10-11所示。在对话框中输入新的名称、选择新的参数选项即可。

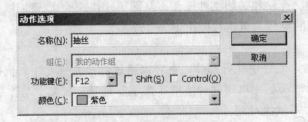

图10-11　"动作选项"对话框

2．管理动作组

对动作组的管理，除了可以对动作组进行移动、复制、删除、更名或更改选项外，还可以将动作组存储起来，以便以后使用；也可以将存储的动作组载入到"动作"面板中来。

动作组的移动、复制、删除、更名或更改选项的方法与动作的类似，仅需在复制动作组时将动作组拖动到"动作"面板底部的"创建新组"按钮上。

（1）存储动作

可将用户自己建立的动作组以".atn"的文件形式存储到硬盘上。存储时，选中要存储的动作组，选择"动作"面板弹出菜单中的"存储动作"命令，弹出"存储"对话框，如图10-12所示。从"保存在"下拉列表中，选择要存储动作组的文件夹，在"文件名"文本框中输入合适的文件名，单击"保存"按钮。

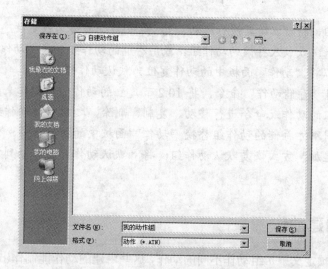

图 10-12 "存储"动作对话框

（2）载入动作

可利用"动作"面板弹出菜单中的"载入动作"命令，将存储的动作组载入到"动作"面板中来。

（3）替换动作

使用"动作"面板弹出菜单中的"替换动作"命令，可用新动作组替换"动作"面板中的所有动作。

使用"替换动作"命令后，"动作"面板中原有的所有动作都被清除，只留下新替换进来的动作组。因此，使用该命令前，请确保已经用"存储动作"命令存储了当前动作组。

（4）复位动作

可使用"动作"面板弹出菜单中的"复位动作"命令，来恢复其默认的动作组。

如果"动作"面板中没有任何的动作，选择"复位动作"命令后，会直接恢复出默认动作组。

如果"动作"面板中存在动作，选择"复位动作"命令后，会弹出如图 10-13 所示的确认对话框。单击该对话框中的"确定"按钮，可以清除"动作"面板中当前的所有动作，然后恢复默认动作组；单击"追加"按钮将默认动作组追加到"动作"面板中。

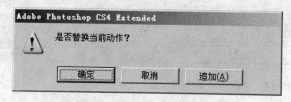

图 10-13 复位动作确认对话框

归纳：

● 通过对动作、动作组的管理，可以使其更加符合操作要求、更具条理性。

● 可以移动、复制、删除动作或命令，可以重命名动作或更改动作的选项，其方法较简单。

● 对于动作组，除可以对其进行移动、复制、删除、重命名或更改选项外，还可将动作
组存储起来；或载入存储的动作组，或用存储的动作组替换"动作"面板中当前的动
作；还可以将"动作"面板中的动作复位为默认动作组。

实践：先使用"存储动作"命令，将10.2节建立的动作组存储起来。然后在"动作"
面板中对该动作组的动作或命令进行移动、复制、删除，之后将该动作组删除；使用"替
换动作"命令，用刚才存储的动作组替换"动作"面板中的所有动作；使用"复位动作"
命令，并选择"追加"方式恢复默认动作组；将"默认动作"组移动到"动作"面板的最
顶端。

10.5 执行内建动作

Photoshop 中预定义了7组动作不同的动作，这些内建的动作能制作出非常漂亮的图像效
果，并且可大大简化用户的工作过程。

Photoshop 的内建动作组以".atn"文件的形式保存在"\Presets\Actions"文件夹中。选择
"动作"面板弹出菜单中的"载入动作"命令，会弹出"载入"对话框，如图 10-14 所示。在
该对话框中，列出了系统内建的 7 组动作，选择一组动作后，单击"载入"按钮，则把动作
载入到"动作"面板中。

用户也可在"动作"面板弹出菜单中直接选择动作组来快速载入动作，如图 10-15
所示。

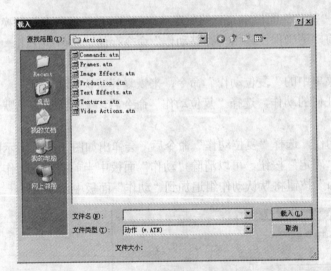

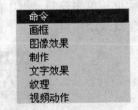

图 10-14 "载入"动作对话框   图 10-15 快速载入动作

Photoshop 内建的 7 组动作中，除"命令"和"制作"动作组用于图像处理的辅助操作，
"视频动作"用于制作视频图像外，其余的都可制作出非常漂亮的图像效果。"命令"动作组
包含了一些菜单命令，用户同样可以通过菜单来实现相同的功能，只是使用"命令"动作更
为方便；"制作"动作组包含了在图像输出时系统内建的一些格式，例如颜色模式转换、图像
尺寸、存储选项等。

1. "画框"动作组

"画框"动作组提供了不同形式的边框，使用户在图像创作中能方便地制作出图像边框效果。选择"动作"面板弹出菜单中的"画框"命令，可载入"画框"动作组。"画框"动作组的动作如图 10-16 所示。

打开图像文件"girl1.jpg"，如图 10-17 所示。在"动作"面板中，选中"画框"动作组中的动作，单击"动作"面板的"播放选定的动作"按钮 <img_btn> 执行动作，制作不同的边框效果。

图 10-16 "画框"动作组的动作

图 10-17 图像文件"girl1.jpg"

执行部分"画框"动作产生的效果如图 10-18 所示。

a)

b)

c)

图 10-18 部分"画框"动作效果

a) 笔刷形画框　b) 波形画框　c) 投影画框

d)   e)   f)

图 10-18 　部分"画框"动作效果（续）

d）照片卡角 　e）木质画框 　f）前景色画框

　　执行"木质画框"、"拉丝铝画框"、"前景色画框"和"天然材质画框"动作时，会先执行"画框通道"动作。

　　执行"前景色画框"动作时，会弹出如图 10-19 所示的"信息"对话框。单击该对话框中的"停止"按钮，暂停动作的执行，打开"拾色器"选择前景色，之后再单击"动作"面板中的"播放选定的动作"按钮继续执行动作。

　　2.　"图像效果"动作组

　　"图像效果"动作组提供了制作各种形式的图像效果的动作，它们包含了许多复杂的操作，执行这些动作会给用户的图像处理带来相当的便利。

　　选择"动作"面板弹出菜单中的"图像效果"命令，可载入"图像效果"动作组。"图像效果"动作组的动作如图 10-20 所示。

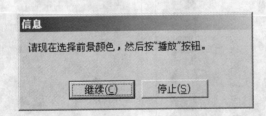

图 10-19 　"前景色画框"动作弹出的"信息"对话框

图 10-20 　"图像效果"动作组的动作

346

打开图像文件"waterfall.jpg"，如图 10-21 所示。在"动作"面板中，选中"图像效果"动作组中的动作，单击"播放选定的动作"按钮 ▶ 执行动作，制作不同的图像效果。

图 10-21　图像文件"waterfall.jpg"

执行部分"图像效果"动作产生的效果如图 10-22 所示。

图 10-22　部分"图像效果"动作效果

a) 暴风雪　b) 鳞片　c) 霓虹灯光　d) 油彩蜡笔　e) 四分颜色　f) 霓虹边缘

g)   h)

图 10-22   部分 "图像效果" 动作效果（续）

g) 渐变映射   h) 末状粉笔

3. "文字效果" 动作组

　　"文字效果" 动作组提供了各种形式的文字效果。选择 "动作" 面板弹出菜单中的 "文字效果" 命令，可载入 "文字效果" 动作组。"文字效果" 动作组的动作如图 10-23 所示。

图 10-23   "文字效果" 动作组的动作

　　打开图像文件 "texteffects.psd"，如图 10-24 所示。在 "动作" 面板中，选中 "文字效果" 动作组中的动作，单击 "播放选定的动作" 按钮 执行动作，制作不同的文字效果。

图 10-24   图像文件 "texteffects.psd"

执行部分"文字效果"动作产生的效果如图 10-25 所示。

中等轮廓线	拉丝金属
镀铬	清晰浮雕
凹陷	磨砂玻璃
喷色蜡纸	文字面板
水中倒影	木质镶板
五彩纸屑	水流

图 10-25　部分"文字效果"动作产生的效果

4."纹理"动作组

"纹理"动作组提供了各种形式的纹理效果。选择"动作"面板弹出菜单中的"纹理"命令，可载入"纹理"动作组。"纹理"动作组的动作如图 10-26 所示。

图 10-26 "纹理"动作组的动作

在 Photoshop 中新建一幅透明背景的图像，图 10-27 是在新建图像中执行部分"纹理"动作的效果。

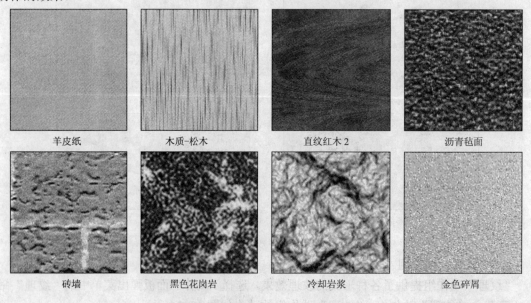

| 羊皮纸 | 木质-松木 | 直纹红木 2 | 沥青毡面 |
| 砖墙 | 黑色花岗岩 | 冷却岩浆 | 金色碎屑 |

图 10-27　部分"纹理"动作效果

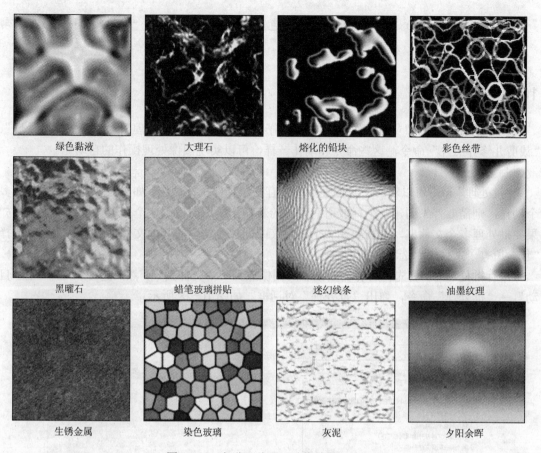

绿色黏液	大理石	熔化的铅块	彩色丝带
黑曜石	蜡笔玻璃拼贴	迷幻线条	油墨纹理
生锈金属	染色玻璃	灰泥	夕阳余晖

图 10-27 部分"纹理"动作效果（续）

归纳：

- Photoshop 中有预定义的 7 组内建动作，除"命令"和"制作"动作组用于图像处理的辅助操作，"视频动作"用于制作视频图像外，其余的都可制作出非常漂亮的图像效果。
- "画框"动作组提供了 13 种不同形式的边框，可制作出图像画框效果；"图像效果"动作组提供了 19 种形式的图像效果；"文字效果"动作组提供了 17 种形式的文字效果；"纹理"动作组提供了 26 种形式的纹理效果。
- 内建动作组的使用非常简单，只需先通过"动作"面板弹出菜单将各动作组载入到"动作"面板中，就可按动作的执行步骤来执行动作处理图像。

实践：

- 通过"动作"面板弹出菜单将 7 组内建动作载入到"动作"面板中。
- 打开一个图像文件，选择"动作"面板中"画框"动作组的"前景色画框"，为图像添加画框。添加时，遇弹出"信息"消息框时，可单击"停止"按钮暂停动作的执行，打开"拾色器"选择前景色，然后再继续执行下一个动作。
- 打开另一个图像文件，选择"动作"面板中的"图像效果"动作组中的动作处理图像。
- 建立一个 200×200 像素、背景色为白色的新图像文件，选择"横排文字工具"，输入一组文字。然后，选择"动作"面板中的"文字效果"动作组中的动作，处理文字。

● 再建立一个 200×200 像素、背景为白色的新图像文件，选择"动作"面板"纹理"动作组中的动作，产生各种纹理。

10.6　自动

在 Photoshop CS4"文件"菜单的"自动"子菜单中提供了"批处理"、"创建快捷批处理"、"裁剪并修齐照片"命令，这些命令和动作一样，可以实现图像处理操作的自动化。

1. 批处理

"批处理"命令可以对一个文件夹中的所有图像文件执行动作。如果在批处理中要使用多个动作，则需要首先创建一个播放所有动作的新动作，然后使用这个新动作进行批处理。如果要批处理多个文件夹，则需要在一个文件夹中创建要处理的其他文件夹的别名，然后选择"包含所有子文件夹"选项。

进行批处理时，首先将所有需要处理的图像放到一个文件夹中，然后选择"文件"→"自动"→"批处理"命令，弹出"批处理"对话框，如图 10-28 所示。

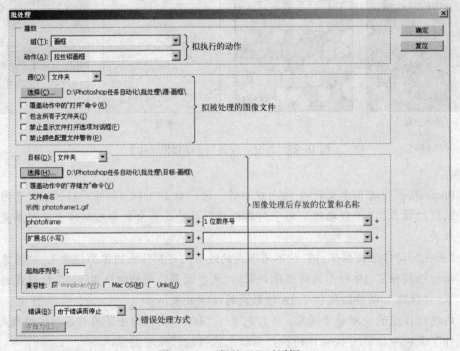

图 10-28　"批处理"对话框

在"批处理"对话框中：

● 从"组"和"动作"下拉列表中，选择要用来处理文件的动作。该列表会显示"动作"面板中可用的动作。如果所需的动作没有出现，则需要先在"动作"面板中载入动作组，再打开"批处理"对话框。

● 在"源"选项中选择要处理的图像文件。可处理的文件包括指定文件夹中的文件、来自数码相机/扫描仪或 PDF 文档的图像文件和所有打开的文件。

● 在"目标"选项中，选择"无"表示直接在 Photoshop 中打开而不存储处理后的图像文件；选择"存储并关闭"表示将处理后的图像存储在原位置并覆盖原文件；选择"文件夹"表示将处理后的文件保存在其他文件夹中。

使用批处理为两幅图像文件执行"画框"动作组的"拉丝铝画框"动作后的效果如图 10-29 所示。

图 10-29 "批处理"效果

2. 创建快捷批处理

"创建快捷批处理"是一个小的应用程序，它是批处理的快捷方式，可以快速完成批处理任务。

选择"文件"→"自动"→"创建快捷批处理"命令，会弹出"创建快捷批处理"对话框，如图 10-30 所示。

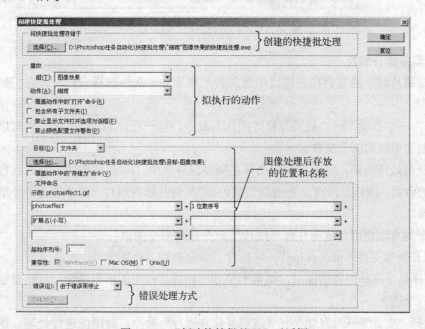

图 10-30 "创建快捷批处理"对话框

在"批处理"对话框中：

● 单击"选择"按钮打开"存储"对话框，用户可以为快捷批处理程序设置保存的名称和位置。

● 在"播放"选项中，选择需要批处理的动作，单击"确定"按钮，即可把快捷批处理程序保存到指定的位置。

● 在"目标"选项中，设置批处理后的图像文件的选项。

图 10-31 中的.exe 文件图标即为生成的快捷批处理应用程序图标，将图像或文件夹拖动到该应用程序图标上，便可以对其进行批处理。

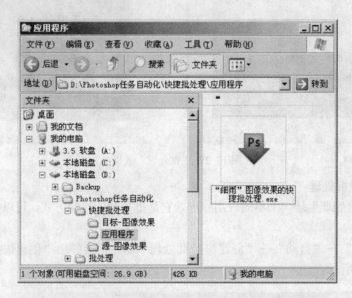

图 10-31 "快捷批处理"应用程序

3. 裁剪并修齐照片

当扫描照片时，通常会在扫描仪中放入若干照片并一次性扫描它们，将它们创建到一个图像文件中。

"文件"→"自动"→"裁剪并修齐照片"命令，是一项自动功能，通过它可以为多图像扫描文件创建单独的图像文件。

为了获得最佳结果，要求扫描的图像之间要保持至少 1/8 英寸的间距，而且背景（通常是扫描仪的台面）应该是没有杂色的均匀颜色。"裁剪并修齐照片"命令最适于外形轮廓十分清晰的图像。

可按下列方法使用"裁剪并修齐照片"命令分离多个图像：

1）打开图像文件"photos.jpg"，它包含了要分离的多个图像。

2）选择包含这些图像的图层，如果不想处理扫描文件中的所有图像，可在要处理的图像周围创建一个选区。

3）选择"文件"→"自动"→"裁剪并修齐照片"命令，对图像进行处理。该命令没有对话框，但处理后系统会打开多个窗口，分别显示分离出来的每个图像，执行前后的效果如图 10-32 所示。

a)

b)

c)

d)

图 10-32 "裁剪并修齐照片"的效果

a) 原图　b) 分离出来的图像 1　c) 分离出来的图像 2　d) 分离出来的图像 3

归纳：

● Photoshop CS4 "文件"菜单的"自动"子菜单中提供了"批处理"、"创建快捷批处理"、"裁剪并修齐照片"等命令，这些命令可以实现图像处理操作的自动化。

● "批处理"命令可以对一个文件夹中的所有图像文件执行动作，"创建快捷批处理"是一个小的应用程序，是批处理的快捷方式；"裁剪并修齐照片"可以将含多图像的扫描文件中的图像分离出来。

实践：

● 使用"文件"→"自动"→"批处理"命令，处理一个文件夹中的多个图像文件：先建立一个文件夹，将要处理的图像文件复制到该文件夹中，然后选择"文件"→"自动"→"批处理"命令，自动处理该文件夹中的所有图像文件。

● 创建一个"天然材质画框–50 像素"的快捷批处理应用程序，然后将一个图像文件拖动到该应用程序上，让其处理图像。

10.7 本章小结

Photoshop 的任务自动化就是自动地执行各种命令和操作，以简化重复操作的工作，减少操作的环节、时间和误差等。Photoshop 中提供了多种方法来实现执行任务的自动化，包括使用"动作"、"快捷批处理"、"批处理"命令等。

Photoshop 的动作实质上是一系列的命令及相应执行步骤和控制的记录。因此，可以使用动作来完成自动地重复执行命令或进行批处理等，提高图像的处理效率。

Photoshop 中预定义了 7 组内建动作来帮助执行常见的任务，制作出非常漂亮的图像效果，并且可大大地简化工作过程。用户可以按原样使用这些预定义的动作；也可以根据自己的需要建立新的动作。

在 Photoshop"文件"菜单的"自动"子菜单中提供了"批处理"、"创建快捷批处理"、"裁剪并修齐照片"等命令，这些命令和动作一样，可以实现图像处理操作的自动化。

10.8 练习与提高

一、思考题

1. 说明什么是 Photoshop 的任务自动化。Photoshop 提供了哪些方法来实现任务自动化？
2. 动作的作用是什么？
3. 简要说明建立动作的方法。
4. 在动作中插入停止的目的是什么？
5. 简要说明如何管理动作。
6. 说明如何存储和载入动作组。
7. 说明 Photoshop 有几组内建动作，它的作用是什么。
8. 简要说明"文件"菜单的"自动"中提供了哪些命令来实现图像处理操作的自动化。

二、选择题

1. 动作的建立、执行、管理等需要在"＿＿＿＿＿＿＿"面板中完成。
   A. 图层   B. 通道   C. 视图   D. 动作
2. 在面板中，动作是按＿＿＿＿＿＿存放的，以便于动作的组织和管理。
   A. 命令组   B. 动作组   C. 操作组   D. 其它
3. 下面的＿＿＿＿＿＿＿工作不属于动作的管理范畴。
   A. 移动动作   B. 复制/删除动作
   C. 重命名动作/更改动作的选项   D. 创建批处理程序
4. Photoshop 以＿＿＿＿＿＿的文件形式将动作存储在计算机硬盘中。
   A. ".atn"   B. ".csh"   C. ".abr"   D. ".grd"
5. 面板弹出菜单中"复位动作"命令的作用是＿＿＿＿＿＿。
   A. 恢复动作的选项   B. 恢复默认的动作组

C. 恢复动作的移动/删除   D. 恢复对动作的所有操作

6. "批处理"命令可以_____执行动作。

A. 对一个文件夹中的所有图像文件   B. 对多个不同文件夹中的所有图像文件

C. 仅对当前打开的图像文件   D. 仅对单个图像文件

7. 使用"自动"菜单的"_____"命令,可将一个多图像扫描文件中的多个图像分离。

A. 裁剪并修齐照片   B. 批处理   C. 创建快捷批处理   D. 限制图像

三、填空题

1. 在"动作"面板中,会按_____和_____两种方式显示动作。

2. 一个新的动作需要经历_____和_____后才能建立起来,然后才能执行。

3. Photoshop 不能自动记录用户创建"路径"或选择"视图"、"窗口"菜单命令等的操作,但可以使用"动作"面板弹出菜单中的_____命令或_____命令,将路径或菜单命令插入到动作中。

4. 执行动作时,如要排除某个动作或命令使其不会被执行,可在"动作"面板中将动作或命令名称左侧的_____标记清除掉。

5. 在"动作"面板中打开命令的_____标记,则当动作执行到该命令时,将会弹出命令的对话框,让用户更改命令的参数。

6. 动作的执行速度有 3 种:_____、_____和_____。

7. 选择"动作"面板弹出菜单的_____命令,可将动作组存储起来,以便以后使用。

8. 使用"动作"面板弹出菜单的"替换动作"命令,可用新动作组替换面板中的_____。

9. Photoshop 的内建动作组保存在_____文件夹中。

10. 通过_____的方法,可将内建动作组载入"动作"面板中。

11. "创建快捷批处理"是一个小的_____,它是批处理的快捷方式,可以快速完成批处理任务。

四、操作指导与练习

(一)操作示例

1. 操作要求

利用 Photoshop 的动作,将图 10-33 所示的照片制作成 10-34 所示的仿旧照片。

图 10-33 原照片

图 10-34 仿旧照片

通过该示例,可以更清楚地了解动作的实际应用效果。该示例会对 Photoshop 内建的"画框"动作组"前景色画框"动作进行改造,为用户制作出更漂亮的画框效果。

示例中会应用到动作的创建和记录、动作的复制和移动、动作选项的更改、向动作中添加操作以及动作的执行等,也会涉及"云彩"、"高斯模糊"等滤镜,以及图像的"渐变映射"、"色相/饱和度"、"色阶"等命令的应用。

2. 操作步骤

1)打开图像文件"mombabe.jpg",如图 10-33 所示。

2)选择"窗口"→"动作",或按快捷键〈F9〉键显示"动作"面板。

3)单击"动作"面板中的"创建新组"按钮 ，在弹出对话框的"名称"编辑框中选择"自制仿旧照片动作组",单击"确定"按钮。

4)单击"动作"面板中的"创建新动作"按钮 ，弹出"新建动作"对话框。在该对话框的"名称"文本框中输入"照片仿旧",如图 10-35 所示。单击"记录"按钮,开始记录操作。

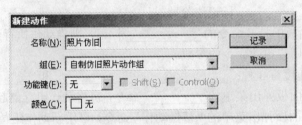

图 10-35 "新建动作"对话框

5)在"图层"面板中,复制"背景"图层,生成"背景 副本"图层。

6)选择"图像"→"调整"→"渐变映射"命令,弹出"渐变映射"对话框,如图 10-36所示。在该对话框中,单击"灰度映射所用的渐变"下方的色块,弹出"渐变编辑器"。

7)在"渐变编辑器"的色标下方设置 4 个色标颜色和位置,如图 10-37 所示。色标从左至右依次为:深红色(C:32,M:100,Y:90,K:46),位置为 0;红色(C:19,M:80,Y:100,K:8),位置为 31;黄色(C:8,M:28,Y:88,K:0),位置为 68;浅红色(C:3,M:19,Y:10,K:0),位置为 100。

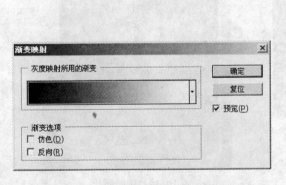

图 10-36 "渐变映射"对话框　　　　　　　图 10-37 渐变编辑器

8）在"图层"面板中，将"背景 副本"图层的混合模式设置为"正片叠底"。

9）在"动作"面板中，单击"停止记录"按钮 ，停止记录动作，完成"照片仿旧"动作的创建。图 10-38 所示是"照片仿旧"动作创建后的"动作"面板。

10）单击"动作"面板右上角的三角形图标 ，弹出面板菜单，选择"画框"命令，将"画框"动作组载入到"动作"面板中。

11）在"动作"面板中，执行"画框"动作组中的"画框通道"动作。

12）将"画框"动作组中的"前景色画框"动作拖曳到"动作"面板底部的"创建新动作"按钮上，生成一个"前景色画框 副本"动作，如图 10-39 所示。

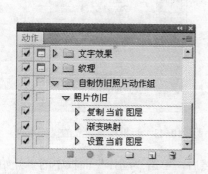

图 10-38 "照片仿旧"动作

图 10-39 复制"前景色画框"

13）将"前景色画框 副本"动作移动到"自制仿旧照片动作组"中，如图 10-40 所示。

14）双击"前景色画框 副本"动作，将动作名称更改为"自定义画框"，如图 10-41 所示。

图 10-40 移动"前景色画框 副本"动作

图 10-41 更改动作名称

15）展开"自定义画框"动作，选中第二个命令（即"建立 图层"命令），如图 10-42 所示；然后，单击"动作"面板中的"开始记录"按钮 ，为"自定义画框"动作添加新的操作。

16）按下字母〈D〉键，将前景色和背景色设为默认值（前景色为黑色，背景色为白色）。选择"滤镜"菜单中"渲染"滤镜组的"云彩"滤镜；然后依次应用"模糊"滤镜组的"高斯模糊"滤镜（半径6.3），"素描"滤镜组的"基底凸现"滤镜（"细节"为"13"、"平滑度"为"2"、"光照"为"上"），"纹理"滤镜组的"龟裂缝"滤镜（裂缝间距9、裂缝深度10、裂缝亮度9），"扭曲"滤镜组的"旋转扭曲"滤镜（角度50）；单击"停止记录"按钮，停止记录动作，完成画框图案建立的操作记录，所记录的操作如图10-43所示。

图10-42 选中"建立 图层"命令

图10-43 画框图案建立的操作命令

17）选中"停止"命令，如图10-43所示。然后，单击"动作"面板中的"开始记录"按钮 ，继续添加新的操作。

18）选择"图像"→"调整"的"色相/饱和度"命令，弹出"色相/饱和度"对话框。选中"着色"复选框，设置"色相"为13、"饱和度"为29、"明度"为+22。

19）选择"图像"→"调整"的"色阶"命令，弹出"色阶"对话框。设置"输入色阶"为"49、1、227"，单击"确定"按钮，完成画框颜色设置的记录，如图10-44所示。

20）单击"停止记录"按钮，停止记录动作。将"色阶"命令后的"填充"命令（如图10-44所示），用鼠标拖曳到"动作"面板底部的垃圾桶图标 上，将其删除。

21）在"动作"面板中双击"停止"命令（如图10-45所示），弹出"记录停止"对话框。在该对话框的"信息"文本框中输入新的提示信息，如图10-46所示。至此，"自定义画框"动作的改造已完成。

图10-44 画框颜色设置的操作命令

图10-45 "自定义画框"的动作记录

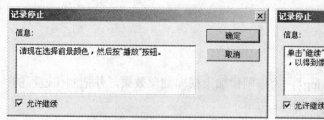

a)   b)

图 10-46   更改"记录停止"对话框的信息内容

a) 初始信息内容   b) 输入的信息内容

22）在"动作"面板中，选择"色阶"后的"设置 图层样式"命令，如图 10-47 所示。单击"动作"面板中的"播放选定的动作"按钮 ▶ 执行动作，得到如图 10-48 所示的效果。

图 10-47   选择"设置 图层样式"命令   图 10-48   "自制仿旧照片动作组"效果

23）图 10-49 所示是完成后的"自制仿旧照片动作组"，打开"色相/饱和度"及"色阶"命令的"切换对话开/关"，如图 10-50 所示。也可以将"高丝模糊"、"基底凸现"、"龟裂缝"、"旋转扭曲"命令的"切换对话开/关"打开，以便在动作执行时更改这些滤镜的参数设置，制作出更有个性的画框。

图 10-49   "自制仿旧照片动作组"   图 10-50   打开"切换对话开/关"

24）可打开其他的图像文件，然后在"动作"面板中依次执行"照片仿旧"和"自定义画框"动作，制作其他的仿旧照片。

（二）操作练习

第 1 题：

操作要求：打开图像文件"girl2.jpg"，为该图像加上横向抽丝效果，并把制作过程的一系列动作记录在"动作"面板中，如图 10-51 所示。

图 10-51　制作抽丝效果并记录动作

第 2 题：

操作要求：打开图像文件"girl3.jpg"，应用第 1 题建立的动作，如图 10-52 所示。

图 10-52　播放"抽丝"动作

参 考 文 献

[1] 雷剑，盛秋. Photoshop CS3 印象高级蒙版与图像合成技法[M]. 北京：人民邮电出版社，2008.

[2] 雷波. Photoshop 图层与通道艺术[M]. 北京：电子工业出版社，2008.

[3] 雷波. Photoshop CS4 中文版标准教程[M]. 北京：中国青年出版社，2009.

[4] 徐培育，徐晶. Photoshop CS4 中文版完全学习教程[M]. 北京：机械工业出版社，2009.

[5] 李金明，李金荣. Photoshop CS4 中文版完全自学教程[M]. 北京：人民邮电出版社，2009.

[6] 沈洪，朱军，等. Photoshop 图像处理技术[M]. 2 版. 北京：中国铁道出版社，2006.